普通高等教育"十二五"系列教材（高职高专教育）

职业教育电力技术类专业教学用书

发电厂动力部分

FADIANCHANG DONGLI BUFEN

主　编　李如秀　余素珍

编　写　唐琳艳　刘　聪

主　审　李加护

中国电力出版社
CHINA ELECTRIC POWER PRESS

内 容 提 要

本书介绍了火力发电厂动力部分、核电厂动力部分及水电厂动力部分的基本理论和基本知识，着重介绍了火力发电厂各动力设备的作用、结构和工作原理、主要系统布置和运行方式。每章前均附有学习内容和学习要求，每章后附有一定量的复习思考题，供复习参考。

本书可作为高职高专发电厂及电力系统、电厂化学等专业的教学用书，也可供电厂相关技术人员参考使用。

图书在版编目（CIP）数据

发电厂动力部分/李如秀，余素珍主编.—北京：中国电力出版社，2012.2（2024.1重印）

普通高等教育"十二五"规划教材.高职高专教育

ISBN 978-7-5123-2538-8

Ⅰ.①发… Ⅱ.①李…②余… Ⅲ.①发电厂－动力装置－高等职业教育－教材 Ⅳ.①TM621

中国版本图书馆 CIP 数据核字（2011）第 277946 号

中国电力出版社出版、发行

（北京市东城区北京站西街 19 号　100005　http：//www.cepp.sgcc.com.cn）

北京雁林吉兆印刷有限公司印刷

各地新华书店经售

*

2012 年 2 月第一版　2024 年 1 月北京第十三次印刷

787 毫米×1092 毫米　16 开本　15.5 印张　377 千字

定价 45.00 元

编 委 会

前　言

　　为了贯彻落实《教育部关于"十二五"普通高等教育本科教材建设的若干意见》和《以就业为导向深化高等职业教育改革的若干意见》的精神，加强教材建设，确保教材质量，中国电力教育协会组织编写普通高等教育"十二五"系列教材。依据学院编委会的指导性意见和大纲要求，我们编写了本书。

　　本书紧密联系电厂生产实际，以 600MW 火电机组为典型机组，着重介绍了火力发电厂中各动力设备的作用、结构和工作原理、主要系统布置、运行知识和火电厂的主要经济指标；并且简略介绍了核电厂及水电厂各主要动力设备的基本结构和工作原理。本书反映了新设备、新工艺的应用，符合当代电力技术的发展水平，具有科学性、先进性、适用性。书中体现了职业教育的性质、任务和培养目标，具有明显的职业教育的特色，符合职业教育的特点和规律。每章前均附有学习内容和学习要求，章后附有一定量的复习思考题，供复习参考。本书作为高职高专发电厂及电力系统、电厂化学专业的教学用书，教师在使用本书时，可以根据专业特点对教材内容进行取舍。

　　本书由江西电力职业技术学院余素珍编写绪论及第一、二、三章；刘聪编写第四章；李如秀编写第五、六章；唐琳艳编写第七、八章。全书由李如秀统稿。

　　本书由华北电力大学李加护教授主审。

　　本书编写过程中得到学院领导和编委会的大力支持和帮助，在此致以谢意。

　　由于编者水平有限，书中难免存在不足之处，恳请广大读者批评指正。

编　者

2012 年 1 月

目　　录

绪　　论

一、能源的分类及其品质

能源的开发和利用程度是人类社会生产发展的一个重要标志。所谓能源，是指可为人类生产和日常生活提供各种能量和动力的物质资源。迄今为止，人类发现的自然界中可被利用的能源有风能、流水能、太阳能、潮汐能、地热能、燃料的化学能、原子核能、海洋能以及其他一些形式的能量。在这些能源中，除风能和流水能是以机械能的形式提供给人类外，其余各种能源往往直接或间接的以热能的形式向人类提供能量。例如，太阳能和地热能是直接的热能；燃料的化学能，包括固态的煤、液态的石油和气态的天然气，都是通过燃烧将化学能释放变为热能供人类利用。因此，以热能形式提供的能量占了能源相当大的比例，从某种意义上讲，能源的开发和利用就是热能的开发和利用。

热能的利用有两种基本方式，一为直接利用，即将热能直接用来加热物体，热能的形式不发生变化，如烘干、蒸煮、采暖、焙烧、冶炼等；二为间接利用，即将热能转换为机械能或进一步再转化为电能加以利用，如热力发电厂，车辆、船舶、飞机等交通运输，石油化工、机械制造的动力装置。在热能的间接利用中，热能的能量形式发生了转换。

热能的间接利用是现代社会利用热能的主要方式。尤其是电能，由于具有传输和使用灵活、易于控制且易于转换为其他形式的能量等诸多优点，已成为发展现代社会物质文明的重要条件。在能源的利用中，电能利用率占总能源利用的比例已成为国民经济发展水平的标志。

人类通常把现成形式存在于自然界中的、能直接获得又不改变其基本形态的能源称为一次能源。如各类化石燃料——煤炭、石油、天然气和核燃料等，它们是地球亿万年前凝聚保存太阳辐射能形成的载能体，将随人类开发利用逐渐减少而且短期内不能再生，所以又称非再生能源。把由于太阳的辐射作用产生的风能、流水能、太阳能、潮汐能等称为再生能源，它们不会随本身的转化和人类的利用而日益减少。消耗一次能源并通过人类生产活动制取到的能源称为二次能源，如电能、氢能、石油制取的各类成品油类、火药等。能源分类见表 0-1。

表 0-1　　　　　　　　　　　　　能　源　分　类

一次能源	非再生能源	各类化石燃料（煤炭、石油、天然气）和核燃料（铀、钍、氘）等
	再生能源	风能、流水能、潮汐能、海洋能、地热能、草木燃料等
二次能源		电能、氢能、焦炭、酒精、石油制取的各类成品油类、火药等

国民经济各部门和人民生产、生活活动广泛使用的热能、机械能和电能，都可以从一次能源利用一定设备获得，并实现相互之间的转换，以适应生产和科学技术领域中不同目的、不同形式的需要。性质不同的各种能源的开发利用程度，取决于能源品质、转化难易程度和科学技术的发展水平。因此，某种一次能源是否成为社会用能的主力能源而被广泛的加以开发利用，主要受下面品质指标的限制：

（1）是否具有大的能流密度和天然储量。能流密度是指一定物质的某种能源中，实际可获取的能量和功率。如化石燃料的能流密度较大，1kg 化石燃料通常可释放出（2～4）×10^8 J 的化学能；虽然化学能不能再生，但其能流密度和储量受自然条件影响很大；具有一定储量的非再生性能源有很大的能流密度，1kg 的 U_{92}^{235} 完全裂变，理论上可以获得 $8.32×10^{13}$ J 的能量，相当于 2800t 优质煤的发热量。

（2）是否有较低的开发费用和设备价格。各种化石燃料和核燃料的探测、开采、加工、运输，都需要大量的人力物力的投资。考虑发电设备造价，按目前技术投资水平，每千瓦约需人民币千元以上；其中核电、水电投资较大，燃油、燃气发电投资较低。

（3）是否有较高的能源品质和较低的环境污染。能源品质是指能源能值和转换率的高低。如机械能或电能可以自发地全部转换为热能，说明这种形式的能转换能力较强，是品质较高的能，有时也称为高级能。

综上所述，能源种类很多，也各有优缺点。能源开发与利用与国家能源储量、经济发展、科学技术水平、环境质量标准以及社会需求等复杂因素密切相关。煤炭、石油、天然气、水力和原子裂变核能，构成了当前世界一次能源的五大支柱；而其中石油、天然气和优质煤越来越多地被当作宝贵的化工原料来使用，世界各国不再毫无节制地把它们当作燃料消耗掉；劣质煤、水力、核裂变能则越来越多地成为能源消费的主体。

二、热能在电力工业和国民经济中的地位和作用

将热能最终转换为电能的热力发电（火力发电、热力发电、核电厂）目前占世界总发电量的 80% 左右，预计今后相当长的一个时期内，热力发电仍将在电力工业中占据主要地位。

电力工业是国民经济的重要基础工业，是国家经济发展战略中的重点和先行产业。我国早在新中国成立初期就确立了电力工业先行的地位。从各时期电力生产与经济增长的比较来看，大部分时期电力生产的增长超过了 GDP 的增长，并且往往在经济持续增长的年份，电力生产弹性系统要接近或大于 1，电力工业作为国民经济的重要先行产业的作用十分明显。

从电力能源消费在一次能源中的比重和在终端能源消费的比重来看，发电能源占一次能源消费的比重 1985 年为 6.37%，1995 年为 9.18%，2000 年为 11.2%，呈逐年上升趋势，电力行业已成为能源工业中的支柱产业。

中国电力联合会 2011 年 2 月 9 日发布分析报告称，产业发展、节能措施及电价政策等实施程度及效果，将对用电增长及用电结构产生较大影响。2011 年全国全社会用电量达到 4.7 万亿 kWh，同比增长 12%，而到 2015 年，预计全社会用电量将达到 6.27 万亿 kWh 左右，"十二五"期间有望年均增长 8.5%，电力工业成为国民经济重要的基础产业的作用呈现逐渐增强的趋势。

纵观 20 世纪的社会和经济发展，一个突出特点是电力的使用已渗透到社会经济、生活的各个领域。由于电力具有便于转换能源形式、能高度集中和无限划分、清洁干净和易于控制、可大规模生产和远距离输送等特性，使电力发展和应用的程度即一个国家的电气化程度成了衡量其社会现代化水平高低，以及物质文明和精神文明高低的重要标志之一。

特别是在进入以信息、电子、生物技术为代表，从集中到分散，从等级结构到网络结构，从简单选择到多种选择的 21 世纪，电力将继续发挥其他能源形式所不能替代的作用，而且对电力的依赖程度将更高，对电力供应的数量和品质也将提出更高的要求。

三、发电厂的类型及火电厂的生产过程

发电厂利用一次能源、借助相应的动力装置、按照不同的转换方式生产电能。根据能源种类或转换的不同，将电厂分成不同类型。按使用能源分为火力发电厂、水力发电厂、风力发电和核能发电厂。

在我国，发电量比例最高的是火力发电厂。据统计，截止到 2011 年底，我国发电装机容量达到 10.5 亿 kW，其中火电为 7.6 亿 kW，占 72.38％左右。国家电网公司总经理刘振亚表示，到 2020 年，我国用电需求将达 7.7 万亿 kWh，发电装机容量将达 16 亿 kW 左右，在现有基础上接近翻一番。

火力发电厂是指利用煤、石油或天然气等作为燃料生产电能的工厂，简称火电厂。我国的火电厂以燃煤为主，过去曾建过一批燃油电厂，当前尽量压缩烧油电厂，新建电厂全部烧煤。

火电厂从能量转换的观点分析，其生产过程是基本相同的，其实质是一个能量转换的过程。首先在锅炉中，燃料的化学能通过燃烧转换为蒸汽的热能，接着在汽轮机中将蒸汽的热能转换为机械能，最后在发电机中将机械能转换为电能。因为锅炉、汽轮机、发电机三大设备分别完成了能量形式的三次转换，所以锅炉、汽轮机、发电机又称为火电厂的三大主机。

图 0 - 1 是以煤为燃料的火电厂生产过程示意。

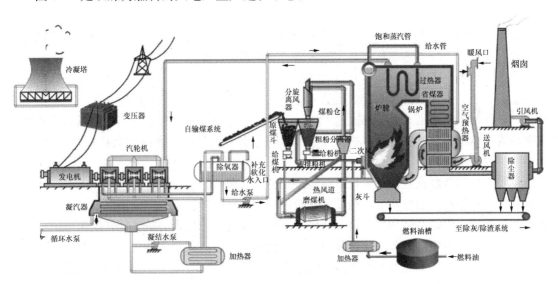

图 0 - 1　火电厂生产过程示意

（一）燃料运输

燃料运输是火电厂辅助生产系统，其过程是：煤经运输工具（火车、汽车、轮船等）运入电厂的储煤场进行储存。使用时，再利用扒煤机等煤场设备把煤送上输煤皮带，经转运、碎煤到锅炉的原煤斗（或原煤仓）。

（二）制粉系统

制粉系统的任务是将原煤干燥，磨成一定细度的煤粉，送入炉膛进行燃烧。

制粉系统的工作过程是：煤从原煤斗落入磨煤机，在其中研制成煤粉，同时送入热空气

来干燥和输送煤粉。磨制好的煤粉，由排粉机经燃烧器喷入炉膛内进行燃烧。

（三）燃烧系统

燃烧系统的任务是供给锅炉所需的燃料及空气在炉膛内进行良好燃烧，同时将燃料燃烧时放出的热量传递锅炉各受热面，使受热面内的水、汽温度压力提高，成为高热能蒸汽。

燃烧系统的工作过程是：燃烧器将合格的煤粉混以一定适量的热空气喷入炉膛进行燃烧，燃烧后的热能传递给燃烧室的水冷壁上，水冷壁内的水吸收热量后变成蒸汽。煤粉在炉膛内燃烧时，需要充足的空气，空气由送风机送来，先在空气预热器预热后送入炉膛内。这种热空气有三个作用，即供给燃料燃烧、煤的干燥和煤粉输送。煤在炉内燃烧产生的产物——高温烟气，在引风机的作用下，沿着锅炉本体烟道依次流过炉膛、过热器、省煤器和空气预热器，将热量逐步传递给水、蒸汽和空气。降温后的烟气流入除尘器进行净化，净化除尘后的烟气则被引风机抽出，排入大气。

（四）除灰渣系统

除灰渣系统的任务是对即将进入烟囱的高空排放的烟气进行除尘和对燃烧产生的灰渣进行清理，减少对环境的污染。

炉内煤粉燃烧后的煤渣由捞渣机从炉底捞出并冲入地道，再流至灰渣泵房，灰渣泵房将灰渣利用管道送至灰场。除尘器出来的灰可以送入灰渣房再送至灰场，也可以直接由气力输送管道或车辆送到灰渣利用单位。

（五）汽水系统

汽水系统包括主蒸汽系统、给水系统、回热抽汽系统、主凝结水系统等，其主要设备包括锅炉、汽轮机、凝汽器、给水泵、除氧器、加热器、凝结水泵等。

锅炉的给水先进入省煤器，利用烟气的余热加热后进入汽包，再从下降管经炉墙外侧流入下联箱，而后进入由许多水管组成的水冷壁。水在水冷壁内吸收炉膛内热量，水被加热直到汽化，汽水混合物沿水冷壁再次进入汽包，经汽水分离器使汽和水分离。分离后的水又进入下降管，再进入水冷壁继续吸热；而分离出的饱和蒸汽经过热器继续吸热成为过热蒸汽，然后送入汽轮机做功。

锅炉产生的新蒸汽进入汽轮机后逐级进行膨胀，蒸汽的热能就转换成汽流的动能；高速汽流作用于汽轮机的动叶片上，推动了叶轮连同整个转子旋转，汽流的动能被转换成汽轮机轴上的机械能。汽轮机带动发电机，利用切割磁力线感应原理，将机械能转换为电能。

在汽轮机中做完功的蒸汽（常称为乏汽）排入凝汽器，在凝汽器中放热而凝结成水，再经凝结水泵打入低压加热器、除氧器，经给水泵压入高压加热器，经省煤器送入锅炉汽包，使水重新在锅炉受热面吸收热量变成高温高压的蒸汽。

（六）电气系统

火电厂的电气系统包括发电机、主变压器、高压配电装置等。电气系统中，一路是把发电机产生的电能经主变压器使电压升高，再经高压配电装置和升压站后将电能输出；另一路是经厂用变压器通过厂用配电装置送给电厂的各用电设备。

从火电厂的产生过程可见，就其能量转换来说，可以分为两大部分，即从燃料的化学能转变为机械能的部分和从机械能转变为电能的部分。前者称为发电厂的热力部分，后者称为发电厂的电气部分。

核电动力部分核能发电的基本知识，压水堆核电站设备和系统。水电动力部分主要介绍水力发电的基本原理，水流的功率和水电站的发电量，水电站的类型，水电厂主要水工建筑物；水轮机类型、工作原理以及工作效率；水电厂的主要辅助设备；水轮机调速系统及其运行。

　　本教材包括的内容较多，涉及的知识范围较广，理论和实际联系紧密。学习中应以基本概念、基本理论和基本结构为重点，努力培养分析问题和解决问题的能力，只有这样才能在将来电厂实际工作中取得较快的进步，真正成为电力生产技术应用型人才。

第一章　热力学基本概念与基本定律

 学习内容

1. 热力学基本概念。
2. 热力学第一定律。
3. 热力学第二定律。

 重点、难点

教学重点：热力学基本概念。
教学难点：热力学第二定律。

 学习要求

了解：热力学基本概念；热力学两大定律的实质。
掌握：热力学两大定律在实际应用中的不同表达形式。

 内容提要

本章首先介绍热力学中的一些基本概念，如状态、状态参数、工质、热力系、平衡状态、可逆过程等。然后介绍热力学中的两个基本定律，即热力学第一定律和热力学第二定律，重点分析两个基本定律的具体内容、实质以及在实际中的应用。最后分析理想气体的性质及状态方程式。

第一节　热力学基本概念

热力学中的一些基本概念，如工质、状态参数、平衡状态、可逆过程等，在热力学中非常重要，几乎随时都会遇到，因此，必须准确理解和掌握这些概念。

一、工质与热力系

（一）热机

热力学中，热能转换为机械能必须依靠一定的热力设备来完成。这种用来实现热能转换为机械能的热力设备称为热机，如汽轮机、燃气轮机、内燃机等。

（二）工质

将在热机中完成能量转换的中间媒介物质称为工质。

为了将热能最大限度地转变为机械能，在热机中工作的工质应具有良好的流动性和膨胀性。因此常选用气态物质作为工质，如空气、水蒸气、燃气等。

目前火电厂采用水蒸气作为工质。

（三）热源

我们把不断向工质提供热能的物体称为高温热源，简称热源，如锅炉中的高温烟气等。

把不断吸收工质所释放废热的物体称为低温热源，简称冷源，如凝汽器等。在热能动力装置中，热源不断给工质提供热能，在热机中工质将一部分转换为机械能，另一部分释放给冷源。如图 1-1 所示。

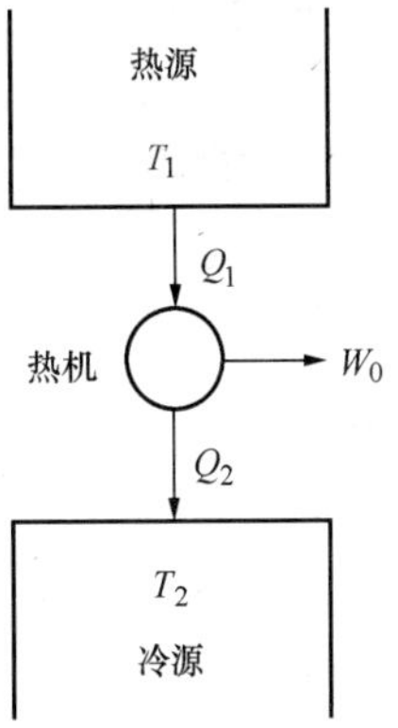

（四）热力系

1. 热力系

分析研究任何一个热力学问题，首先必须明确所考虑的研究对象。研究对象应根据所研究问题的实际情况，并以解决问题方便为原则来选取。在热力学中，要将分析研究的对象从周围物体中分割出来，研究它通过界面与周围物体之间的能量交换。这种被人为分割出来的、具体指定的热力学研究对象称为热力系统，简称热力系。

如图 1-2（a）所示，在汽缸与活塞所封闭的空间里有一定量的气体。当研究气体受热膨胀而举起活塞上的重物这一热变功的问题时，汽缸中封闭的气体就是所要研究的对象，即所选取的热力系。如图 1-2（b）所示汽轮机，取进出口截面 1-1、截面 2-2 及汽缸内壁所包围的空间即为所选取的热力系。

图 1-1 热能动力
装置示意

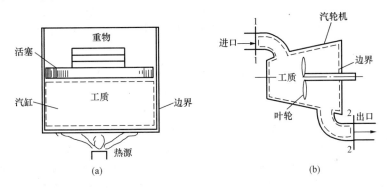

图 1-2 热力系统
（a）闭口热力系；（b）开口热力系

2. 热力系分类

分析研究任何一个热力学问题时，首先必须明确所考虑的热力系的范围。热力系的范围应根据所研究问题的实际情况，且以解决问题方便为原则来选取。

一般情况，热力系与外界总是处于相互作用之中，它们可能以热和功的形式进行能量传递，也可能同时有物质的交换。按照热力系与外界进行交换的情况，热力系可划分成若干类型。

按照热力系与外界进行物质交换的情况，热力系可划分为以下两类：

（1）闭口热力系。热力系与外界可以有能量的传递，但没有物质的交换，其质量是恒定不变的，也称封闭热力系。如图 1-2（a）所示。

（2）开口热力系。热力系与外界既可以有能量的传递，也可以有物质交换，其内部质量可以保持恒定或发生变化，也可称变质热力系。如图 1-2（b）所示。

按照热力系与外界进行能量交换的情况，热力系又可划分为以下两类：

（1）绝热热力系。热力系与外界没有热量交换。

（2）孤立热力系。热力系与外界不发生任何关系。

　　显然，因为自然界中的一切事物都是相互联系和相互制约的，所以绝对的绝热热力系和孤立热力系实际上是不存在的。但在某些特殊情况下，可以简化为这两个理想的模型。

　　如果某些实际的热力系，在某段时间内与外界的传热量很少，对于系统的能量传递和能量转换所起的作用可以忽略不计，则这样的系统就可以近似地看作绝热热力系。如图1-3（a）所示的热力系，通常蒸汽通过汽缸壁对外散失的热量，与蒸汽在汽轮机中进行的能量转换相比是非常小的，因此在实际计算时常把它当作绝热系看待。

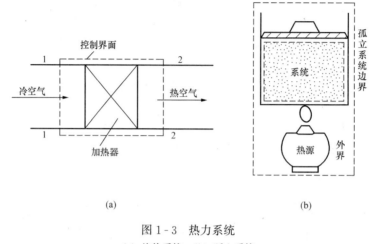

图1-3　热力系统
（a）绝热系统；（b）孤立系统

　　另外，由于一切热力现象所涉及的空间范围总是有限的，因此，如果我们把研究对象连同与它直接相关的外界所有物体一起取作一个新的热力系，则因该系统与外界不发生任何能量和物质的交换，它就是一个孤立热力系。如图1-2（a）所示的系统，它与热源、汽缸活塞以及活塞上的重物一起就可以共同构成一个孤立热力系。此时，原来的闭口热力系以及与它发生相互作用的所有物体都可看作是孤立热力系中的组成部分。另外，图1-3（b）所示系统可看成孤立系。

　　需要指出的是，绝对的绝热热力系和孤立热力系是不存在的。绝热热力系和孤立热力系都是热力学中的抽象概念，它们常能反映客观事物的本质，这种科学的抽象将给热力学的研究带来很大的方便，在后面的学习中，我们还会遇到很多从客观事物中抽象出来的基本概念。在抽象的过程中，略去不起作用的次要因素，抓住事物的本质，因而这些概念能代表某些实际事物的主要方面。绝热热力系和孤立热力系是热力学中的两个重要概念，它们的建立和应用可以使某些实际热力系的研究得到简化。并且，将热力学基本定律应用于孤立热力系所得出的一些推论，在热力学中具有重要的意义。

二、工质的热力状态及其状态参数

　　在动力装置中，热能转换为机械能是借助工质膨胀做功来实现的。显然，在此过程中，工质的压力、温度等一些物理特性随时都在改变，或者说工质的热力状态随时都在改变。所以，工质的热力状态，是指工质在某一瞬间所呈现的宏观物理特性。用来描述和说明工质热力状态的一些宏观物理量则称为工质的状态参数。工质的各状态参数只取决于工质的状态，也就是说，工质的状态与状态参数是一一对应的。所以当工质的状态发生变化时，状态参数的变化量只与初、终状态有关，与状态变化过程无关。

热力学中常用的状态参数有压力、温度、比体积、热力学能、焓、熵。其中的压力、温度、比体积可以直接测量或经简单计算求得，称为基本状态参数；另外三个参数可根据基本状态参数间接求得，称为导出状态参数。

三、基本状态参数

（一）温度

温度是标志物体冷热程度的一个物理量。

工质的温度可以用温度计测量，工程上常用的温度计有热电偶温度计和热电阻温度计。各种温度计测出的温度数值应该用统一的方法来表示，表示温度数值的方法称为温标。

国际单位只采用常用热力学温标为基本温标。用这种温标确定的温度称为热力学温度，符号为 T，单位为开尔文，符号为 K。

与热力学温标并用的还用热力学摄氏温标，简称摄氏温标。它所确定的温度称为摄氏温度，用 t 表示，单位为摄氏度，符号℃。热力学两种不同温标之间的换算关系为

$$T = t + 273.15 \tag{1-1}$$

（二）压力

物体单位面积上所承受的垂直作用力称为压力。气体压力是气体分子作不规则运动时撞击容器器壁的结果。因此，气体压力是指大量气体分子撞击容器器壁时，在单位面积上所产生的垂直方向的平均作用力。

1. 压力的测量

工质的压力常用压力表或真空表测量。工程上常用的压力表有 U 形管式压力计［见图 1-4（a）、（b）］和弹簧管式压力计［见图 1-4（c）］。

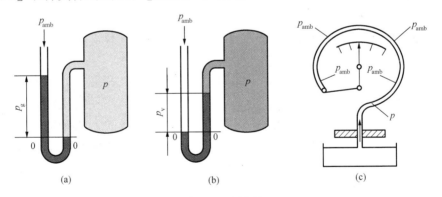

图 1-4　压力计
（a）、（b）U 形管式压力计；（c）弹簧管式压力计

2. 压力的分类

在电厂中，由于测量仪表的结构不同，同时测量仪表均处于当时当地环境压力（大气压力）下，因此，仪表的指示值都是系统真实压力与大气压力的差值，所测出的压力可分为绝对压力、表压力（也称正压）和真空（也称负压）。

（1）绝对压力。容器内工质的真实压力称为绝对压力，用符号 p 表示。在工程热力分析计算中，只有绝对压力 p 才是表征系统真实压力的状态参数。

（2）表压力。如果绝对压力大于大气压力时，测压表计称为压力表，此时指示值为正值，该表指示的压差值称为表压力，用符号 p_g 表示。若大气压力用符号 p_{amb} 表示，则绝对压力与表压力之间的关系式为

$$p = p_g + p_{amb} \tag{1-2}$$

在电厂中，表压力即为压力表所测出的压力。

（3）真空。如果绝对压力小于大气压时，其绝对压力小于大气压力之差额，测压力表计称为真空表，此时指示值为负值，该表指示压差的绝对值称为真空，用符号 p_v 表示。真空与绝对压力之间的关系式为

$$p = p_{amb} - p_v \tag{1-3}$$

在电厂中，真空即为真空表所测出的压力。

火电厂有时用百分数表示真空值的大小，称为真空度。真空度是真空值与大气压力之比的百分数，即

$$真空度 = （真空值 / 大气压力）\times 100\%$$

3. 压力的单位

压力用国际单位制帕斯卡（Pa）表示，$1Pa = 1N/m^2$；工程上常用千帕（kPa）（$1kPa = 1 \times 10^3 Pa$）和兆帕（MPa）（$1MPa = 10^3 kPa = 10^6 Pa$）作为计量单位。

另外压力还可以用液柱高度作单位，常见的有 mmHg（毫米汞柱）和 mmH_2O（毫米水柱），它们与 Pa 之间的换算关系分别为

$$1mmHg = 133.3Pa \qquad 1mmH_2O = 9.81Pa \tag{1-4}$$

在我国小型的火力发电厂，一些老设备型号中，仍有采用工程大气压（at）作为压力单位。

工程大气压与 Pa 之间的换算关系分别为

$$1at = 98\,070Pa = 9.807 \times 10^5 Pa \tag{1-5}$$

物理学中，把纬度 45°海平面上的常年平均气压定为标准大气压或称物理大气压，用符号 atm 表示，其值为 760mmHg，显然

$$1atm = 760mmHg = 1.013\,25 \times 10^5 Pa \tag{1-6}$$

（三）比体积

系统中工质所占的总空间称为容积，用 V 表示。单位质量的工质所占有的总体积，称为工质的比体积，符号为 v，单位为 m^3/kg。工质的比体积可以用式（1-7）计算

$$v = \frac{V}{m} \qquad m^3/kg \tag{1-7}$$

式中：V 为工质的体积，m^3；m 为工质的质量，kg。

密度是比体积的倒数，为单位体积内所含工质的质量，符号为 ρ，单位为 kg/m^3。它们之间的关系式为

$$\rho v = 1 \tag{1-8}$$

【例1-1】　某锅炉出口主蒸汽管道上表压力表读数为13.2MPa，当地大气压力为1atm，试求该处蒸汽的绝对压力。

解　由绝对压力与表压力的关系，即式（1-2），可直接求得绝对压力为

$$p = p_g + p_{amb} = 13.2 \times 10^6 + 1.013\,25 \times 10^5 = 13.3 \times 10^6 = 13.3(MPa)$$

答　该处蒸汽的绝对压力为13.3MPa。

【例 1-2】 某凝汽器内蒸汽的比体积为 $45.766\text{m}^3/\text{kg}$，凝结成水后比体积为 $0.001\text{m}^3/\text{kg}$，试计算凝汽器中蒸汽凝结前后比体积变化量为多少？

解 根据已知 $v_1 = 45.766\text{m}^3/\text{kg}$，$v_2 = 0.001\text{m}^3/\text{kg}$，得蒸汽凝结前后比体积变化为

$$v_1 - v_2 = 45.766 - 0.001 = 45.765\text{m}^3/\text{kg}$$

答 蒸汽凝结后,比体积大大减小,这就是凝汽器真空产生的根本原因。

四、平衡状态和热力过程

（一）平衡状态、状态方程和参数坐标图

1. 平衡状态

平衡状态,前面讲到的压力、温度、比体积是工质的状态参数,可以用来描述热力系的中工质的状态。但必须说明,这只是在系统内工质各点对于同一参数都具有相同数值时才有可能。例如,工质在某一状态下温度为 T,则意味着系统内工质温度处处相同,且为 T,否则 T 就说明不了工质的状态。与此同时,如果没有外界影响的情况下,工质可以长期保持这种不变的状态,在热力学上称作平衡状态。

当热力系处于平衡状态时,系统内部各部分既无温度的区别,也无压力的区别。说明系统与外界既无热能的传递也无力的不平衡,因而各部分不发生相对位移。这就是说,系统内部或系统与外界达到了热和力的平衡。如果没有外界的影响,系统内工质性质不随时间变化,即平衡状态不会自行发生改变。

只有处于平衡状态的工质,各部分才具有确定不变的状态参数。

2. 状态方程式

在热力学中,描述工质热力状态的基本状态参数虽然有三个,但它们并不都是独立的,往往互相联系。例如,某一系统的温度、压力、比体积之间存在如下的联系,具体可用状态方程表达如下

$$f(p, v, T) = 0$$

这种用状态参数表示的函数关系称为状态方程式。状态方程式的具体形式取决于工质的性质。一般由实验求出,也可由理论分析求得。

显然,由状态方程式可知,对于处于平衡状态的热力系,只需确定两个状态参数,第三个状态参数即随之而定,因此描述工质的热力状态只需用两个独立的状态参数即可。

3. 参数坐标图

热力学中为了方便、直观地分析问题,引入了参数坐标图,它是用任意两个独立的状态参数组成的平面直角坐标图,能清晰直观地表示工质所处的热力状态。在分析问题时,热力学中可以因分析问题的角度不同,选用不同的参数坐标图。

例如,分析工质对外界做功时,一般选用 $p\text{-}v$ 图（称为压容图,见图 1-5,该图以压力为纵坐标,比体积为横坐标）；而分析工质与外界的热量交换时,一般选用 $T\text{-}s$ 图（称为温熵图,该图以温度为纵坐标,熵为横坐标）等。热力学除压容图、温熵图外,还有由其他参数组成的坐标图。

在参数坐标图中,既可根据图中的已知点确定该

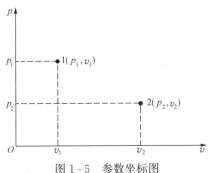

图 1-5 参数坐标图

状态下的状态参数，也可根据已知的状态参数确定该状态在图中所处的位置。不平衡状态因没有确定的状态参数，所以不能在参数坐标图上用确定的点表示。

（二）热力过程

1. 准平衡过程

任何一个处于平衡状态的热力系，如果其工质没有外界一切不平衡因素的作用，那么它将一直保持这种平衡状态。若热力系所处的外界条件发生变化，例如工质在受到外界作用时，原有的平衡状态会被破坏，状态参数会发生变化。我们把工质从一个平衡状态状态过渡到另一个平衡状态所经历全部状态的总和称为热力过程，简称过程。

如果工质所经历的某一热力过程中的每一个热力状态均为平衡状态，则该过程称为准平衡过程。

严格来说，实际的热力过程都一定不是准平衡过程。准平衡过程是理想化了的实际过程，它要求在状态变化过程中，若平衡状态的每一次破坏，都离平衡状态非常近，而状态变化的速度（即破坏平衡的速度）又远远小于工质内部分子运动的速度（即恢复平衡的速度），则工质变化的每个瞬间，工质就都可以认为是平衡状态。

既然平衡状态可在 $p\text{-}v$ 图标示为一个点，那么热力过程在 $p\text{-}v$ 图就可以表示为一条线。对不同的热力过程可以是直线也可以是曲线。只有准平衡过程才可以在参数坐标图上表示为一条连续的曲线，如图 1-6 所示。实际过程都不是绝对平衡的，但在可能的情况下，可近似当作准平衡过程。只有准平衡过程才能用热力学来分析研究。

2. 可逆过程

系统经历某一过程后，如果能使系统与外界同时恢复到初始状态，而不留下任何痕迹，则此过程为可逆过程（可逆过程只是指可能性，并不是指必须要回到初态的过程）。

如图 1-7 所示的热力系中，工质在从外界热源吸热的同时又对外膨胀，且工质从状态 1 经一准平衡过程到达状态 2。在 $p\text{-}v$ 图上可用 1-a-b-c-d-…-2 连续曲线表示。假如过程中不存在摩擦，工质在这一过程中对外膨胀的能量功全部用来推动飞轮，将能量以动能的形式储存在飞轮中。当该过程完成后，此时如果利用飞轮的动能推动活塞逆行，热力系中工质能从状态 2 沿

图 1-6　准平衡过程

原路径 2-…-d-c-b-a-1 逆行回到状态 1 的同时，工质恰好把同等热量放回给热源。与此同时，过程所涉及的整个热力系和外界都全部恢复到原来的状态而不留下任何变化，则这一过程可以称为是可逆过程。

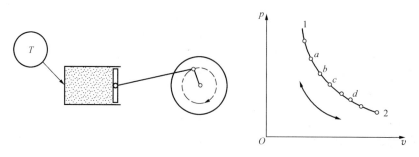

图 1-7　可逆过程

由此可见，可逆过程应该具备以下条件：

（1）热力系中工质所完成的热力过程必须是准平衡过程，且过程进行非常缓慢。

（2）过程进行中，工质没有与外界产生摩擦（无力的平衡），也没有与外界产生温差传热（无热的平衡）。

显然，可逆过程同准平衡过程都是实际过程的理想化模型，都由一系列平衡状态组成。因此，都能在参数坐标图上用一连续曲线来表示，并可用热力学方法进行分析。

而且，实际的热力过程在作机械运动时难免存在着摩擦，在传热时也一定存在着温差，因此，实际的热力过程必定存在着各种不可逆因素，如果使过程沿原路径逆行使工质回复到原状态，必将会给外界留下影响，这就是实际过程的不可逆性，这种热力过程就是不可逆过程。

在热力学中，对不可逆过程进行分析计算相当困难，为了简化和突出主要矛盾，我们先将实际过程看作可逆过程进行分析计算，由此产生的误差再引用一些经验系数加以适当修正，就可得到实际过程的结果。这正是引出可逆过程的实际意义所在。

本篇如无特别指出则讨论的热力过程均视为可逆过程。

五、功和热量

（一）功与 $p\text{-}v$ 图

1. 功

（1）功的定义。功是由于热力系与外界存在着力不平衡而传递的能量。

在物理学中，如果某物体在外力方向上产生了位移，我们就说该力对某物体做了功。把物体通过力的作用而传递的能量称为功，并定义功等于力 F 和物体在力的作用方向上的位移 Δx 的乘积，即 $W = F\Delta x$。

但热力学中工质与外界作用时力和位移往往是不可见的，它们是通过工质体积的变化（膨胀或压缩）来实现能量转换的。

热力学中，将通过工质体积变化而实现的能量转换的数量称为体积变化功，简称为体积功（容积功）。

（2）功的符号和单位。$m\text{kg}$ 工质所做的体积功符号为 W，单位为 J（焦耳）或 kJ（千焦）。

1kg 工质所做的体积功（又称比功）用符号 w 表示，单位为 kJ/kg，即 $w = \dfrac{W}{m}$。

（3）功的正负。热力学规定：热力系对外界做功时，功为正值，$W > 0$；外界对热力系做功时，功为负值，$W < 0$。

2. 容积功与 $p\text{-}v$ 图

热力学中工质与外界作用时，力和位移往往是不可见的，它们是通过工质体积的变化（膨胀或压缩）来实现能量转换的。

热力学中，将通过工质体积变化而实现能量转换的数量称为体积变化功，简称为体积功（容积功）。

下面分析可逆过程的体积变化功。

如图 1-8 所示，由汽缸内壁与活塞端面构成的系统中，设盛有 1kg 的气体，压力为 p、比体积为 v_1，活塞的截面积为 A，若汽缸内气体的压力为 p，则工质作用在活塞上的力为 $F = pA$，当气体膨胀推动活塞向右移动一微元距离 $\mathrm{d}x$ 时，由于热力系进行的是可逆过程，

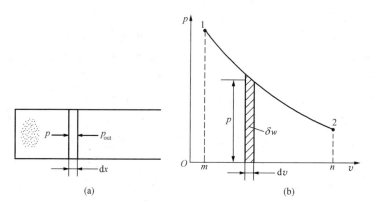

图 1-8 可逆热力过程的体积变化功

(a) 体积功；(b) $p\text{-}v$ 图

外界压力必须始终等于系统压力，则该微元可逆过程中热力系对外界所做的膨胀功为

$$\delta w = F\mathrm{d}x = pA\mathrm{d}x = p\mathrm{d}v \tag{1-9}$$

式中：δw 为单位质量气体在微元过程中所做的微小变化功；$\mathrm{d}v$ 为气体比体积的微小变化量。

从状态 1 到状态 2 整个过程的体积功可对式 (1-9) 积分求得

$$w = \int_1^2 p\mathrm{d}v \tag{1-10}$$

$m\mathrm{kg}$ 工质所做的体积功为

$$W = \int_1^2 p\mathrm{d}V$$

该热力过程可表示在 $p\text{-}v$ 图［见图 1-8 (b)］上，由图可见，体积功 w 就是过程线 1-2 下面图形 1-2-n-m-1 的面积，即 w 面积 1-2-n-m-1，因此，$p\text{-}v$ 图又称为示功图。

从式 (1-10) 可以看出：热能转换为机械能必须依靠工质的比体积变化才能实现。只有比体积的变化，才会有功量，比体积变化是系统做容积功的标志。当工质膨胀比体积增大（$\mathrm{d}v>0$）时，工质对外界所做的体积功为正值（$w>0$）；当工质被压缩比体积减小（$\mathrm{d}v<0$）时，工质对外界所做的体积功为负值（$w<0$）；工质比体积不变化（$\mathrm{d}v=0$）时，工质不做功（$w=0$）。

由此可知：功是系统与外界之间的一种能量传递方式。在热力过程中，热力系对外界做了多少功，就说明热力系对外界传递了多少能量，所以功是伴随热力过程进行而发生的，它是过程量而不是状态参数。利用 $p\text{-}v$ 图，可清楚地看出功的大小不仅与工质的初、终状态有关，而且与热力过程（过程线的形状）有关，因此我们不能说在某种状态下热力系具有多少功。

（二）热量、熵与 $T\text{-}s$ 图

1. 热量

（1）热量的定义。热力系与外界传递能量的另一种方式是传热。在热力学中，把热力系和外界之间仅仅由于温度不同而通过边界所传递的能量称为热量。

（2）热量的符号和单位。$m\mathrm{kg}$ 工质与外界交换的热量，符号为 Q，单位为 J（焦耳）或 kJ（千焦）。1kg 工质与外界交换的热量，符号为 q，单位为 kJ/kg 或 J/kg。显然

$$q = \frac{Q}{m}$$

（3）热量的正负。热力学规定：热力系吸热时，热量为正值，$Q>0$；热力系放热时，热量为负值，$Q<0$。

2. 熵与 $T\text{-}s$ 图

（1）熵的概念。热量和功是工质与外界传递能量的两种基本方式，是表示能量传递过程中的量度，它们都是过程量。只是传递能量的方式不同，所以热量的计算公式可以用功的计算公式进行类比得到。

既然可逆过程中可用比体积的变化作为容积功的标志，那么可逆过程中也一定存在某一状态参数作为热量传递的标志。我们定义这个新的状态参数为熵，用符号 S 表示。

单位质量物质的熵称比熵，用符号 s 表示 $\left(s=\dfrac{S}{m}\right)$。比熵增大，标志系统从外界吸热；比熵减小，标志系统向外界放热；比熵不变，则标志热力系与外界无热交换。

某一微小的可逆过程，类似容积功的计算方法，可得出传热量的计算公式。

1kg 工质的传热量为

$$q = \int_1^2 T\mathrm{d}s \qquad\qquad (1\text{-}11)$$

$m$kg 工质的传热量为

$$Q = \int_1^2 T\mathrm{d}S$$

（2）熵的单位。显然，比熵的单位是 kJ/(kg·K) 或 J/(kg·K)，不难导出熵的单位是 kJ/K 或 J/K。熵是不能用仪表直接测量的状态参数，在热力学分析中一般不计算某一状态下熵或比熵的值，只计算热力过程中熵或比熵的变化量 ΔS 或 Δs。

（3）$T\text{-}s$ 图。与工质的做功过程可以在 $p\text{-}v$ 图上表示一样，工质与外界交换热量的过程也可以表示 $T\text{-}s$ 在图上，见图 1-9，图中过程线 1-2 下面的面积 1-2-3-4-1 也是工质与外界交换的热量值，所以 $T\text{-}s$ 图也称为示热图。

由式（1-11）可看出，当工质的熵值增大（$\mathrm{d}s>0$）时，工质与外界交换的热量为正值，工质从外界吸热；当工质的熵值减小（$\mathrm{d}s<0$）时，工质与外界交换的热量为负值，工质向外界放热。当工质的熵值不变（$\mathrm{d}s=0$）时，工质与外界绝热。

热量和功一样，不是状态参数，其大小不仅取决于初、终状态，而且与所经历的过程有关。

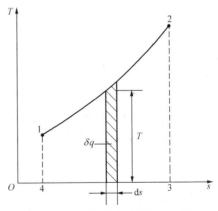

图 1-9 任意热力过程的 $T\text{-}s$ 图

第二节 热力学第一定律

热力学基本定律包括热力学第一定律和热力学第二定律。热力学第一定律是能量转换和守恒定律在热力学中的一种特定应用形式，它确定了热能与机械能之间相互转换时的数量关系。热力学第二定律则描述了能量传递与转换过程中的条件、方向和限度问题。

一、热力学第一定律的实质

若将能量转换与守恒定律具体应用到热力学中，就获得了热力学第一定律。热力学第一定律可表述为：热可以转变为功，功也可以转变为热；当一定量的热消失时，必然转换成数量相应的功；而消耗一定数量的功时，也将产生数量相应的热。显然热力学第一定律描述的是热能与机械能之间能量转换的数量关系，其实质是能量转换与守恒定律。

热力学第一定律是热力学的基本理论之一，确立了能量传递和转换的数量关系，是热力学分析和计算的主要理论依据。

历史上曾有人幻想制造一种不用提供能量就可连续对外做功的机器，即第一类永动机。显然，第一类永动机是不可能造成功的。因为它违背了热力学第一定律，违背了能量转换和守恒定律。

热力学第一定律又称"当量定律"。功和热量的当量关系可表示为 $Q=AW$。式中：A 为功热当量。

工程单位制中，kWh 作为功的单位，kJ 作为热量单位，则 $A=3600\text{kJ/kWh}$；国际单位之中，功和热量的单位相同，$A=1$。

二、热力学能

1. 热力学能的概念

热力学能（又称内能）指的是热力系内部的大量微观粒子本身所具有的各种微观能量的总和。内能是热力系内部储存的能量，它主要包括内动能和内位能。

内动能指的是工质内部粒子热运动的能量，能量的大小取决于工质的温度，温度越高，内动能越大。内位能指的是工质内部粒子由于相互作用而产生的能量，能量的大小取决于工质内部粒子间的距离，而粒子间的距离又与工质的比体积有关，因而它是比体积的函数。

综上所述，工质的热力学能取决于它本身的温度和比体积，即取决于工质所处的状态。因此，热力学能也是一个状态参数，具有状态参数的一切特性，可表示为两个独立状态参数的函数，即

$$u = f(T, v)$$

对于理想气体，因分子间不存在相互作用力，所以没有内位能，其热力学能只包括内动能，因而理想气体的热力学能只是温度的函数，即

$$u = f(T)$$

2. 热力学能的符号和单位

在热力学中，热力学能的符号为 U，单位为 kJ 或 J。1kg 工质的热力学能称比热力学能，符号为 u。显然 $u = \dfrac{U}{m}$，单位为 kJ/kg 或 J/kg。

三、热力学第一定律的数学表达式

热力学第一定律是能量守恒与转换定律在热力学中的应用，是热力学的基本定律。它适合一切热力过程。当分析实际问题时，需要应用它的数学解析式，即依据能量守恒原则列出能量平衡关系式，就称为热力学第一定律的数学表达式。

对于任何系统，各项能量间平衡关系式都可表示为

进入系统的能量－离开系统的能量＝系统内储存能量的变化量

对不同的热力系统，其具体的表达形式可以不一样。

在闭口系统中，系统与外界不存在质量交换，只发生能量交换（即系统与外界传递热量 Q 和功 W）。工质所拥有的能量，可以只考虑热力学能这一项。

1. 闭口热力系的热力学第一定律表达式

我们首先讨论闭口系统。如图 1-10 所示的闭口系，汽缸中的 1kg 气体由平衡状态 1 受热膨胀到平衡状态 2。在研究过程中，系统与外界只有能量的传递而无物质的交换，其中外界输入系统的能量为外界加入系统的热量 q，由系统输出的能量为系统对外界所做的膨胀功 w，根据能量平衡方程式，可得闭口系能量方程式

$$q - w = u_2 - u_1$$

即热力学第一定律的表达式

$$1\text{kg 工质} \qquad q = \Delta u + w \qquad\qquad (1-12)$$

$$m\text{kg 工质} \qquad Q = \Delta U + W \qquad\qquad (1-13)$$

式（1-12）和式（1-13）为热力学第一定律应用于闭口热力系的数学表达式，它适用于一切工质的任何热力过程，是一个普遍适用的关系式。它们说明：在热力过程中，热力系从外界吸热，一部分用于工质热力学能的增加，另一部分用于对外膨胀做功。

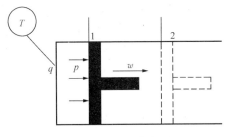

图 1-10　闭口热力系

【例 1-3】　气体在某一过程中吸收了 54kJ 的热量，同时热力学能增加了 94kJ，此过程是膨胀过程还是压缩过程？系统与外界交换的功是多少？

解　由 $Q = \Delta U + W$ 得，$W = Q - \Delta U = 54 - 94 = -40(\text{kJ})$。

因为 $W < 0$，所以此过程是压缩过程，外界对系统做功 40kJ。

2. 开口热力系的热力学第一定律表达式

在热力设备中，工质的吸热和做功过程往往伴随着工质的流动而进行。如在火电厂中，给水在流经锅炉各受热面时完成吸热过程，蒸汽在流经汽轮机时完成做功过程。热力开口系与外界发生相互作用时，除交换功和热量外，还交换物质，并且由于物质的交换还会引起其他能量的交换。

（1）焓的定义。火力发电厂中，如给水流经锅炉各受热面的吸热过程，蒸汽在汽轮机中的做功过程，显然，这些设备中工质在不断地流进、流出。这样的开口系统在实际中应用非常广泛。

实际热力设备，在正常运行工况或设计工况下都是在稳定条件下工作的。我们把热力系统内部及边界上各点工质的热力参数和运动参数都不随时间而变化的流动称为稳定流动。

下面就开口系统内工质的稳定流动加以讨论。

如图 1-11 所示系统中的工质，假设汽缸内活塞的面积为 A，活塞上置一重物，并产生一垂直向下的均匀压力 p。若需将工质送入汽缸，外界就必须克服系统内阻力 pA 而做功，此功称为推动功（流动功）。如果将质量为 $m\text{kg}$ 的工质送入汽缸内，活塞将上升 h 的高度，则此过程中外界克服系统内阻力对该工质所做的推动功为

$$pAh = pV = mpv$$

式中：pV 为外界对 $m$kg 工质做的推动功，J；pv 为外界对单位质量工质做的推动功，J/kg。

所以，推动功（流动功）并非工质本身具有的能量，它是用来维持工质流动的，可看作是伴随工质的流动而带入（或带出）系统的能量，它是系统增加（或减少）的能量。

如图 1-12 所示系统中有 $m$kg 工质同时进、出系统。我们把对于同时有工质流进和流出的开口系，系统与外界交换的推动功的差值，称为流动净功，即

$$W_f = p_2 V_2 - p_1 V_1 = m(p_2 v_2 - p_1 v_1)$$

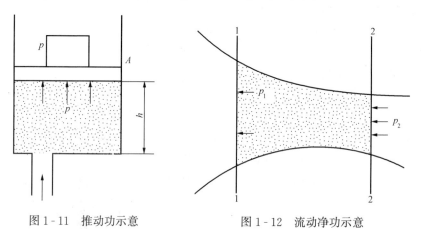

图 1-11　推动功示意　　　　　图 1-12　流动净功示意

如果流动的工质是 1kg，则其流动净功称比流动净功，即

$$w_f = p_2 v_2 - p_1 v_1$$

由上面的分析发现，工质流过系统时，不仅将热力学能带入（或带出），也将推动功带入（或带出）了，这两者通常是同时出现的。为了分析和计算的方便，通常将热力学能和推动功两者合在一起，定义一个新的物理量，称为焓，以符号 H 表示，即

$$H = U + pV \tag{1-14}$$

单位质量工质的焓称为比焓，以符号 h 表示，即

$$h = u + pv$$

国际单位制中，焓的单位为 J 或 kJ，比焓的单位为 J/kg 或 kJ/kg。

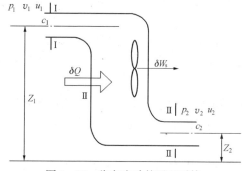

图 1-13　稳定流动的开口系统

焓是一个只取决于工质状态的状态参数，具有状态参数的一切特性。

（2）开口热力系的热力学第一定律表达式。如图 1-13 所示的开口热力系，工质在流动过程中，热力系内部及边界上各点工质的状态参数和运动参数都不随时间变化，是稳定流动。

对于稳定流动，根据能量守恒定律，可列出能量平衡方程式。

对于 $m$kg 工质有

$$Q = (H_2 - H_1) + \frac{1}{2}m(c_2^2 - c_1^2) + mg(Z_2 - Z_1) + W_s \tag{1-15}$$

对于 1kg 工质有

$$q = (h_2 - h_1) + \frac{1}{2}(c_2^2 - c_1^2) + g(Z_2 - Z_1) + w_s$$

$$= \Delta h + \frac{1}{2}\Delta c^2 + g\Delta Z + w_s \qquad (1-16)$$

式（1-15）和式（1-16）为热力学第一定律应用于开口热力系内稳定流动时的数学表达式，称为稳定流动的能量方程式，适用于任何工质、任何稳定的流动过程。它们说明：在开口热力系的稳定流动热力过程中，热力系从外界吸热，一部分用于工质本身能量（热力学能、动能、位能）的增加，另一部分用于对外输出轴功。

四、稳定流动的能量方程式在火电厂典型热力设备中的应用

1. 汽轮机

汽轮机是将热能转变为机械能的设备，工质流经汽轮机时发生膨胀，对外输出轴功。在正常工况下运行时，汽轮机的输出功率是稳定不变的，工质流经汽轮机的过程可视为稳定流动过程。

如图 1-14 所示，由于工质进、出汽轮机设备时动能相差不大；进出口高度差很小，重力位能之差也极小，可忽略；工质流经汽轮机所需的时间极短，工质向外的散热量很少，所以通常认为 $q \approx 0$。因此，稳定流动的能量方程式（1-15）和式（1-16）用于热机时可简化为

$$W_s = H_1 - H_2 \text{ 和 } w_s = h_1 - h_2 \qquad (1-17)$$

可见，工质流经汽轮机时，所做的轴功等于汽轮机焓值的减少（也叫焓降）。

2. 换热器

火电厂的换热器很多，如锅炉、凝汽器、除氧器、回热加热器和冷油器等。换热器的主要任务是将温度较高流体的能量传递给温度较低的流体。

如图 1-15 所示，工质流经锅炉、除氧器等换热器时，同外界有热量交换而不对外做功，进、出口的动能、位能差都可忽略不计。因此稳定流动的能量方程式用于换热器时就简化为

$$q = h_2 - h_1 \qquad (1-18)$$

可见，工质在锅炉及换热器中流动时，吸收的热量等于其焓值的增加（也叫焓差）。

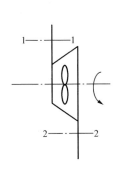

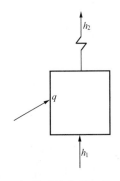

图 1-14　汽轮机工作过程示意　　　　图 1-15　锅炉及换热器工作过程示意

3. 喷管

喷管是使工质加速的设备，工质流经喷管后降压提速获得高速气流。

如图 1-16 所示，工质流经过喷管时速度很快，时间很短，散热很少，可认为该流体是绝热稳定流动；工质流过喷管时无轴功的输入与输出；同时，进、出口位能差亦可忽略。因此，稳定流动能量方程式可简化为

$$\frac{1}{2}(c_2^2 - c_1^2) = h_1 - h_2 \tag{1-19}$$

可见，工质流经喷管时，动能的增加是由工质进出口的焓降转换而来的。

4. 泵与风机

泵与风机是用来输送工质的设备，并通过消耗轴功来提高工质的压力。

如图 1-17 所示，工质流经泵与风机时与外界交换热量很少，可以忽略；一般情况下，进出口动能差和位能差可忽略。因此，稳定流动能量方程式可简化为

$$-w_s = h_2 - h_1 \tag{1-20}$$

可见，工质流经泵与风机时，消耗的轴功等于工质的焓增。

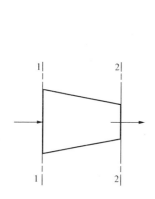

图 1-16　喷管工作过程示意

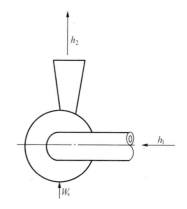

图 1-17　泵与风机工作过程示意

【**例 1-4**】 已知新蒸汽进入汽轮机时的焓 $h_1 = 3230\text{kJ/kg}$，流速 $c_1 = 50\text{m/s}$，乏汽流出汽轮机时的焓 $h_2 = 2300\text{kJ/kg}$，流速 $c_2 = 100\text{m/s}$。忽略蒸汽进、出口动能变化引起的计算误差和散热损失。求 1kg 蒸汽流经汽轮机时对外所做的轴功。

解 因蒸汽在汽轮机中的流动为稳定流动，且忽略蒸汽进、出口动能变化和散热损失，则 $q = 0$，$\Delta z = 0$ 的条件，可得 1kg 蒸汽在汽轮机中做的轴功

$$w_s = (h_1 - h_2) - \frac{1}{2}(c_2^2 - c_1^2) = (3230 - 2300) - \frac{1}{2}(100^2 - 50^2) \times 13^{-3} = 926.25(\text{kJ})$$

答 1kg 蒸汽流经汽轮机时对外所做的轴功为 926.25kJ。

第三节　热力学第二定律

一、热力循环

热力学第一定律是自然界中的一切热力过程在发生时必然遵循的定律，热力学第一定律揭示的是热量与机械能之间能量传递和转换的数量上的守恒。然而并非任何一个不违反热力学第一定律的热力过程都能够实现。遵循热力学第一定律的热力过程是否能够发生，这涉及热现象过程中能量传递与转换的条件、方向和限度问题。揭示热力过程进行的方向、条件和

限度这一普遍规律的是独立于热力学第一定律之外的热力学第二定律，它和热力学第一定律一起共同构成热力学的理论基础。

（一）热力循环的定义

在火电厂中，从汽轮机将热能转变为机械能的过程可知，电能的生产是连续而不能间断的，这就要求汽轮机连续不断做功，而单纯工质在汽轮机中的膨胀过程不能将热能连续不断地转变为机械能。任何一个膨胀过程进行下去时，随着工质的膨胀，其参数将变化到不宜再做功的地步，而且机器的尺寸总是有限的，也不允许工质无限制地膨胀。

因此，为了能连续不断地做功，必须在工质膨胀做功到某一状态后，设法使它回到原来的状态重新获得做功能力，然后再膨胀做功，这样再一次重复这些过程，周而复始，才能连续不断地将热能转变成机械能，也就可连续不断地对外做功。

这种工质从某一初态出发，经历一系列的状态变化后又回到初态的热力过程，称为热力循环，简称循环。

由于工质经历一次循环以后又回到了原来的状态，所以热力循环过程在参数坐标图上表示是一条封闭的曲线，如图 1-18 所示。

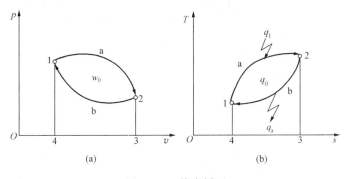

图 1-18　热力循环

(a) p-v 图；(b) T-s 图

（二）热力循环分类

根据循环进行的方向和效果不同，可以将循环分为正向循环和逆向循环两大类。

利用热力循环工作的热力设备有两类：一种将热能转变为机械能，称为热机，它利用的是正向循环（也称热机循环）；另一种将机械能转变为热能，称为制冷机或热泵，利用的是逆向循环。下面我们就来分析这两种循环。

1. 正向循环

如图 1-18（a）所示，循环沿顺时针方向（1-a-2-b-1）进行。此循环过程中，膨胀过程 1-a-2 在压缩过程 2-b-1 之上，则循环过程中膨胀功 w_{1a1}（过程线 1-a-2 下的面积）大于压缩功 w_{2b1}（过程线 2-b-1 下的面积）。此循环过程中膨胀功 w_{1a2} 与压缩功 w_{2b1} 之差才是工质对外输出的有用功，称为循环净功，又称有用功，用符号 w_0 表示，即 $w_0 = w_{1a2} - w_{2b1}$，在 p-v 图上即是循环曲线 1-a-2-b-1 围成的面积。

正向循环也可用 T-s 表示。如图 1-18（b）所示，图中吸热过程线 1-a-2 下的面积代表工质在吸热过程中的吸热量 q_1，放热过程线下的面积 2-b-1 下的面积代表工质在放热过程中的放热量 q_2，两者之差称为循环的净热量，又称为有用热，用 q_0 表示，即 $q_0 = q_1 - q_2$，在

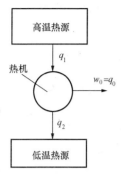

图 1-19 热机的能量
转换关系图

T-s 图上即是循环曲线 1-*a*-2-*b*-1 所包围的面积。

对于一个循环，因为工质回复到初始状态，所以热力学能的变化量应为零，即 $\Delta u = 0$，故根据热力学第一定律，则有 $W_0 = Q_1 - Q_2$ 或 $w_0 = q_0 = q_1 - q_2$。

综上所述，在火电厂的正向循环（即热机循环）中就遵循上述规律。工质从热源吸热 Q_1，将其中的一部分热量 $Q_0 = Q_1 - Q_2$ 转换为有用功 W_0，其余部分热量 Q_2 则传递给冷源。这种能量转换关系用图 1-19 表示。

显然，正向循环中工质从热源吸收的热量不可能全部转变为机械能，我们把正向循环变热能为机械能的有效程度称为循环的热效率，用 η_t 表示。循环的热效率 η_t 等于循环净功 W_0 与循环中工质从热源吸入的热量 Q_1 之比，即

$$\eta_t = \frac{W_0}{Q_1} \times 100\% = \frac{Q_1 - Q_2}{Q_1} \times 100\% = \left(1 - \frac{Q_2}{Q_1}\right) \times 100\% \tag{1-21}$$

循环的热效率是衡量正向循环热经济性的重要指标，η_t 越大表示循环的经济程度越高。

2. 逆向循环

如果循环中压缩过程所消耗的功大于膨胀过程所做的功，循环的总效果不是产生功而是消耗外界的功，这样的循环称为逆向循环。如制冷机、空调和热泵等设备中进行的循环。在 *p-v*、*T-s* 图循环按逆时针方向进行，如图 1-20 所示。

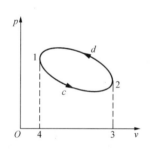

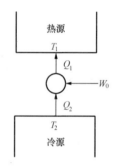

图 1-20 逆向循环

二、热力学第二定律

在能量的传递与转换过程中，热力学第一定律确定能量的数量关系，但并没有指出自然过程进行的方向、条件及限度问题，而这些过程则由热力学第二定律来解决。

（一）热力学第二定律的实质

自然界中，有一些不需要任何条件就可以自发进行的过程，我们称它为自发过程。自发过程具有一定的方向性，都是不可逆的。

如两个温度不同的物体接触时，热量从高温物体向低温物体的传递过程；再如，高处的水顺势下流的过程等。而要使其过程反向进行，则必须具备一定的条件，付出一定的代价。我们将需要具备一定条件才能进行的过程称为非自发过程。这说明，热量可以自发地从高温物体传向低温物体，但其逆向过程却不会自动发生，即一定温差作用下的传热过程是不可逆的。

又如，一个转动的飞轮，如果没有外力作用，它的转速就会逐渐减低，最后停止转动。显然，这完全遵守热力学第一定律。但是反过来，要使飞轮再次转动起来呢？经验告诉我们，尽管这样的过程并不违反热力学第一定律，但却是不可能实现的。这说明，机械能可以通过摩擦自发地全部变为热能，但其逆向过程却不能自发进行，即热能不能自发地全部转换为机械能。

热力学中涉及的热力过程同样存在上述问题，不仅热量传递、热功转换具有方向性，自然界的一切过程都具有方向性。这就是自发过程进行的方向性和不可逆性。热力学第二定律就是解决有关热力过程进行的方向、条件和限度问题的基本规律。

（二）热力学第二定律的表述

热力学第二定律是人们长期对自然界热现象的观察研究得出的基本定律，由于来自于实践，所以可以由观察角度或所分析热力过程的不同，得出多种不同的表述方法。下面介绍几种常见的说法。

（1）克劳修斯（R·Clausius）说法，他的表述方法是："热量不可能自动地无偿地从低温物体传至高温物体"。

这种说法指出了热量传递过程具有方向性，是从热量传递的角度表述了热力学第二定律。它说明从低温物体传热给高温物体的过程是一个非自发的过程，要使之实现，必须付出一定的代价。前面我们已经分析过逆向循环，可以看出将热量从低温物体传至高温物体需付出的代价就是消耗功。如果外界不提供机械能，制冷机或热泵都不可能将低温物体的热量传递至高温物体。

（2）开尔文（L·Kelvin）—普朗克（M·Plank）说法，他的表述方法是：不可能制造出一种循环工作的热机，只从单一热源吸热，使之全部转变为有用功而不产生其他任何变化。

这种说法以否定的叙述方式，指出了热功转换过程的方向性以及热功转换所需要的补偿条件。从热功转换的角度表述了热力学第二定律。它说明热功转换过程是非自发过程，要实现这一过程需要具备一定的条件。热机从热源吸取的热量中，只有一部分可以变为功，而另一部分热量必然要向外排出。也就是说，循环热机工作时不仅要有供吸热用的热源，还要有供放热用的冷源，在一部分热变为功的同时，另一部分热要从热源移至冷源。因此，热变功这一非自发过程的进行，是以热从高温移至低温来作为补偿条件的，即热机的热效率不可能达到 100%。这种说法从热功转换的角度表述了热力学第二定律。

综上所述，开尔文—普朗克说法明确指出了只从一个热源吸热就可连续不断地对外做功的发动机（第二类永动机）是不可能制造成的。在热机循环中，必然存在冷源损失。

尽管热力学第二定律的表述方法，从形式上看有所不同，但其实质是一样的，都说明了能量传递与转换过程进行的方向、条件和限度。

任何事物都是数量和质量的统一，自然界的能量同样存在质与量的问题。热力学第一定律描述了能量在数量方面的守恒关系，而热力学第二定律则说明能量在质量方面相互关系。热力学第二定律其实际是说明能量转换过程中品质高低的问题。

能量品质的高低，体现在它的转换能力上。机械能或电能可以自发地全部转变为热能，说明这两种形式的能量转换能力较强，属于品质较高的能量；反过来，热能却不能自发地全部转变为机械能或电能，说明这种形式的能量转换能力较差，属于品质较低的能量。同样是热能，因为高温热源可以自发地将热量传递给低温热源，低温热源却不能自发地将热量传递给高温热源，因此，高温工质所具有的热能属于品质较高的能量，而低温工质所具有的热能属于品质较低的能量。

显然，在能量的自发传递过程中，能量品质是下降的，或者说能量贬值了。

三、卡诺循环及其热效率

据前面分析可知：任何热机循环的热效率都不可能达到100％，而且都是小于1的，那么热机的循环效率最高能达到多少？法国工程师卡诺提出并回答了这个问题。

1. 卡诺循环

卡诺循环是工作在两个不相等的恒温热源间的理想可逆循环。由两个可逆的定温过程和两个可逆的绝热过程组成，如图1-21所示。

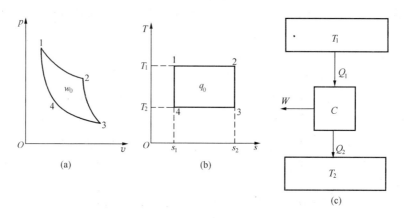

图 1-21 卡诺循环及卡诺热机
(a) 卡诺循环 p-v 图；(b) T-s 图；(c) 卡诺热机

循环各过程如下：

设热源温度为 T_1，冷源温度为 T_2，1kg 工质在循环中从热源中吸热 q_1，向冷源放热 q_2。

1→2：可逆定温吸热，吸热量 $q_1 = T_1(s_2 - s_1)$，对外做膨胀功 w_{12}；

2→3：可逆绝热膨胀，温度从 T_1 降至 T_2，对外做膨胀功 w_{23}；

3→4：可逆定温放热，放热量 $q_2 = T_2(s_3 - s_4)$，接受压缩功 w_{34}；

4→1：可逆绝热压缩，温度从 T_2 上升至 T_1，接受压缩功 w_{41}。回到状态1，完成一个可逆的卡诺循环。

2. 卡诺循环热效率

循环净功和净热为

$$w_0 = q_0 = q_1 - q_2 = (T_1 - T_2)(s_2 - s_1)$$

则卡诺循环的热效率为

$$\eta_{t,c} = \frac{w_0}{q_1} = 1 - \frac{T_2}{T_1} \tag{1-22}$$

通过分析卡诺循热效率的公式，可得出如下重要结论：

(1) 卡诺循的热效率只取决于热源温度 T_1 和冷源温度 T_2，与工质的性质无关。因此，

提高热源的温度 T_1 和降低冷源的温度 T_2 是提高可逆循环热效率的根本途径。

（2）卡诺循的热效率恒小于 1，或者说，不可能把从高温热源吸收的热量全部转变成有用功。

（3）如两热源温度相等（$T_1 = T_2$，即单一热源），则 $\eta_{t,c} = 0$。这说明没有温度差的热机是不可能制造成功的，温度差是一切热机循环的必不可少的条件。

卡诺循环是一种理想循环。实际的循环中，不仅等温下的热量交换难以实现，而且没有摩擦的可逆过程也是不存在的。故实际热机不可能完全按卡诺循环工作，其热效率也不可能达到卡诺热机的热效率。

但是，卡诺循环在热机理论的研究中起着重要作用。它从理论上确定了循环中实现热变功的条件，提供了在一定的温差范围内热变功的最大限度，从原则上指明了提高实际热机热效率的基本方向，并为热力学第二定律奠定了理论依据。

3. 提高循环热效率的基本途径

提高循环热效率可以从下面几方面着手。

在实际热力循环中热源的温度往往并非恒温，而是变化的。例如，锅炉中烟汽的温度在炉膛中、过热器和尾部烟道处都是不相同的。下面分析一变温热源的可逆循环。

如图 1-22 所示，在热源温度 T_1 和冷源温度 T_2 有两个循环，卡诺循环 A-B-C-D-A 和任意卡诺循环 a-b-c-d-a。为比较这两个循环的热效率，将任意卡诺循环 a-b-c-d-a 用平均温度法等效成卡诺循环。将其假想为一个温度为 $\overline{T_1}$ 的定温吸热过程 A-B 和一个温度为 $\overline{T_2}$ 定温放热过程 C-D。则，该等效卡诺循环的平均吸热温度为 $\overline{T_1}$ 和平均放热温度为 $\overline{T_2}$。因为该循环的吸热量和放热量分别与原循环的相等，故其热效率也与原循环的相等。即任意一个变温热源的可逆循环的热效率可用其等效卡诺循环的热效率来代替。

由

$$\eta_t = 1 - \frac{Q_2}{Q_1} = 1 - \frac{\overline{T_2}\Delta S}{\overline{T_1}\Delta S}$$

得

$$\eta_t = 1 - \frac{\overline{T_2}}{\overline{T_1}} \tag{1-23}$$

由式（1-23）分析不难得出，对于任意可逆循环，提高循环热效率的根本途径有：

（1）尽可能提高工质的平均吸热温度 $\overline{T_1}$，使之接近热源温度 T_1；

（2）尽可能降低工质的平均放热温度 $\overline{T_2}$，使之接近冷源温度 T_2。

在实际热力循环中，因为冷源温度受环境限制，所以，提高循环热效率的根本途径是提高工质的平均吸热温度。这就是目前火力发电厂朝着高参数大容量机组发展的根本原因。

【例 1-5】 设有一可逆热机工作在温度为 1200K 和 300K 的两个恒温热源之间。试问热机每做出 1kWh 功需从热源吸取多少热量？向冷源放出多少热量？热机的热效率为多少？

解 （1）热机的（卡诺循环）热效率：

$$\eta_{t,c} = 1 - \frac{T_2}{T_1} = 1 - \frac{300}{1200} = 75\%$$

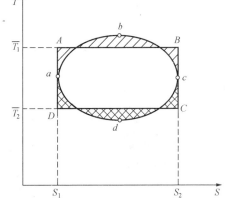

图 1-22 变温热源的可逆循环

（2） $q_1 = w_0/\eta_{t.c} = 3.6 \times 10^6/0.75 = 4.8 \times 10^6 (\text{J})$

（3） $q_2 = q_1 - w_0 = 1 - 4.8 \times 10^6 = 1.2 \times 10^6 (\text{J})$

答 此热机每做出1kWh功需从热源吸收 4.8×10^6（J）热量，向冷源放出 1.2×10^6（J）热量，热机的热效率为75%。

复 习 思 考 题

1-1 什么是工质？为什么火电厂采用水蒸气作为工质？

1-2 什么是绝对压力、表压力和真空？它们之间的关系是什么？

1-3 什么是平衡状态？什么是热力学能？什么是焓？什么是可逆过程？

1-4 工质在凝汽器、汽轮机、泵与风机中稳定流动时，其能量方程式各是什么？

1-5 某热力过程的体积功、热量如何用参数坐标图表示？

1-6 热力循环分几种类型？

1-7 什么是热机循环？热机循环的热效率如何计算？

1-8 热力学第一、第二定律的实质是什么？

1-9 为什么 $p\text{-}v$ 图又称为示功图？体积功在图上是如何表示的？

1-10 为什么 $T\text{-}s$ 图又称为示热图？工质与外界交换的热量在图上是如何表示的？

1-11 如图1-23中过程1-2与过程1-a-2，有相同的初态和终态，试比较两过程的功谁大谁小？热量谁大谁小？热力学能的变化量谁大谁小？

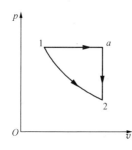

图1-23 复习思考
题1-11图

1-12 锅炉出口过热蒸汽的压力为13.9MPa，当地大气压力为0.1MPa，求过热蒸汽的绝对压力为多少兆帕？

1-13 气体在某一过程中吸收了54kJ的热量，同时热力学能增加了94kJ，此过程是膨胀过程还是压缩过程？

1-14 系统与外界交换的功是多少？水流经表面式加热器后，焓值从335kJ/kg增加到500kJ/kg。试求1t水在该加热器内的吸热量。

1-15 某一卡诺热机的热效率为40%，若它自热源吸热4000kJ/h，而向27℃冷源放热，试求热源的温度及循环净功。

第二章　水蒸气及其动力循环

 学习内容

1. 水蒸气的定压形成过程及图表应用。
2. 水蒸气的典型热力过程。
3. 水蒸气动力循环。

 重点、难点

重点：水蒸气典型热力过程；水蒸气动力循环。

难点：水蒸气动力循环。

学习要求

了解：水蒸气的定压形成过程，水蒸气图表及其应用。

掌握：在重点分析朗肯循环的基础上，理解其他动力循环。

内容提要

本章将首先介绍在火电厂中作为工质使用的水蒸气的定压形成过程，并引入水蒸气的 h-s 图以确定水蒸气的状态参数。然后介绍蒸汽动力循环中常用的定压过程和绝热过程，通过对水蒸气热力过程的分析，可以确定各热力设备中工质与外界交换的热量或功量。最后分析火电厂的蒸汽动力循环，蒸汽动力循环的基本循环是朗肯循环，在重点分析朗肯循环的基础上，再进一步分析回热循环、再热循环和热电联合循环。

第一节　水蒸气的定压形成过程

火力发电厂的蒸汽动力装置中所使用的水蒸气是在锅炉中定压吸热产生的。在讨论水蒸气的定压形成过程之前，先讨论几个与之相关的简单的基本概念。

一、基本概念

（一）气化和液化

物质从液态转变到气态的过程叫气化（汽化），而蒸汽（或气体）转变成液体的现象叫液化（或凝结）。汽化和液化是两个相反的过程。

（二）蒸发

在液体表面缓慢进行的汽化现象叫蒸发，蒸汽在任何温度下都可以进行。

（三）饱和状态

为说明饱和状态的特性，我们对密闭容器内的汽化过程进行分析，如图 2-1 所示。

所谓汽化，从微观分析，其实质是液体内部各个分子的动能不同，在液面上某些动能较

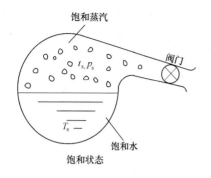

图 2-1 饱和状态

大的分子克服邻近分子的引力，脱离液面逸入液外的空间形成蒸汽。温度越高，液面越大，液面上空的分子越稀，则汽化越快。同样液面上的蒸汽分子处于紊乱的热运动中，它们在和水面碰撞时，有的仍然返回蒸汽空间来，有的就进入水面变成水分子。当汽化速度等于液化速度时，若不对其加热或降温，汽液两相将保持一定的相对数量而处于动态平衡。

这种汽、液两相处动态平衡的状态称为饱和状态。饱和状态下的水称饱和水，饱和状态下的蒸汽称为饱和蒸汽。在饱和状态下，蒸汽和液体的压力相同、温度相等。因此，饱和状态下的压力称为饱和压力，用符号 p_s 表示；饱和状态下的温度称为饱和温度，用符号 t_s 表示。

饱和温度与饱和压力一一对应，饱和温度越高，饱和压力就越高。它们间的关系可表示为

$$p_s = f(t_s) \text{ 或 } t_s = f(p_s)$$

二、水蒸气的定压形成过程

（一）水蒸气的定压形成过程的状态变化

工程上用的水蒸气都是在锅炉中定压加热产生的，所以本书只讨论水蒸气的定压形成过程。为便于理解，我们用一简单的实验设备（见图 2-2）来观察水蒸气的定压形成过程。

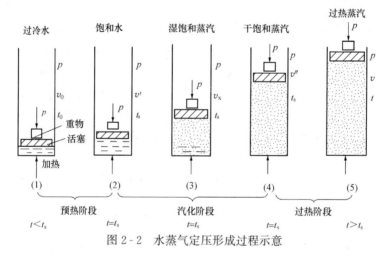

图 2-2 水蒸气定压形成过程示意

设有定量 1kg 0℃ 的水装在带活塞的汽缸内，活塞上作用一个不变的压力 p，可保证活塞内的水在定压下被加热。通过观察汽缸内水在定压加热过程中的状态变化情况发现，定压下水蒸气的发生过程经历了 5 种不同的状态变化（状态参数如图 2-2 上所标示）。

1. 过冷水（未饱和水）状态

当水的温度低于相应压力下的饱和温度的状态称为未饱和水。

2. 饱和水状态

对未饱和水加热，当水的温度等于相应压力下的饱和温度时，水开始沸腾的状态称为饱和水。

3. 湿饱和蒸汽状态

对饱和水继续加热，水逐渐汽化，体积增大，温度不变，这种由饱和水和饱和蒸汽组成

的混合物的状态称为湿饱和蒸汽。

4. 干饱和蒸汽状态

继续对湿饱和蒸汽加热，水逐渐减少，蒸汽逐渐增多，直到水全部变为蒸汽，这种状态称为干饱和蒸汽。

5. 过热蒸汽状态

将干蒸汽继续定压加热，蒸汽温度将升高，比体积增加，此阶段的蒸汽温度高于同压下的饱和温度，这种状态称为过热蒸汽。

（二）水蒸气的定压形成过程的三个阶段

根据水蒸气的定压形成过程的状态变化，可以把整个过程分为三个阶段（见图 2-3）。

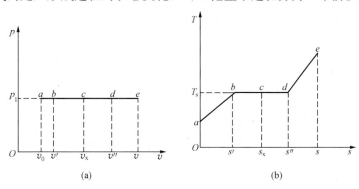

图 2-3　水蒸气定压加热过程的 p-v 图和 T-s 图

(a) p-v 图；(b) T-s 图

1. 未饱和水预热阶段（a-b 的阶段）

我们将未饱和状态的水定压加热成饱和水的阶段称为未饱和水预热阶段。在预热阶段水基本上不汽化，即不产生相变。在这段加热过程中，水的比体积略有增加，熵则增加较多。

单位质量的未饱和水在定压加热成饱和水时所需的热量，称为预热热（或液体热），用 q_1 表示，则

$$q_1 = h' - h_0 \tag{2-1}$$

式中：h' 为饱和水的比焓，kJ/kg；h_0 为压力 p、温度为 0℃时未饱和水的比焓，kJ/kg。

2. 饱和水的汽化阶段（b-d 的阶段）

对饱和水继续被定压加热，饱和水便开始沸腾产生蒸汽。随着加热过程的不断继续，水蒸气含量不断增加，直至最后一滴水全部变为蒸汽，这一阶段称为饱和水的汽化阶段。在这段加热过程中，水的比体积迅速增大，温度始终保持饱和温度 t_s，熵则增加很多。

单位质量的饱和水定压加热成干饱和蒸汽时所需的热量，称为汽化潜热，简称汽化热，用 r 表示，则

$$r = h'' - h' \tag{2-2}$$

式中：h'' 为饱和蒸汽的比焓，kJ/kg；h' 为饱和水的比焓，kJ/kg。

在汽化阶段，湿饱和蒸汽中所含有的干饱和蒸汽和饱和水。湿蒸汽中所含的干饱和蒸汽的质量分数称为干度，用符号 x 表示，其定义式为

$$x = \frac{m_v}{m_v + m_w} \tag{2-3}$$

式中：m_v 为湿蒸汽中饱和蒸汽的质量，kg；m_w 为湿蒸汽中饱和水的质量，kg。

可见，饱和水，$x=0$；饱和蒸汽，$x=1$；湿饱和蒸汽，$0<x<1$。

汽轮机运行时，机组末几级的蒸汽湿度过大将会使动叶片工作条件恶化，水冲刷加重，危及汽轮机的安全运行。故其干度一般规定在 $0.86\sim0.88$ 范围内。

3. 干饱和蒸汽过热阶段（$d\text{-}e$ 的阶段）

将干蒸汽定压加热至一定温度的过热蒸汽的阶段，称为干饱和蒸汽过热阶段。

在这段过程中，蒸汽的温度升高，比体积、熵均增大。因为这一阶段的蒸汽温度高于同压下的饱和温度，故称为过热蒸汽。由于此阶段的蒸汽温度高于同压力下的饱和温度，因此称为过热蒸汽，其状态如图 2-3 中 e 点所示。

过热蒸汽温度与同压力下饱和温度的差值称为过热度，即

$$\Delta t = t - t_s$$

单位质量的饱和蒸汽在过热阶段的吸热量称为过热热，用符号 q_s 表示，计算公式为

$$q_s = h - h'' \tag{2-4}$$

式中：h 为过热蒸汽的比焓，kJ/kg。

显然，把 1kg 0℃的水定压加热成 t℃ 的过热蒸汽所需要的总热量，称为过热蒸汽的总热量，它是预热热、汽化热和过热热之和，用符号 q 表示，则

$$q = q_l + r + q_s \quad \text{或} \quad q = h - h_0 \tag{2-5}$$

对火力发电厂而言，给水的焓通常记为 h_g，则 1kg 工质在锅炉中吸收的总热量为

$$q = h - h_g \tag{2-6}$$

在火力发电厂中，给水在锅炉中的定压吸热过程同样可分为三个阶段，它们分别在不同的设备中完成：在锅炉的省煤器中进行预热阶段，在锅炉的水冷壁中进行汽化阶段，在锅炉的过热器中则进行过热阶段。1kg 水在锅炉中的吸热量也可用式（2-6）进行计算。

三、水蒸气的 $p\text{-}v$ 图、$T\text{-}s$ 图和 $h\text{-}s$ 图

（一）水蒸气的 $p\text{-}v$ 图和 $T\text{-}s$ 图

实验证明水蒸气在不同压力下的定压形成过程，同样也要经历上述 5 种状态和 3 个阶段。如果改变图 2-2 装置的活塞压力 p 后，再作上述实验，即可画出不同压力下水蒸气的定压形成过程在 $p\text{-}v$ 图和 $T\text{-}s$ 图上的曲线，如图 2-4 所示。

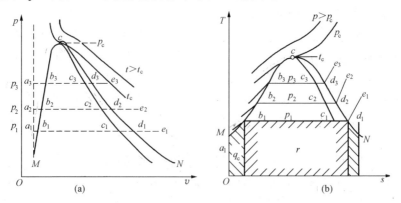

图 2-4　水蒸气的 $p\text{-}v$ 图和 $T\text{-}s$ 图

(a) $p\text{-}v$ 图；(b) $T\text{-}s$ 图

从图 2-4 中可以看出，随着压力的提高，除水蒸气的饱和温度随之提高外，饱和水的比体积逐渐增大，汽化阶段的比体积逐渐减小；因此汽化潜热值随压力提高而减少。当压力升高到 22.129MPa 时，饱和水线和饱和蒸汽线相交，此时 $t_s=374℃$，饱和水和干蒸汽不再有区别，成为如图 2-4 所示的同一个状态点 C 点，该点称为临界状态点。临界状态点的参数称为临界参数。水蒸气的临界参数值为：$p_c=22.129$MPa、$t_c=374.15℃$、$v_c=0.003\ 147m^3/kg$。

1. 水蒸气的饱和曲线

从图 2-4 可以看出，图中的状态点 a_1、a_2、a_3… 为不同压力下 0℃ 的未饱和水的状态点。由于水的压缩性极小，可认为其比体积不随压力而变化，在 p-v 图和 T-s 图上这些状态点的连线为垂直于 v 坐标轴的直线。在 T-s 图上，这些状态点因温度相同而重合。

图 2-4 中的 b、b_1、b_2… 为不同压力下的饱和水状态点。在 p-v 图和 T-s 图上将这些状态点连接，形成的曲线（图 2-4 中的 MC）称为饱和水线（下临界线或下界限线），此时 $x=0$。

图 2-4 中的 d、d_1、d_2… 为不同压力下的饱和蒸汽状态点。在 p-v 图和 T-s 图上将这些状态点连接，形成的曲线（图 2-4 中的 NC）称为干饱和蒸汽线（上临界线或上界限线），$x=1$。

饱和水线和干饱和蒸汽线统称为饱和线。

如果在临界压力下对未饱和水定压加热，当温度达到临界温度时，液体将迅速地由液态变为汽态，汽化在瞬间完成。汽化过程中不再有汽、液两相共存的湿蒸汽状态，水与蒸汽也不再有差别，它们的状态参数也完全相同。

若在压力大于临界压力的超临界压力下对水定压加热，和临界压力下的加热过程一样，当温度达到临界温度 374.15℃ 时，瞬间完成汽化过程。

在临界和超临界压力下，只要温度大于临界温度，水就处于汽态。此时，若温度不变，不论压力升高到什么程度，都不可能使蒸汽凝结。

由上述 p-v 图和 T-s 图知道，饱和线将水蒸气分为三个区域：曲线 MC 和 NC 之间为汽化区，是汽液两项共存的湿饱和蒸汽区；曲线 MC 的左侧为液相区，又称未饱和水区；曲线 NC 的右侧为过热蒸汽区。

综上所述，水蒸气的形成过程（又称水的相变过程）在 p-v 图和 T-s 图上所表示的规律可归纳为：一点（临界点）、二线（饱和水线和干饱和蒸汽线）、三区（未饱和水区、湿饱和蒸汽区、过热蒸汽区）和五态（未饱和水、饱和水、湿蒸汽、干饱和蒸汽和过热蒸汽）。

火电厂中，给水在锅炉内吸收的总热量由预热热、汽化热和过热热三部分组成。其中预热热主要是在省煤器内吸收，汽化热主要是在水冷壁内吸收，过热热则是在过热器内吸收。随着火电厂高参数大机容量机组的广泛使用，蒸汽压力也随之升高，当压力升高时，预热热和过热热所占的比例增大，汽化热所占的比例缩小。因此，应增大预热受热面和过热受热面，而减少蒸发受热面。具体做法是：锅炉的蒸发受热面水冷壁不再占据整个炉膛，以减少蒸发受热面；炉膛内布置了顶棚过热器、屏式过热器等过热受热面，以增大过热受热面；采用非沸腾式省煤器，用水冷壁中的一部分受热面来承担预热任务等。

2. 水蒸气性质表和 h-s 图

水蒸气的热力性质较为复杂，不能用简单的状态方程式来描述其状态参数之间的关系，而是根据实验编制而成的水蒸气性质图、表来查取。在水蒸气性质图表上，可查到压力 p、比体积 v、温度 t、焓 h 和熵 s，而热力学能 u 可依据公式 $u=h-pv$ 计算得出。另外，在水蒸气的焓熵图上还可以查到干度 x。

在热力学的计算中，对于 h、s、u 往往不必求其绝对值，而仅需求其变化量，故要规定一任意基准值。国际规定：通常以水三相点（611.66Pa、273.16K）下的饱和水作为基准点，该点状态下其热力学能和熵的值为零。

（1）水蒸气性质表。针对水蒸气的 5 种状态，水蒸气热力性质表有饱和水与干饱和蒸汽热力性质表及未饱和水与过热蒸汽热力性质表两种。

饱和水与干饱和蒸汽热力性质表给出了饱和水与干饱和蒸汽的状态参数。为便于查找，又有两种编排形式：一种按压力排列（见表 2-1），相应地列出了不同状态下的饱和水及干蒸汽的比体积、焓、熵和汽化潜热；另一种按温度排列（见表 2-2），相应地列出了不同状态下的饱和水及干蒸汽的比体积、焓、熵和汽化潜热。

表 2-1　　　　　　饱和水与干饱和蒸汽的热力性质表（按压力排列）

压力	温度	比体积		焓		汽化潜热	熵	
		液体	蒸汽	液体	蒸汽		液体	蒸汽
p(MPa)	t(℃)	v'(m³/kg)	v''(m³/kg)	h'(kJ/kg)	h''(kJ/kg)	r(kJ/kg)	s'[kJ/(kg·K)]	s''[kJ/(kg·K)]
0.001	6.9491	0.001 000 1	129.185	29.21	2513.29	2484.1	0.1056	8.9735
0.002	17.5403	0.001 001 4	67.008	73.58	2532.71	2459.1	0.2611	8.7220
0.003	24.1142	0.001 002 8	45.666	101.07	2544.68	2443.6	0.3546	8.5758

表 2-2　　　　　　饱和水与干饱和蒸汽的热力性质表（按温度排列）

温度	压力	比体积		焓		汽化潜热	熵	
		液体	蒸汽	液体	蒸汽		液体	蒸汽
t(℃)	p(MPa)	v'(m³/kg)	v''(m³/kg)	h'(kJ/kg)	h''(kJ/kg)	r(kJ/kg)	s'[kJ/(kg·K)]	s''[kJ/(kg·K)]
0.00	0.000 611 2	0.001 000 22	206.154	−0.05	2500.51	2500.6	−0.0002	9.1544
0.01	0.000 611 7	0.001 000 21	206.012	0.00	2500.53	2500.5	0.0000	9.1541
1	0.000 657 1	0.001 000 18	192.464	4.18	2502.35	2498.2	0.0153	9.1278

注　1　表中未列出的中间温度或压力参数值，通过内插法来确定。

　　2　表中未列出热力学能 u，可根据公式 $u=h-pv$ 计算得出。

　　3　表中未列出湿饱和蒸汽参数，可根据已知的干度 x，利用下面的公式计算：

$$h_x = xh'' + (1-x)h' \quad \text{kJ/kg}$$
$$s_x = xs'' + (1-x)s' \quad \text{kJ/(kg·K)}$$
$$v_x = xv'' + (1-x)v' \quad \text{m³/kg}$$

（压力不高且 $x>0.7$ 时，饱和水得比体积可忽略，则 $v_x = xv''$m³/kg）

$$u_x = h_x - pv_x$$

未饱和水与过热蒸汽热力性质表（见表 2-3）中，列出不同温度和不同压力下相对应的未饱和水和过热蒸汽的比体积、焓和熵。用粗黑线分隔，粗线上方为未饱和水的参数，粗线下方为过热蒸汽的参数。表 2-3 中也未列出热力学能，如果需要，可根据 $u=h-pv$ 通过计算得出。

表 2-3　　　　　　　　　　　未饱和水与过热蒸汽的热力性质表

p	0.001MPa			0.005MPa			0.01MPa		
饱和参数	$t_s=6.949℃$ $v'=0.001\,000\,1$　$v''=129.185$ $h'=29.21$　$h''=2513.3$ $s'=0.1056$　$s''=8.9735$			$t_s=32.879℃$ $v'=0.001\,005\,3$　$v''=28.191$ $h'=137.72$　$h''=2560.6$ $s'=0.4761$　$s''=8.3930$			$t_s=45.799℃$ $v'=0.001\,010\,3$　$v''=14.673$ $h'=191.76$　$h''=2583.7$ $s'=0.6490$　$s''=8.1481$		
$t(℃)$	$v(m^3/kg)$	$h(kJ/kg)$	$s[kJ/(kg\cdot K)]$	$v(m^3/kg)$	$h(kJ/kg)$	$s[kJ/(kg\cdot K)]$	$v(m^3/kg)$	$h(kJ/kg)$	$s[kJ/(kg\cdot K)]$
0	0.001 000 2	−0.05	−0.0002	0.001 000 2	−0.05	−0.0002	0.001 000 2	−0.04	−0.0002
10	130.598	2519.0	8.9938	0.001 000 3	42.01	0.1510	0.001 000 3	42.01	0.1510
20	135.226	2537.7	9.0588	0.001 001 8	83.87	0.2963	0.001 001 8	83.87	0.2963
40	144.475	2575.2	9.1823	28.854	2574.0	8.4366	0.001 007 9	167.51	0.5723
50	149.096	2593.9	9.2412	29.783	2592.9	8.4961	14.869	2591.8	8.1732

（2）水蒸气状态参数的确定。根据已知参数确定其他未知参数，在这之前必须先确定其状态，再根据所处的状态，以决定所要使用的表。判断方法具体如下：

1）已知（p、t），查饱和水与干饱和蒸汽的热力性质表，得 p 对应的 t_s 值。

$t<t_s$ 时，工质为未饱和水状态；

$t=t_s$ 时，工质为饱和水状态，同时必须已知干度 x；

$t>t_s$ 时，工质为过热蒸汽状态。

2）已知 p（或 t），及一其他状态参数 v（或 h 或 s），查饱和水与干饱和蒸汽的热力性质表，得已知 p（或 t）下的 v'、v''。

$v<v'$ 时，工质为未饱和水状态；

$v=v'$ 时，工质为饱和水状态；

$v'<v<v''$ 时，工质为湿饱和水状态；

$v=v''$ 时，工质为干饱和水状态；

$v>v''$ 时，工质为过热蒸汽状态。

对于未饱和水，当其压力一定时，温度小于饱和值，其他参数值小于相应的饱和水的状态参数值。对于饱和水，当其压力一定时，温度具有饱和值，其他参数值等于相应的饱和水的状态参数值。对于湿饱和蒸汽，当其压力一定时，温度具有饱和值，其他参数值介于饱和水和干饱和蒸汽的状态参数值之间。对于干饱和蒸汽，当其压力一定时，温度也具有饱和值，其他参数值等于相应的干饱和蒸汽的状态参数值。对于过热蒸汽，当其压力一定时，温度高于饱和值，其他参数值均大于相应的干饱和蒸汽的状态参数值。

（3）水蒸气的 h-s 图。用水蒸气表求取蒸汽参数，虽然值比较准确，但表所列的数据不连续，往往需要采用内插法求取，使用起来不太方便。而工程上在分析计算热力过程时查图比查表更清晰、方便。因此，水蒸气的焓—熵图在工程上被广泛使用。

水蒸气的焓—熵图，以焓为纵坐标，以熵为横坐标，是根据水蒸气热力性质表上所列数据绘制而成的，其图形如图 2-5 所示。其中，C 为临界状态点，MC 为饱和水线，NC 为饱和蒸汽线。图上绘有定压线群、定温线群、定容线群、定干度线群、定熵线群和定焓线群共六组线群。其中的定焓线均与横坐标轴平行，定熵线均与纵坐标轴平行。

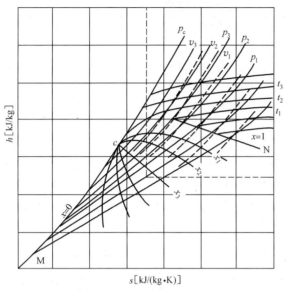

图 2-5 水蒸气的 h-s 图

1）定压线群在 h-s 图上为一组自左下方向右上方呈发散状延伸的线群，从右到左压力逐渐升高。在湿蒸汽区，因压力一定时温度不变，故定压线群是斜率为常数的直线。在过热蒸汽区，定压群线是向上翘的曲线。

2）定温线群在湿蒸汽区，压力与饱和温度是一一对应的，故定温线和定压线重合为一直线。在过热蒸汽区，定温线向右上倾斜，向右伸展到低压区时，逐渐趋向水平，即与等焓线平行。高的定温线在上，低的定温线在下。

3）定干度线群即 x＝常数的曲线群，包括 x＝0 和 x＝1 的界限线。线的延伸方向大致相同。定干度线只在湿蒸汽区内才有。

4）定容线群为一组延伸方向与定压线相近的自左下方向右上方延伸的曲线，它比定压线陡峭。定容线群从右到左比体积逐渐减小。

5）定熵线群为一组垂直于横坐标的直线。

6）定焓线群为一组平行于横坐标的直线。

利用 h-s 图，在已知水或水蒸气的任意两个独立的状态参数的条件下，可查得其他参数值。实际工程应用时，常常将水蒸气表与焓熵图配合使用。

【例 2-1】 利用水蒸气表判定 p＝10MPa，t＝200℃状态下的 h 和 s 的值。

解 由 p＝10MPa 查饱和水与干饱和蒸汽的热力性质表得所对应的饱和水温 t_s＝311.037℃，因 t_s＞t，所以，该工质为未饱和水；再由 p＝10MPa 查未饱和水与过热蒸汽性质表得：h＝855.86（kJ/kg），s＝2.3176（kJ/kg·K）。

【例 2-2】 利用焓熵图确定 p＝1MPa 时水蒸气的饱和温度，并查出 x＝0.95 时湿蒸汽的焓。

解 如图 2-6 所示，在焓熵图上先找出标有 1MPa 的定压线，此线与干饱和蒸汽线相交于 A 点，然后看是哪一条定温线经过此点，则这条定温线上所标的温度即为该压力下的饱和温度。查得 p＝1MPa 时，t_s＝179.88℃。

p＝1MPa 的定压线与 x＝0.95 的定干度线相交于 1 点，从而可读得 x＝0.95 的湿蒸汽的焓为 h＝2682kJ/kg。

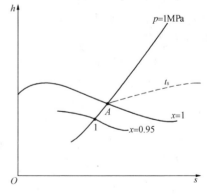

图 2-6 例 2-2 图

第二节　水蒸气的典型热力过程

在工程上常采用水蒸气的 $p\text{-}v$ 图和 $T\text{-}s$ 图来定性分析水蒸气的热力过程。同时，工程上除了要用到 $h\text{-}s$ 图外，还常采用热力学第一定律应用于开口热力系的数学表达式（即稳定流动的能量方程式）来定量计算水蒸气的热力过程中的能量变化。分析水蒸气的热力过程时，设过程均可逆。

在研究水蒸气的热力过程中时，一般可采用下列步骤：

（1）根据初态的两个已知独立状态参数，用水蒸气性质图表确定其他各参数。

（2）根据过程条件（如定压、定熵等）和终态的一个参数确定终态点，并由水蒸气性质图表确定终态其他参数。

（3）根据求得的初、终态参数，计算热力学能的变化量、热量和功量。同时分析过程中的能量转换关系。

定压过程和绝热过程是在蒸汽动力循环中应用最多的，下面分别讨论此两过程，并着重介绍焓熵图在分析水蒸气热力过程时的应用。

水蒸气是火力发电厂中热变功所采用的工质。水蒸气在火电厂各热力设备中所经历的热力过程形式各不一样。具体包括以下几个典型的热力过程，而蒸汽动力循环中应用最多有定压过程和绝热过程。

一、定压过程

在蒸汽动力装置中，定压过程出现最多。例如水在锅炉中的吸热过程、水在各回热加热器中的吸热过程、乏汽在凝汽器中的凝结过程、空气预热器中空气的吸热过程等，都可近似地认为是可逆的定压过程。

根据上述分析过程的步骤，首先，已知初态点 1 的任意两个独立的状态参数（如 p_1、x_1），则可在图上找到代表初状态的点 1。然后根据过程性质以及终态点 2 的一个状态参数（如温度 t_2），在图上确定终状态点 2。与此同时，在 $h\text{-}s$ 图上或水蒸气性质表中获取两状态的其余参数，如图 2-7 所示。

（一）状态参数的变化规律

由 $h\text{-}s$ 图看出定压过程状态参数的变化规律：定压吸热时，温度升高，比体积增加，焓、熵增大；定压放热相反。注意，在湿饱和蒸汽区，定压过程中工质的温度不变。

（二）能量计算及能量转换规律

定压过程的热量为

$$q = h_2 - h_1 \qquad (2\text{-}7)$$

即，定压过程的热量等于焓差。

对于锅炉，水在锅炉中流动的吸热量等于锅炉出口水蒸气与进口给水的比焓升。对于凝汽器，汽轮机排汽在凝汽器中的放热量

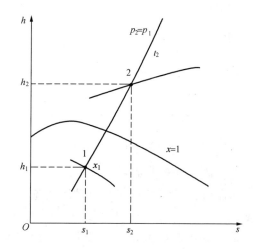

图 2-7　水蒸气的定压过程的焓熵图

等于凝汽器进口水蒸气与出口凝结水的比焓降。

二、绝热过程

绝热过程是蒸汽动力循环中的又一典型热力过程。如水蒸气在汽轮机中的绝热膨胀过程、水在水泵中的绝热压缩过程、水蒸气或水在管道中的绝热节流过程等，都可看作是绝热过程。忽略绝热过程中不可逆因素的可逆绝热过程是定熵过程。

根据上述分析过程的步骤，首先，已知初态点 1 的任意两个独立的状态参数（如 p_1、t_1），则可在图上找到代表初状态的点 1。然后根据过程性质以及终态点 2 的一个状态参数（如温度 p_2），在图上确定终状态点 2。与此同时，在 h-s 图上或水蒸气性质表中获取两状态的其余参数，如图 2-8 所示。

（一）状态参数的变化规律

由 h-s 图看出定熵过程状态参数的变化规律：绝热膨胀时，温度升高，比体积增加，压力、温度下降，热力学能、焓、减少，熵不变；绝热压缩相反。

（二）能量计算及能量转换规律

定熵过程的热量为

$$w_t = -\Delta h = h_1 - h_2 \qquad (2-8)$$

即，定熵过程的热量等于焓差。

对于汽轮机，水蒸气在汽轮机中流动，对外做功量等于水蒸气在汽轮机进出口的比焓降。对水泵，水在水泵中流动，消耗外界的机械能转变成了水的焓增，主要表现为水泵出口压力的提高。

实际工程上，水蒸气在汽轮机中的绝热膨胀过程和水在水泵中的绝热压缩过程都存在摩擦等不可逆因素，都不是定熵过程，而是熵增过程，如图 2-9 所示。

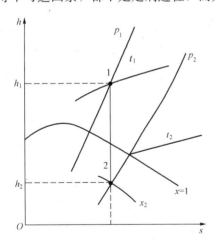

图 2-8　水蒸气的定熵过程的焓熵图

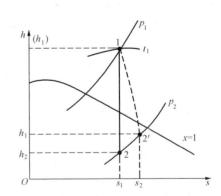

图 2-9　水蒸气的可逆绝热过程的焓熵图

三、蒸汽的流动过程

前面讨论了闭口系和开口系所实施的热力过程，但并未详细分析讨论工质流动状态的变化。而实际上，在很多设备中，能量转换伴随工质的流动速度和热力状态是同时变化的，如蒸汽在汽轮机的喷管内流动推动汽轮机做功；气体在叶轮式压汽机中的扩压管内流动，降速、增压等。在这些设备中，工质的能量转换比较复杂，需要专门进行研究。

（一）蒸汽在喷管、扩压管中的绝热过程

喷管是使流体降压增速的特殊短管，如图 2-10 所示。扩压管则是使流体增压降速的特殊短管。

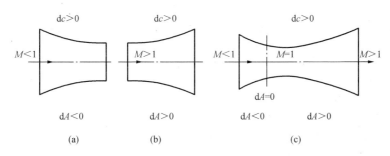

图 2-10　喷管

（a）渐缩喷管；（b）渐扩喷管；（c）缩放喷管

1. 喷管的分类

按工质流动方向上，喷管截面积变化情况的不同，可以将喷管分为以下三种类型：

截面积逐渐减小的喷管称为渐缩喷管，图 2-10（a）所示的喷管就是渐缩喷管。

截面积逐渐增大的喷管称为渐扩喷管，如图 2-10（b）所示。

截面积先逐渐减小，后逐渐扩大的喷管称为缩放喷管，又称拉伐尔喷管，如图 2-10（c）所示。图中面积最小的截面称为喷管的喉部截面。

2. 流体在喷管、扩压管中的能量转换

蒸汽在喷管、扩压管中流动，可先看作是定熵过程，其进出口状态参数可在 $h\text{-}s$ 图上查得。

流体在喷管、扩压管中流动时，既不对外做功（$w=0$），与外界交换热量可以忽略（$q=0$），所以稳定流动能量方程式为：

对喷管有

$$\frac{1}{2}(c_2^2 - c_1^2) = h_1 - h_2 \tag{2-9}$$

式中：c_1 为喷管进口流速，m/s；c_2 为喷管出口流速，m/s。

即流体流过喷管时，流体获得的动能是进出口的焓值的下降。

实际上，工质在汽轮机中的能量转换是分两步进行的：首先在喷管（汽轮机中称为喷嘴）中将水蒸气的热能转变为水蒸气的动能，然后在动叶中将水蒸气的动能转变为转子的机械能。

对扩压管有

$$\frac{1}{2}(c_1^2 - c_2^2) = h_2 - h_1 \tag{2-10}$$

即流体流过扩压管时，流体动能的下降表现为扩压管出口流体压力的提高。

可逆的绝热流动是一种理想的情况，实际中，流体流动过程中会发生能量消耗，熵增大，其热力过程线在参数坐标图中也用虚线表示，如图 2-10 所示。

实际有摩擦时流体的焓降小于可逆绝热流动时的焓降，使工质的实际出口流速 c_2，小于定熵流动时的出口流速 c_2。工程中常用速度系数 φ 来度量实际出口流速的下降，即 $\varphi = \dfrac{c_2'}{c_2}$。

$$h_{2'} - h_2 = \frac{1}{2}(c_2^2 - c_{2'}^2) \tag{2-11}$$

速度系数为经验数据，其大小依汽体性质、喷管形式、喷管尺寸、壁面粗糙度等因素而定，一般在 0.92～0.98 之间。减缩喷管的 φ 较大，缩放喷管的 φ 则较小。工程上常先按理想情况求出 c_2，再由 φ 值修正而求得 $c_{2'}$，即

$$c_2' = \varphi c_2 = \varphi \sqrt{2(h_1 - h_2)} \quad \text{m/s} \tag{2-12}$$

（二）临界流动与临界压力比

1. 声速及马赫数

分析喷管内流体流动时，常用到声速（也称为音速）和马赫数的概念，现介绍如下：流体在喷管中流动，流道各截面上工质的状态参数在不断变化，所以各截面上的速度也在不断变化。流道截面某一状态下的声速，称为当地声速，用符号 a 表示，即

$$a = \sqrt{\kappa p v}$$

任一截面上，工质的流速 c 与当地声速 a 的比值称为该截面汽流的马赫数，用符号 Ma 表示，即

$$Ma = \frac{c}{a}$$

在喷管的不同截面，马赫数值不同。

$Ma < 1$，流体的流速小于当地声速，称为亚声速流动。

$Ma = 1$，流体的流速等当地声速，称为等声速流动，又称临界流动。

$Ma > 1$，流体的流速大于当地声速，称为超声速流动。

流体处于临界流动（$Ma = 1$）时的状态，称为临界流动状态。此时的截面称为临界截面，截面上的参数称为临界参数。为便于区别，临界参数均加下标 cr，如临界压力 p_{cr}、临界温度 t_{cr}、临界压力比 β_{cr} 等。临界截面在缩放喷管中为喷管的喉部。流体在缩放喷管中流动时，喷管出口的流速可以超过出口截面的声速，达到超声速流动。

2. 压力比与临界压力比

喷管前后存在压力差是流体在喷管中流动的必要条件。蒸汽在喷管内流动时，其压力的变化方向与流速的变化方向相反。当进口压力高于出口压力时，流体在流动过程中降压增速，为喷管；且沿流动方向，压力降得越低，蒸汽的流速增加得越快。当进口压力低于出口压力时，流体在流动过程中增压降速，为扩压管。

当喷管进口压力 p_1 一定时，喷管前后的压力差则取决于喷管进出口截面的压力 p_2。喷管出口截面压力 p_2 与进口截面压力 p_1 的比值，称为喷管的压力比，用符号 β 表示，$\beta = \dfrac{p_2}{p_1}$。喷管的压力比变化时，将影响喷管出口流体的流速及通过喷管的流体流量。

流体处于临界流动状态时的压力比称为临界压力比，用符号 β_{cr} 表示，$\beta_{cr} = \dfrac{p_{cr}}{p_1}$。

临界压力比仅仅取决于工质的热力性质。不同热力状态下的的蒸汽具有不同的临界压力比。试验归纳出火力发电厂中各种不同热力状态下蒸汽的临界压力比为 $\beta_{cr} = \left(\dfrac{2}{\kappa+1}\right)^{\frac{\kappa}{\kappa-1}}$。

过热蒸汽，$\kappa=1.3$，$\beta_{cr}=0.546$。

干饱和蒸汽，$\kappa=1.135$，$\beta_{cr}=0.577$。

湿饱和蒸汽，β 的大小取决于蒸汽的干度 x，$\kappa=1.0135+0.1x$。

3. 喷管的选型原则

根据压力比与临界压力比之间的关系可确定喷管出口的流动状态，同时可对喷管选型。

喷管选择过程中，所用蒸汽状态和初压力 p_1 是已知的，当喷管前后压力差确定后，喷管出口压力 p_2 就已知。当 $\left(\beta=\dfrac{p_2}{p_1}\right)\geqslant\left(\beta_{cr}=\dfrac{p_{cr}}{p_1}\right)$ 时，喷管出口截面获亚声速或等声速汽流，选渐缩喷管；当 $\left(\beta=\dfrac{p_2}{p_1}\right)<\left(\beta_{cr}=\dfrac{p_{cr}}{p_1}\right)$ 时，喷管出口截面获超声速汽流，选缩放喷管。

（三）绝热节流

流体在管道中流动时，遇到突然缩小的狭窄通道，如阀门、孔板等，由于局部阻力使流体压力下降的现象称为节流。若节流过程中流体与外界不交换热量（由于流体经节流孔的时间极短来不及与外界交换热量），所以称为绝热节流。所有的节流过程都可看作是绝热节流过程。

1. 节流的基本特性

节流过程是典型的不可逆过程。如图 2-11 所示，在节流过程中，由于流道截面突然缩小，流体在孔口前均形成涡流。因此工质在缩孔附近的流动很不稳定，处于不平衡状态，没有确定的状态参数。但在距缩孔较远的 1-1 截面和 2-2 截面，工质还处于平衡状态。对该两截面应用稳定流动能量方程。由于过程绝热且不对外做功，则有

$$h_1+\frac{c_2^2}{2}=h_2+\frac{c_1^2}{2}$$

通常情况下，节流前后的流速 c_1 和 c_2 差别不大，可近似看做动能变化量为零，则有

$$h_1=h_2 \qquad\qquad (2-13)$$

式（2-13）表明，绝热节流前后流体的焓值相等。这是绝热节流过程的基本特性。必须注意，绝热节流过程并非等焓过程。因为上述结论来源于分析两个稳定流动的截面，而缩孔附近的流动是很不稳定的。

实际上在节流孔处焓值、压力值是减小的，流速是增大的。这使得流体在此处产生涡流和扰动。因为流体的绝热节流过程是不可逆过程，所以其热力过程线在 h-s 图上习惯用虚线表示，如图 2-10 所示。

2. 水蒸气的绝热节流分析

对于水蒸气等实际汽体，流体经节流前后焓的变化很复杂。例如节流后的温度可能升高、降低或不变。通常我们遇到的水蒸气节流后温度、压力下降，比体积、熵增加，焓值不变，如图 2-12 所示。

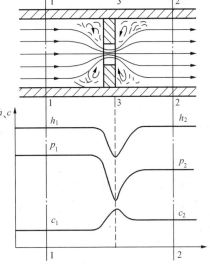

图 2-11　绝热节流过程分析

蒸汽经绝热节流后，虽然焓值没变，由于熵的减小使得蒸汽其做功能力大大降低，如图 2-13 所示。

由图 2-13 可见，节流前后焓值不变，蒸汽不经绝热节流而进入汽轮机做功过程线为 1-2，做技术功为 h_1-h_2。如蒸汽先经绝热节流过程 1-1′后，再进入汽轮机做功，做功过程线为 1′-2′，做技术功为 h_1-h_2，很明显，$(h_1-h_{2'})<(h_1-h_2)$，即水蒸气经绝热节流后做功能力下降了。

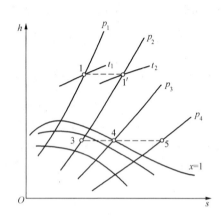

图 2-12 水蒸气绝热节流前后的参数变化

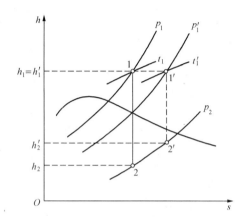

图 2-13 绝热节流后蒸汽做功能力降低

绝热节流虽然使能量品质下降，但绝热节流后压力降低的特性被工程上广泛使用。如：汽水管道上安装节流孔板，利用孔板前后的压力差，进行间接的汽、水流量测量；热机利用汽水管道上安装调节阀开度的大小，调节管道中汽、水压力或流量达到调节负荷的目的；汽轮机利用动、静间隙处安装汽封片，减少动静间隙间的漏汽量。

【例 2-3】 $p_1=1.4\text{MPa}$，$t_1=300℃$的蒸汽，经渐缩喷管射入压力为 $p_b=0.8\text{MPa}$ 的空间，已知流量 $q_m=1.8\text{kg/s}$，求喷管出口处蒸汽的流速和截面积。

解 由焓熵图（图 2-14）知，喷管入口为过热蒸汽状态。

取 $\beta_{cr}=0.546$，$p_{cr}=p_1\cdot\beta_{cr}=1.4\times0.546=0.764\text{MPa}<p_b=0.8\text{MPa}$。

所以渐缩喷管出口截面压力 $p_2=p_b=0.8\text{MPa}$，没有出现临界状态。

（1）出口流速：$c_2=\sqrt{2(h_1-h_2)}=\sqrt{2\times10^3\times(3036-2908)}=506(\text{m/s})$

（2）出口截面积：$A_2=\dfrac{v_2 q_m}{c_2}=\dfrac{0.28\times1.8}{506}=0.001(\text{m}^2)$

【例 2-4】 1.5MPa、$x=0.98$ 的湿蒸汽，流经阀门后降压到 1MPa，求节流后的蒸汽温度和过热度。

解 如图 2-15 所示，节流前、后的状态分别为点 1 和 1′。

由 $p_1=1.5\text{MPa}$、$x=0.98$ 交点 1 作水平线交 p_1'于 1′点。

查得节流后的蒸汽温度：$t_{1'}=137℃$

过热度：$D=t_{1'}-t_s=137-100=37$（℃）（$t_s=100℃$ 为 0.1MPa 所对应的饱和蒸汽温度）。

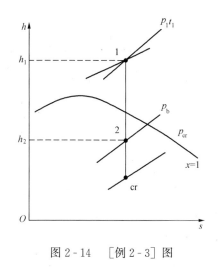

图 2-14　［例 2-3］图

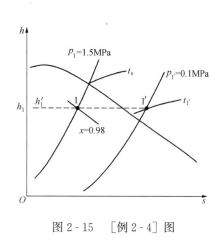

图 2-15　［例 2-4］图

第三节　水蒸气动力循环

一、朗肯循环

1. 朗肯循环装置和 $T\text{-}s$ 图

朗肯循环是蒸汽动力装置的基本循环，是学习其他蒸汽动力循环的基础。

第一章介绍过卡诺循环，卡诺循环是一种理想循环，实际热机是不可能完全按卡诺循环工作的，其热效率也不可能达到卡诺热机的热效率。

如图 2-16 所示，实际热机如果按卡诺循环工作则存在下面几方面的问题：

第一，因为饱和蒸汽的上限温度只能在临界温度 374.15℃ 以下，而下限只能在环境温度以上，使卡诺循环可利用的温差不大，所以热效率不高。

第二，定压定温放热过程终态点（3点）为湿蒸汽状态，所以压缩湿蒸汽需庞大的压缩机，且耗功大。

第三，定熵膨胀过程终态点（2点）为湿蒸汽状态，且湿度大，对汽轮机末几级侵蚀严重，危及汽轮机的安全运行。汽轮机一般要求做功后的乏汽干度不小于 0.86～0.88。

针对饱和蒸汽卡诺循环存在的缺陷，人们进行了如下改造［见图 2-17（b）］：

使定压定温放热过程终态点（3点）由湿蒸汽状态继续膨胀为饱和水线，以减少压缩泵的尺寸和循环的压缩功；同时，工质的定温定压吸热过程（4-1）改为定压吸热过程，并使定压吸热过程终态点（1点）由干饱和蒸汽状态变为过热蒸汽状态，以提高蒸汽的初温，从而提高循环吸热过程的平均吸热温度，可提高可利用温差、增加汽轮机乏汽干度，保证汽轮机的安全经济运行。

经上面的分析，不难看出，朗肯循环由工质在锅炉中的定压吸热、汽轮机中的绝热膨胀、凝汽器中的

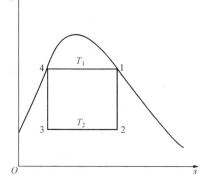

图 2-16　饱和蒸汽卡诺循环

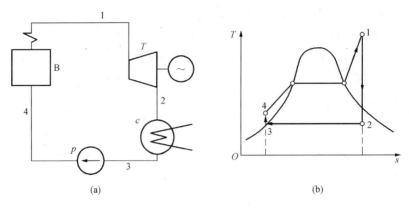

图 2-17　朗肯循环

(a) 朗肯循环装置示意；(b) 朗肯循环的 T-s 图

定压放热和给水泵中的绝热压缩 4 个过程组成。因此，朗肯循环装置主要由锅炉、汽轮机、凝汽器和给水泵组成。工质在热力设备中不断地进行定压加热、绝热膨胀、定压放热和绝热压缩四大过程，使热能不断地转变为机械能。

2. 朗肯循环的热效率

在热力学分析中，循环的热效率是衡量火电厂蒸汽动力循环工作好坏的重要热经济指标性。在朗肯循环各过程中，1kg 工质与外界交换的功量或热量分别为

工质在锅炉内定压加热所吸收的热量 q_1 为

$$q_1 = h_1 - h_2$$

工质在凝汽器中的放热量 q_2 为

$$q_2 = h_2 - h_3$$

汽轮机中工质对外做功 w_{1-2} 为

$$w_{1-2} = h_1 - h_2$$

水泵中工质消耗的外功 w_{3-4} 为

$$w_{3-4} = h_4 - h_3$$

整个循环对外所作的有用功为汽轮机所做的功减去水泵所消耗的功为

$$w_0 = w_{1-2} - w_{3-4} = (h_1 - h_2) - (h_4 - h_3)$$

循环的热效率为

$$\eta_{t,R} = \frac{q_1 - q_2}{q_1} = \frac{w_0}{q_1} = \frac{(h_1 - h_2) - (h_4 - h_3)}{h_1 - h_4} \tag{2-14}$$

式中：h_1 为进入汽轮机过热蒸汽的焓，kJ/kg；h_2 为汽轮机出口乏汽的焓，kJ/kg；h_3 为排气压力 p_2 下凝结水的焓，常用 h_2' 表示；h_4 为锅炉给水的焓，kJ/kg。

在 p_1、t_1 较低时，给水泵消耗的压缩功远远小于汽轮机中工质对外做功，即 $(h_4 - h_3) \ll (h_1 - h_2)$。故计算中常可忽略泵功，认为 $h_4 - h_3 \approx 0$，在 T-s 在图中的 3、4 点重合。

式 (2-14) 可写成

$$\eta_{t,R} = \frac{h_1 - h_2}{h_1 - h_2'} \tag{2-15}$$

3. 蒸汽参数对朗肯循环的热效率的影响

循环的热效率是衡量火电厂热经济性的重要指标。朗肯循环热效率计算公式表明，循环

热效率取决于 h_1、h_2 和 $h_{2'}$。而 h_1 由新蒸汽压力 p_1 和温度 t_1 决定；h_2 和 $h_{2'}$ 均由排汽压力 p_2 决定。

因此，影响朗肯循环效率的因素有蒸汽初温 t_1、蒸汽初压 p_1 和排汽压力 p_2，即热效率 $\eta_{t,R}$ 完全由 p_1、t_1 和 p_2 来决定。下面我们用 h-s 图来分析上述参数变化对朗肯循环效率的影响。为分析方便起见，我们假设其中一个参数变化时，其他参数不变。

（1）提高蒸汽初温 t_1 对热效率的影响。可以证明，蒸汽初压 p_1 和乏汽压力 p_2 不变时，提高蒸汽的初温 t_1 可以使循环的热效率 $\eta_{t,R}$ 提高，如图 2-18 所示。提高初温 t_1，使热效率 $\eta_{t,R}$ 提高的根本原因是提高了循环的平均吸热温度 $\overline{T}_1$。

蒸汽初温的提高不仅使循环热效率提高，还可导致乏汽干度增大；可减少汽轮机末几级叶片的水冲击、汽蚀，有利于汽轮机的安全运行。

但是，初温的提高又受到过热器金属材料耐高温性能的限制，故目前初温还限制在 600℃ 左右。

（2）提高蒸汽初压 p_1 对热效率的影响。在蒸汽初温 t_1 和乏汽压力 p_2 不变的情况下，提高蒸汽的初压 p_1 使循环热效率 $\eta_{t,R}$ 提高。如图 2-19 所示，提高初压 p_1，使热效率 $\eta_{t,R}$ 提高的根本原因与提高初温 t_1 一样，使循环的平均吸热温度 $\overline{T}_1$ 提高了。

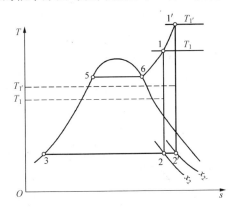

图 2-18　初温对朗肯循环热效率的影响

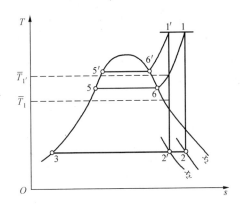

图 2-19　初压对朗肯循环热效率的影响

蒸汽初压提高虽然使循环热效率得到提高了，但是，随着初压 p_1 的提高，对设备强度的要求也随之提高。另外，初压 p_1 的提高使汽轮机的排汽干度减小了，将危及汽轮机的安全运行，所以初压的提高受到排汽干度的限制。

（3）降低蒸汽终压 p_1 对热效率的影响。在蒸汽初温 t_1 和初压 p_1 都不变的情况下，降低乏汽压力 p_2 也可以使循环热效率 $\eta_{t,R}$ 提高。如图 2-20 所示，降低乏汽压力 p_2 使循环热效率 $\eta_{t,R}$ 提高的根本原因是同时降低了循环的平均吸热温度 $\overline{T}_1$ 和循环的平均放热温度 $\overline{T}_2$。但平均放热温度的降低大大超过了平均吸热温度的微小降低，故循环的平均温差仍然加大，热效率将有明显提高。

排汽压力降低后，朗肯循环效率提高了。但

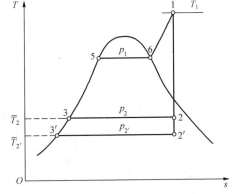

图 2-20　乏汽压力对朗肯循环热效率的影响

过低的排汽压力会使乏汽的比体积大大增加，导致汽轮机尾部尺寸加大。另外，排汽压力的降低受到冷却水温度和排汽干度的限制。目前，汽轮机的排汽压力 p_2 在 0.0045MPa 左右。

二、给水回热循环

给水回热循环是在朗肯循环的基础上，为提高循环热效率经改进后得到的。目前，在火电厂中广泛应用。朗肯循环效率较低，一般小于 40%，其主要原因是汽轮机排汽在凝汽器中的冷源损失过大，见表 2-4。

表 2-4　　　　　　　　　　　　**火电厂冷源损失比较**

电厂压力	冷源损失	电厂压力	冷源损失
中温中压电厂（2~4MPa）	61%左右	超高压中间再热电厂（12~14MPa）	52%左右
高温高压电厂（6~10MPa）	57%左右	超临界压力电厂（>22.064MPa）	50%左右

为了减少冷源损失，提高循环效率，火电厂在朗肯循环的基础上，常采用从汽轮机中间抽出一部分做过功的蒸汽，来加热进入锅炉的给水，这一方法称为回热。利用回热不仅可以减少冷源损失，而且可以提高锅炉的给水温度，从而提高循环的平均吸热温度，达到提高循环热效率的目的。

1. 回热循环的原理

图 2-21（a）是具有一级回热循环的装置示意。与朗肯循环相比，具有一级回热抽汽的循环增加了一个回热加热器、一台凝结水泵和相应的管道。其装置系统与朗肯循环的区别有两方面：一是有工质流量变化；二是有热力过程的差异。

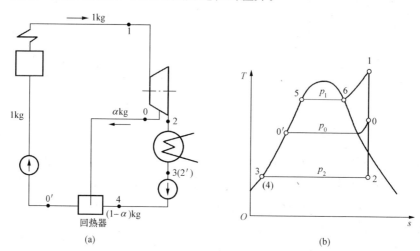

图 2-21　具有一级回热循环的装置图
(a) 具有一级回热循环的装置图；(b) 回热循环的 T-s 图

具有一级回热循环的工作过程为：设压力为 p_1、温度为 t_1 的 1kg 蒸汽，在抽汽压力下被抽出了 $a$kg（称为抽汽），之后汽轮机中做功的蒸汽量为（$1-a$）kg，经凝汽器后凝结成（$1-a$）kg 的凝结水，再由凝结水泵送往回热加热器，在回热加热器中吸收 $a$kg 抽汽放出的热量并同抽汽凝结成的水汇合成给水，并由给水泵送至锅炉完成整个给水回热循环。给水回热循环的 T-s 图，如图 2-21（b）所示。

2. 回热循环的热效率计算

回热循环热效率的计算方法与朗肯循环基本相同。但由于存在上述的不同，所以在计算时首先应考虑如何求出抽汽率。

（1）抽汽率。进入汽轮机的 1kg 蒸汽中所抽出的蒸汽量叫抽汽率，用符号 a 表示。

抽汽率 a 可由回热器的热平衡方程式来确定，如图 2-22 所示。如果不考虑回热加热器中的散热损失，a kg 抽汽的中放热量应等于 $(1-a)$ kg 凝结水的吸热量，即

$$a(h_0 - h_0') = (1-a)(h_0' - h_2')$$

则
$$a = \frac{(h_0' - h_2')}{h_0 - h_2} \tag{2-16}$$

式中：h_0' 为抽汽压力 p_0 下饱和水的焓，kJ/kg；h_0 为压力 p_0 下抽汽的焓，kJ/kg；h_2' 为压力 p_2 下饱和水的焓，kJ/kg。

（2）回热循环的效率。忽略泵功的情况下，回热循环各过程中，1kg 蒸汽与外界交换的热量或功量分别为：

回热循环中 1kg 工质在锅炉内的吸热量为
$$q_1 = h_1 - h_0'$$

回热循环的有用功为
$$w_0 = (h_1 - h_0) + (1-a)(h_0 - h_2)$$

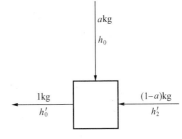

图 2-22　回热加热器的热平衡

具有一次抽汽的回热循环的热效率为

$$\eta_t = \frac{w_0}{q_1} = \frac{(h_1 - h_0) + (1-a)(h_0 - h_2)}{h_1 - h_0'} \tag{2-17}$$

从理论上讲，给水温度提高，热效率也就提高。为了既能提高给水温度，又能让蒸汽在汽轮机中尽可能多做功，工程上还常采用分级抽汽的办法，如图 2-23 所示。在汽轮机的通流部分设置若干个抽汽口，从各抽汽口抽出不同压力的蒸汽，引入各级回热器中对锅炉给水进行分级加热，使给水的温度可在通过各级回热器时逐渐上升，则抽汽在汽轮机中可做更多的功。从理论上讲，回热抽汽的级数越多，循环的热效率越高。但实际上，随着抽汽级数的增加，热效率增加的速度减慢，而且设备的投资费用增大，系统更复杂，给安装、运行和维护带来一定的困难，因此，必须经过全面的技术经济比较，确定合适的回热级数。因此，从总体上看，抽汽回热是利大于弊的。现代蒸汽动力循环几乎都采用了回热循环。目前在火力发电厂中，低压机组多采用 3～5 级回热，高压机组多采用 7～8 级回热。

若循环有 n 次抽气，可用上述方法建立 n 个热平衡方程，并按由高压到低压的回热加热器的顺序，即可求的 $a_1 \sim a_n$ 和循环热效率。

三、再热循环

通过对朗肯循环热效率的分析可知，提高蒸汽的初压和初温，可以提高循环效率。但是，蒸汽初

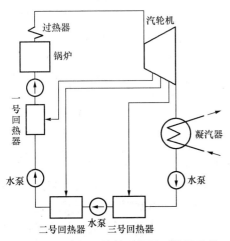

图 2-23　多级回热的回热循环装置示意

压的提高会造成汽轮机排汽干度的下降，危及汽轮机的安全运行。提高初温虽然可以解决一些问题，但初温的提高又受到金属材料耐高温性能的限制。因此，为了解决应用高参数蒸汽后乏汽湿度太大的矛盾，火力发电厂的大功率机组普遍采用蒸汽中间再热循环。

1. 再热循环的原理

图 2-24（a）是具有一次中间再热循环的装置系统示意。与朗肯循环相比，具有一次中间再热循环在锅炉中增加了一个再热器和相应的管道并改变了汽轮机的汽缸，至少有两个汽缸。所谓再热指的是将汽轮机高压缸的排汽，全部送回锅炉再热器中定压加热至初温后，再送至汽轮机的低压缸继续膨胀做功的过程。在朗肯循环的基础上，采用了再热的循环称为再热循环。

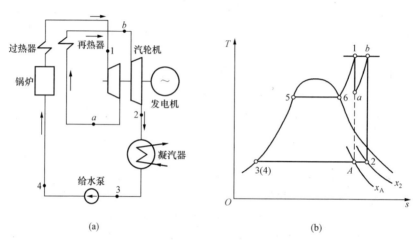

(a) (b)

图 2-24 具有一次再热循环的装置图
(a) 再热循环的装置图；(b) 再热循环的 $T\text{-}s$ 图

再热循环的工作过程：工质经锅炉定压加热后送入汽轮机的高压缸膨胀做功，然后全部抽出送入锅炉中的再热器中定压加热到初温后，回到汽轮机低压缸继续膨胀做功；乏汽经凝汽器定压、定温凝结成饱和水，再由给水泵升压送回至锅炉，完成整个中间再热循环。

2. 再热循环的热效率计算

在再热循环中，工质从锅炉中吸入的热量分为两部分：一部分是新蒸汽从锅炉中吸入的热量 $h_1 - h_2'$；另一部分是再热蒸汽从再热器中吸入的热量 $h_b - h_a$；即 $q = (h_1 - h_2') + (h_b - h_a)$。

忽略泵功，再热循环所做的有用功为汽轮机高压缸做功和低压缸做功之和，即

$$w_0 = (h_1 - h_a) + (h_b - h_2)$$

一次中间再热循环的热效率为

$$\eta_t = \frac{w_0}{q_1} = \frac{(h_1 - h_a) + (h_b - h_2)}{(h_1 - h_2') + (h_b - h_a)} \tag{2-18}$$

目前，再热循环已被高参数、大功率机组普遍采用，成为大型机组提高循环热效率的必要措施。采用中间再热后，可明显提高汽轮机的排汽干度，同时热效率也会得到提高。但是，最初人们只是将再热作为解决乏汽干度问题的一种方法，而发展到今天它的意义已远不止此，正确选择再热压力，不但可以提高汽轮机排汽的干度，改善了汽轮机的工作条件，还

可提高循环的热效率。通过分析可知，再热温度和初温相同时，再热压力选择为初压的20%～30%时再热循环效率的提高幅度最大，可达2.5%～4.5%。

然而并非再热次数越多越好，由于再热使热力系统变得复杂，一切投资、运行费用相应增加等诸多因素的影响并给运行和维护带来不便。因此，当初压低于10MPa时，一般不采用再热，初压在临界压力以内的机组一般采用一次中间再热，超过临界参数的机组才考虑二次再热。

四、热电联合循环

朗肯循环、再热循环、回热循环其热效率都不超过50%。也就是说，燃料燃烧所释放的热量中被利用做功的部分不到50%，其余的热量都被凝汽器中的冷却水带到自然界中去了（即冷源损失）。为了彻底解决冷源损失的问题，很多电厂将部分或全部的低压蒸汽供给需要的热用户使用。

这种既供电又供热的循环方式称为热电联合循环，既供电又供热的电厂称为热电厂。

热电联合循环方式有采用背压式汽轮机的供热循环和采用调节抽汽式汽轮机的供热循环两种。

（一）背压式汽轮机热电合供循环

1. 循环装置示意图

排汽压力大于0.1MPa的汽轮机为背压式汽轮机。背压式汽轮机热电合供循环装置如图2-25所示。

在背压式汽轮机供热循环中，汽轮机排气全部供给热用户，蒸汽在热用户凝结放热，凝结水经给水泵升压后送进锅炉。热用户的作用与朗肯循环中的凝汽器类似，不同的是，排汽在凝汽器中放热产生冷源损失，而在热用户中放热则可以被利用。

一般来说，热用户的凝结水回收率很低，所以，这种机组锅炉的补充水量比凝汽式机组的大得多。

根据使用蒸汽压力的不同，可以将热用户分为使用蒸汽压力为0.24～0.8MPa的工业热用户和使用蒸汽压力为0.12～0.25MPa的采暖热用户两种。

2. 循环热经济分析

显然，这种供热循环机组的排汽压力升高了，蒸汽在汽轮机内做功减少，其效率将低于同参数朗肯循环的效率。但是从能量利用的角度来看，热电合供循环的能量利用系数K则提高，其定义式为

$$K = \frac{\text{被利用的能量}}{\text{工质从热源得到的能量}} = \frac{w_0 + q_2}{q_1}$$

式中，被利用的能量包括热用户利用的能量q_2和汽轮机的做功量w_0。理想情况下，$K=1$。实际上，由于各种损失的存在，使得$K=0.65～0.7$。

在热电合供循环中，用热效率η_t和能量利用系数K共同来衡量循环的经济性。背压式汽轮机供热的主要优点是能量利用系数高，因此系统简单，投资费用低；其缺点是供电和供热互相受制约，发出的电负荷无法自由调节，而只能按照热负荷的需求量被动地变化，因此不能满足经常

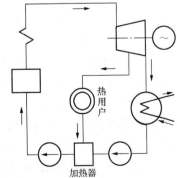

图2-25 背压式汽轮机热电合供循环装置

变化着的电负荷的需要。并且也不能满足不同热力参数要求的热用户的需要。

为了解决这一问题，提出了采用调节抽汽式汽轮机的供热循环。

（二）调节抽汽式汽轮机热电合供热循环

图 2-26 为具有一次调节抽汽的供热循环装置示意。

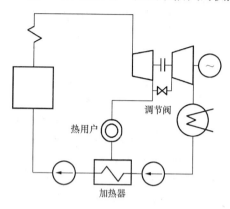

图 2-26　具有一次调节抽汽热电
合供循环装置示意

由图 2-26 可见，通过调节阀的开度变化，可以调节进入汽轮机低压缸与热用户之间的进汽量，从而达到同时满足热、电负荷需要的目的。将在汽轮机中做过功的部分蒸汽抽出来送往热用户供热，因为这部分抽汽量需根据热用户的要求进行调节，所以称为调节抽汽，带有调节抽汽的汽轮机称为调节抽汽式汽轮机。

调节抽汽式热电合供系统由于在汽轮机的高、低压缸之间装了调节阀，所以供热和供电不再互相制约，可以单独调节。它的优点是可同时满足供热、供电的需要。另外，还可以用不同压力的抽汽来满足各种热用户的不同要求，而且其热效率较背压式汽轮机的热电循环要高。但因为存在冷源损失，所以，其能量利用系数 K 比背压式供热系统低。该供热循环是热电厂常采用的一种方式。

【例 2-5】　某汽轮发电机组按朗肯循环工作。蒸汽初参数为 $p_1＝4MPa$，$t_1＝440℃$，凝汽器中乏汽压力为 $p_2＝0.005MPa$。试求循环的热效率。

解　根据 $p_1＝4MPa$，$t_1＝440℃$ 由焓熵图找到点 1，查得：

$$h_1 = 3308kJ/kg$$

由点 1 作垂线（定熵线）与 $p_2＝0.005MPa$ 线相交得点 2，查出：

$$h_2 = 2124kJ/kg$$

再由饱和水蒸气表查得 $p_2＝0.005MPa$ 时

$$h_2' = 137.77kJ/kg$$

循环热效率为

$$\eta_t = \frac{h_1 - h_2}{h_1 - h_2'} = \frac{3308 - 2124}{3308 - 137.77} = 0.37 = 37\%$$

【例 2-6】　某汽轮发电机组按再热循环工作，新蒸汽参数为 $p_1＝10MPa$，$t_1＝540℃$，再热压力为 $p_a＝3MPa$，再热温度为 $t_b＝540℃$，排汽压力为 $p_2＝0.004MPa$，试计算再热循环的热效率和排汽干度，并画出再热循环的装置图和 $T\text{-}s$ 图。如不采用再热，同参数的朗肯循环热效率和排汽干度又是多少？

解　再热循环装置图和 $T\text{-}s$ 图如图 2-27 所示。

查焓熵图得：$h_1＝3470kJ/kg$，$h_a＝3104kJ/kg$，$h_A＝2040kJ/kg$，$x_A＝0.785$，$h_b＝3540kJ/kg$，$h_2＝2224kJ/kg$，$x_2＝0.861$。

根据 $p_2＝0.004MPa$，在饱和水蒸气表上查得：$h_{2'}＝121.3kJ/kg$。

（1）再热循环热效率的计算

$$w_0 = (h_1 - h_a) + (h_b - h_2) = (3470 - 3104) + (3540 - 2224) = 1682(kJ/kg)$$

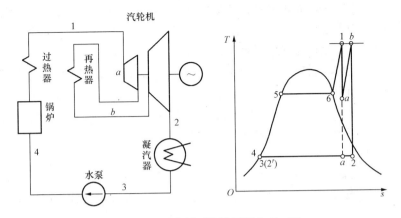

图 2-27 再热循环的装置图和 $T\text{-}s$ 图

$$q_1 = (h_1 - h_{2'}) + (h_b - h_a) = (3470 - 121.3) + (3540 - 3104) = 3784.7 (\text{kJ/kg})$$

$$\eta_t = \frac{w_0}{q_1} = \frac{1682}{3784.7} \times 100\% = 44.4\%$$

（2）朗肯循环热效率的计算

$$w_0 = h_1 - h_A = 3470 - 2040 = 1430 (\text{kJ/kg})$$

$$q_1 = h_1 - h_{2'} = 3470 - 121.3 = 3348.7 (\text{kJ/kg})$$

$$\eta_t = \frac{w_0}{q_1} = \frac{1430}{3348.7} \times 100\% = 42.7\%$$

复 习 思 考 题

2-1 何谓饱和状态？定压下水蒸气的形成分为几个阶段？每个阶段加入的热量如何计算？压力升高时这些热量将怎样变化？

2-2 何谓未饱和水、饱和水、湿蒸汽、饱和蒸汽、过热蒸汽？水在什么状态下有过热度、干度、过冷度？其值各如何计算？

2-3 过热蒸汽的温度是否一定很高？未饱和水的温度是否一定很低？有没有 376℃ 的未饱和水？有没有 20℃ 的过热蒸汽。

2-4 什么叫喷管？常用的喷管有哪几种形式？工质流经喷管时状态参数如何变化？

2-5 何谓绝热节流？绝热节流前后水蒸气参数如何变化？能不能将绝热节流过程看作定焓过程？

2-6 试画出朗肯循环的装置示意图和 $h\text{-}s$ 图。

2-7 蒸汽的初、终参数对朗肯循环效率各产生什么影响？提高初参数和降低终参数各受到什么限制？

2-8 何谓再热循环？怎样才能使再热效果最佳？

2-9 何谓回热循环？为什么所有的机组均采用回热循环？

2-10 何谓热电联合循环？有哪几种形式？各有何优缺点？

2-11 某锅炉的给水参数为 $p_1 = 4\text{MPa}$，$t_1 = 170℃$，锅炉出口水蒸气温度为 $t_2 = 450℃$，若锅炉的蒸发量为 $D = 130\text{t/h}$，试确定给水每小时在锅炉中吸收的总热量 Q。

2-12　某 300MW 汽轮机的进口蒸汽参数为 $p_1 = 16.5$ MPa，$t_1 = 537℃$，汽轮机的排汽压力为 $p_2 = 0.005$ MPa。理想情况下 1kg 蒸汽在汽轮机中的做功量等于多少？若汽轮机内蒸汽流量为 $D = 1000$ t/h，则汽轮机的功率为多少？

2-13　某朗肯循环的初压 $p_1 = 14$ MPa，排汽压力 $p_2 = 0.004$ MPa，试计算初温分别为 450℃、550℃时的循环效率。

2-14　某汽轮机的进汽管道上有一阀门，测得阀门前蒸汽参数为 $p_1 = 2$ MPa，$t_1 = 400℃$，阀门后蒸汽压力为 $p_2 = 1.5$ MPa。若汽轮机的排汽压力为 $p_2 = 0.005$ MPa，试问：由于阀门的存在使 1kg 蒸汽的做功量减少了多少？

2-15　已知蒸汽初压 $p_1 = 10$ MPa，初温 $t_1 = 540℃$，排汽压力 $p_2 = 0.004$ MPa，再热压力 $p_a = 3$ MPa，再热温度为 $t_a = 540℃$，试比较此再热循环和同参数朗肯循环的效率及排汽干度。

第三章 热传递的基本原理

 学习内容

1. 导热。
2. 对流换热。
3. 辐射换热。
4. 传热过程与换热器。

 重点、难点

重点：三种传热方式的概念；传热的强化和削弱。

难点：简单的传热计算。

 学习要求

了解：热传递的三种基本方式：导热、对流和辐射。

掌握：传热的强化和削弱。

 内容提要

本章首先介绍传热学的三种基本方式，然后进一步研究实际的复杂传热过程及常用的换热设备的传热特点，最终找出提高传热效果或减少热损失的途径。重点对换热器的有关问题及传热的强化和削弱作简要分析。

第一节 热 传 导

一、热传导的基本概念

热传导简称导热，是指热量从物体内部温度较高的部分传递到温度较低的部分，或者从温度较高的物体传递到与之接触的温度较低的另一物体的热量传递过程，如图 3-1 所示。物体通过导热传递热量时，各部分之间不发生相对位移，仅依靠组成该物体的分子、原子以及自由电子等微观粒子的热运动而进行热量传递。无论在固体、液体和气体中都会发生导热，但是单纯的导热只发生在固体内部。火电厂中运行的锅炉炉墙、汽轮机的汽缸和保温管道等都是利用导热方式传热的。

从微观角度来看，不同种类的物体，其导热机理有所差异。例如，气体的导热是气体分子不规则热运动时相互碰撞的结果，温度升高，动能增大，不同能量水平的分子相互碰撞，使热能从高温传到低温处。金属导体中有相当多的自由电子，它们在晶格之间像气体分子那样运动。自由电子的运动在导电固体的导热中起主导作用，主要是依靠自由电子的运动来完成的。导热非金属固体中导热是通过晶格结构的振动所产生的弹性波来实现的，即原子、分

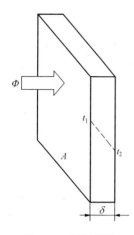

图 3 - 1　通过固体
壁面的导热

子在其平衡位置附近的振动来实现的。

因此，导热有以下特点：

（1）必须有温差；

（2）物体直接接触而不发生宏观的相对位移；

（3）依靠分子、原子及自由电子等微观粒子热运动而传递热量；

（4）没有能量形式之间的转化。

1. 温度场

热量传递是由温差引起的，因而导热过程的进行与物体内部的温度分布紧密相联。在研究热量传递时，必须先了解物体内部的温度分布情况。某一瞬间空间各点的温度分布称为温度场，它是时间和空间的函数，即

$$t = f(x,y,z,\tau) \qquad (3 - 1)$$

式中：x、y、z 为空间坐标，τ 为时间坐标。

在热力设备中，温度场可分为稳定温度场和不稳定温度场两类。

在变化工作条件下的温度场，物体内部的温度分布是随时间变化的，这种温度场称为不稳定温度场。如热力设备启、停或变工况运行时的温度场为不稳定温度场，其函数表达式为

$$t = f(x,y,z,\tau)$$

在不稳定温度场中的导热，称为不稳定导热。

在稳定工作条件下的温度场，物体内部的温度分布是不随时间变化的，这种温度场称为稳定温度场，如热力设备正常运行时的温度场就可看作为稳定温度场。此时，温度仅是空间坐标的函数，即其函数表达式为

$$t = f(x,y,z) \qquad (3 - 2)$$

在稳定温度场中的导热，称为稳定导热。

如果物体内部的温度仅沿某一个方向变化，如仅是空间坐标 x 的函数，即 $t = f(x)$，则称为一维稳定温度场。

本章仅仅讨论的是一维稳定导热问题。

2. 等温面

同一时刻，温度场中具有相同温度值的点相连所形成的线或面称为等温线或等温面。等温面可以是平面，也可以是曲面，如图 3 - 2 所示。由于等温面上只有一个温度，则等温面上各点温差为零，因此热量传递只能在穿过等温面的法线方向才能进行。并且在相邻的两个等温面之间，传热沿法线方向的温度降低的一边进行。

二、导热的基本定律

导热的基本定律是傅里叶定律。对于均质固体的一维稳定导热，其文字表述为：单位时间通过固体壁面单位面积的导热量（称为热流密度 q），正比于壁面两侧的温度差及垂直于热流方向的截面积，且与该面积成正

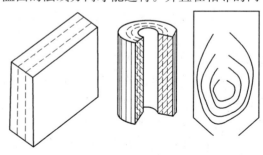

图 3 - 2　物体内部等温面的分布

比，与壁面厚度成反比。傅里叶定律的数学表达式为

$$q = \lambda \frac{t_{w1} - t_{w2}}{\delta} \quad 或 \quad \Phi = \lambda \frac{t_{w1} - t_{w2}}{\delta} A \tag{3-3}$$

式中：Φ 为单位时间内通过壁面的导热量，即壁面热流量，W；q 为单位时间内通过壁面单位面积的导热量，即壁面热流密度，W/m^2；A 为垂直于热流方向的壁面面积，m^2；δ 为固体壁面厚度，m；$t_{w1} - t_{w2}$ 为固体壁面两侧的温度差，℃；λ 为热导率，$W/(m \cdot K)$。

1. 热导率

热导率 λ 是衡量物体导热能力的一个物理量，数值越大，导热能力越强。热导率是工程设计中合理选用材料的重要依据。

实验证明，不同物体的热导率数值不同，有时相差很大。一般来说，金属的热导率较大，非金属和液体次之，气体的热导率最小。如：金属热导率的范围是 36.4～458.2$W/(m \cdot K)$，液体热导率的范围是 0.1～0.7$W/(m \cdot K)$，气体的热导率的范围是 0.006～0.6$W/(m \cdot K)$。

工程中一些常用材料的热导率值可参见表 3-1。作为一名热工技术人员，掌握一些常用的工程数据是很必要的。如常温（20℃）下常用工程材料的热导率为：纯铜（紫铜）为 398$W/(m \cdot K)$，黄铜为 110$W/(m \cdot K)$，普通钢铁为 30～50$W/(m \cdot K)$，保温隔热材料小于 0.12$W/(m \cdot K)$，水为 0.599$W/(m \cdot K)$，空气为 0.0259$W/(m \cdot K)$ 等。

表 3-1　　　　　　　　常见物体在 20℃ 时的热导率　　　　　　　　$W/(m \cdot K)$

材　料　名　称	λ	材　料　名　称	λ
银	427	泡沫塑料	0.04～0.06
纯铜	398	矿渣棉	0.05～0.058
青铜（89%Cu，11%Zn）	24.8	软木板	0.044～0.079
黄铜（70%Cu，30%Zn）	109	甘蔗板	0.067～0.072
纯铝	236	蛭石	0.10～0.13
碳钢（0.5%C）	49.8	锯木屑	0.083
碳钢（1.5%C）	36.7	耐火砖	1.0～1.3
铬钢（26%Cr）	22.6	红砖（建筑用）	0.7～0.8
镍钢（35%Ni）	13.8	瓷砖	1.32
不锈钢（18%Cr，8%Ni）	17	混凝土	1.28
硅钢（1%Si）	42	玻璃	0.76
灰铸铁	39.2	松木	0.15～0.35
锌	121	干黄砂	0.28～0.34
钛	22	锅炉水垢	0.6～0.24
石棉板	0.10～0.12	烟煤	0.12～0.24
玻璃纤维	0.035～0.05	烟灰	0.058～0.116

在工程实际中，需要加强导热的设备应选择热导率大的材料制造，需要削弱导热的设备一般要敷设保温层，保温层应选择热导率小的材料。

我国国家标准规定，凡是平均温度不高于 350℃ 时热导率不大于 0.12$W/(m \cdot K)$ 的材

料称为保温材料或绝热材料。这些材料都是多孔性结构，空隙内充满了空气，由于空隙内空气只有导热作用，使得多孔性材料具有较小的热导率。电厂常用的轻质保温材料有石棉、矿渣棉、硅藻土、膨胀珍珠岩、超细玻璃棉等。

在工程实际中，需要加强导热的设备应选择热导率大的材料制造，需要削弱导热的设备一般要敷设保温层，保温层应选择热导率小的材料。

我国国家标准规定，凡是平均温度不高于350℃时热导率不大于0.12W/（m·K）的材料称为保温材料或绝热材料。这些材料都是多孔性结构，空隙内充满了空气，由于空隙内空气只有导热作用，使得多孔性材料具有较小的热导率。电厂常用的轻质保温材料有石棉、矿渣棉、硅藻土、膨胀珍珠岩、超细玻璃棉等。

湿度对保温材料的热导率影响极大。保温材料若受潮，则材料中原来被空气占据的空隙被水占据，因为水的热导率是空气的20～30倍，且在温度梯度的推动下还会引起水分迁移，产生对流换热，所以热导率明显上升。若受潮的保温材料温度较低，保温材料中的水分还会结冰，因为冰的热导率是空气的几十倍，所以结冰也会使保温效果下降。

为此，保温材料应保持干燥。具体措施有：在露天管道的保温层外再加具有防水功能的保护层，以避免保温层吸收水分而降低保温性能；低温管道外敷设的保温材料在露点（空气中的水蒸气开始以水滴形式从空气中分离出来的温度）以下工作时，应将其与大气隔绝或增加保温层厚度，以防止保温层结露或结冰而影响保温效果。

另外，物体热导率还受很多因素的影响其关系比较复杂，本书不作讨论。

2. 导热热阻

式（3-3）又可写为

$$q = \frac{t_{w1} - t_{w2}}{\dfrac{\delta}{\lambda}} \quad \text{或} \quad \Phi = \frac{t_{w1} - t_{w2}}{\dfrac{\delta}{\lambda A}} \tag{3-4}$$

式中：$\dfrac{\delta}{\lambda}$ 为单位导热面积的热阻，用符号 r_d 表示，$(m^2 \cdot K)/W$；$\dfrac{\delta}{\lambda A}$ 为导热面积为 A 时的导热热阻，用符号 R_d 表示，K/W。

对于各种换热方式，在传热过程中沿热流方向都会遇到热阻，都存在热阻。热阻表示物体阻碍传热的能力。在相同温差下，热阻越大，导热量越小。通常热导率小的物体其热阻较大。

在实际工程中，热阻是个很有用的物理量。用热阻概念来分析各种传热问题，不仅可使问题的物理概念清晰，而且使计算简便。

傅里叶定律的数学表达式为导热的一般计算式，但对于不同形状（如平板、圆筒）的物体有不同形式的导热公式，下面分别予以介绍。

（一）平壁的稳定导热

在工程应用中，当热力设备正常和稳定地运行时，其温度场可认为是稳定的。为了研究方便，我们仅讨论厚度比长度及宽度小很多的无限大平壁，即平壁长度及宽度为厚度的8～10倍时，就可将平壁看作为无限大平壁，如锅炉的炉墙、汽轮机的汽缸壁等。同时平壁边缘的散热量可以忽略，则认为导热是仅沿厚度方向进行的一维导热。

下面讨论平壁一维稳定导热的计算，以确定平壁内的温度分布和热流量。平壁有单层和多层之分，首先介绍单层平壁的稳定导热。

1. 单层平壁的稳定导热

由同一种材料构成的平壁，称为单层平壁的稳定导热。如图 3-3 所示。设平壁厚度为 δ，热导率为 λ，平壁的两个外表面各保持均匀而一定的温度 t_{w1} 和 $t_{w2}(t_{w1} > t_{w2})$。

由傅里叶导热定律，单层平壁的热流密度计算公式为

$$q = \frac{t_{w1} - t_{w2}}{\frac{\delta}{\lambda}} = \frac{\Delta t}{\frac{\delta}{\lambda}} \quad \text{或} \ \Phi = \frac{t_{w1} - t_{w2}}{\frac{\delta}{\lambda A}} \qquad (3-5)$$

式（3-5）形式与电学中欧姆定律的形式完全相同，因此可用分析导电的方法来分析导热问题。

经变换可得

$$t_{w2} = t_{w1} - \frac{q}{\lambda}\delta \qquad (3-6)$$

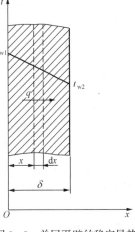

图 3-3　单层平壁的稳定导热

显然，如求平壁内部任一等温面的温度，则采用式（3-7），即

$$t = t_{w1} - \frac{q}{\lambda}x \qquad (3-7)$$

从式（3-7）看到，热流密度与平壁两侧面的温差 Δt 成正比，与 $r_d(R_d)$ 成反比。温差是热量传递的动力，在其他条件相同时，温差越大，热阻 $r_d(R_d)$ 越小，则热流密度（热流量）越大；反之亦然。

2. 多层平壁的稳定导热

多层平壁指由几种不同材料组成的平壁，如锅炉的炉墙、汽轮机的缸壁等。三层平壁的稳定导热如图 3-4 所示。

平壁两侧的壁温为 t_{w1} 和 t_{w4}，各层厚度分别为 δ_1、δ_2、δ_3，热导率相应为 λ_1、λ_2、λ_3。稳定导热时，假设层与层之间接触良好，认为接合面上各处的温度相等。稳定导热时各层的热阻分别为 $r_{d1} = \frac{\delta_1}{\lambda_1}$、$r_{d2} = \frac{\delta_2}{\lambda_2}$、$r_{d3} = \frac{\delta_3}{\lambda_3}$。应用分析导电的方法来分析多层平壁的稳定导热问题可应用串联热阻叠加原则，串联过程的总热阻等于各串联环节的局部热阻之和，可很方便地求得通过三层平壁的热流密度为

$$r_d = r_{d1} + r_{d2} + r_{d3} = \frac{\delta_1}{\lambda_1} + \frac{\delta_2}{\lambda_2} + \frac{\delta_3}{\lambda_3}$$

$$q = \frac{t_{w1} - t_{w4}}{\frac{\delta_1}{\lambda_1} + \frac{\delta_2}{\lambda_2} + \frac{\delta_3}{\lambda_3}} \qquad (3-8)$$

热流量为

$$\Phi = \frac{A(t_{w1} - t_{w4})}{\frac{\delta_1}{\lambda_1} + \frac{\delta_2}{\lambda_2} + \frac{\delta_3}{\lambda_3}} \qquad (3-9)$$

对 n 层平壁，其热流密度的计算公式为

$$q = \frac{t_{w1} - t_{w(n+1)}}{\sum\limits_{i=1}^{n_1} \frac{\delta_i}{\lambda_i}} \qquad (3-10)$$

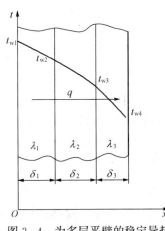

图 3-4　为多层平壁的稳定导热

多层平壁中由于各层平壁的材料不同，热导率也不同，虽然每一层内温度分布均呈直线，但在整个多层平壁中温度分布为一条折线，如图3-4所示。各层平壁的温度为

$$t_{wi+1} = t_{wi} - q\frac{\delta_i}{\lambda_i} \quad i = 1,2,3\cdots n \tag{3-11}$$

在以上多层平壁的分析中，我们认为层与层之间的接触良好，接触面上两层的温度相等。实际上，由于表面的不平整导致面与面之间会有空隙，空隙里充满了其他介质，常见为空气，因此在两层之间有热量传递时，界面上将产生一定的温度差，引起这种温度差的热阻称为接触热阻。此时应用式（3-10）进行计算时，分母上还要加上接触热阻。

工程上，为了减小接触热阻，常采用以下措施：降低接触面的粗糙程度；增加其间的平行度和压力；在接触处添加热导率大的导热脂或硬度小、延展性好的金属箔（紫铜箔或银箔）。

【例3-1】　一锅炉的炉墙用水泥珍珠岩材料制成，壁厚为$\delta=220mm$，内壁温度为$t_{w1}=550℃$，外壁温度为$t_{w2}=50℃$，炉墙材料的热导率分别为$\lambda=0.094W/(m\cdot K)$。表面积$A=270m^2$，试求该锅炉每小时的散热量。

解　该炉墙可看做单层平壁。

由式（3-4）求得锅炉炉墙每秒热流量为

$$\Phi = \frac{t_{w1}-t_{w2}}{\dfrac{\delta}{\lambda A}} = \frac{500-50}{\dfrac{220}{0.094\times270}} = 95\,040(W)$$

所以锅炉炉墙每小时的散热量为

$$\Phi = 95\,040\times3600 = 3.42\times10^5(kJ)$$

（二）圆筒壁的稳定导热

在工程上常遇到各种圆筒管道，其温度场也可认为是稳定的。为了方便研究，作如下假设：一般当圆筒壁的长度与外壁直径之比大于10时，可将其看作为无限长圆筒壁，此时沿轴向的导热可忽略不计，可视为一维稳定温度场的导热问题，如蒸汽管道、水管道和油管，大量的换热设备（省煤器、水冷壁、过热器和再热器）等。

1. 单层圆筒壁的稳定导热

如图3-5所示为单层圆筒壁导热。设圆筒壁长度为L，材料的热导率为λ，内外径分别为d_1、d_2，内外壁温度分别保持t_{w1}和t_{w2}不变（$t_{w1}>t_{w2}$），壁内温度只沿半径方向变化，属于一维稳定导热。

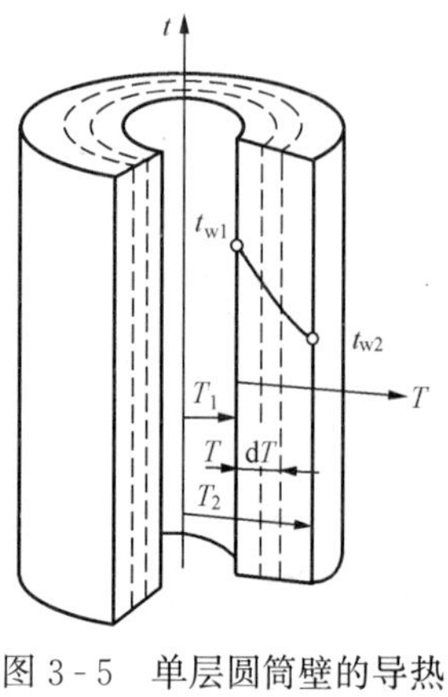

由傅里叶导热定律，单层圆筒壁的热流量计算公式为

$$\Phi = \frac{t_{w1}-t_{w2}}{\dfrac{1}{2\pi\lambda L}\ln\dfrac{d_2}{d_1}} \tag{3-12}$$

将式（3-12）变换可得单层圆筒壁内部任一等温面的温度公式为

$$t = t_{w1} - \frac{\Phi}{\dfrac{1}{2\pi\lambda L}\ln\dfrac{d_2}{d_1}} \tag{3-13}$$

由于圆筒壁的等温面是一系列同轴的圆柱面，这些圆柱面的表面积随半径的增大而增大，因而导热面积不同，导致通过各等

图3-5　单层圆筒壁的导热

温面的热流密度各不相同，即 q 将随 r 的增大而减小。但是单位长度圆筒壁上所传导的热流量却为定值，不因半径的变化而变化，所以在圆筒壁的导热计算中，常将单位长度的热流量定义为线热流量，用符号 Φ_L 表示，单位为 W/m。计算公式为

$$\Phi_L = \frac{t_{w1} - t_{w_2}}{\frac{1}{2\pi\lambda}\ln\frac{d_2}{d_1}} \tag{3-14}$$

由式（3-14）可见，单层圆筒壁与平壁的导热计算公式形式相似，即单位时间内通过圆筒壁传导的热量 Φ 与温差成正比，与热阻成反比。只是与热阻形式有所不同的是，单位面积平壁的导热热阻为 $\frac{\delta}{\lambda}$，而单位长度圆筒壁的导热热阻为 $\frac{1}{2\pi\lambda}\ln\frac{d_2}{d_1}$。

圆筒壁的导热公式中包含有对数项，计算时很不方便，因此工程上规定：当 $d_2 < 2d_1$ 时，可将圆筒壁看作平壁，用平壁导热计算公式代替，此时计算误差小于 4%，足以满足工程技术精度要求。

简化计算公式为

$$\Phi = qA_m = \frac{t_{w1} - t_{w2}}{\frac{\delta}{\lambda}}A_m = \frac{t_{w1} - t_{w2}}{\frac{\delta}{\lambda}}\pi d_m L \tag{3-15}$$

$$\Phi_L = \frac{\Phi}{L} = \frac{t_{w1} - t_{w2}}{\frac{\delta}{\lambda}}\pi d_m \tag{3-16}$$

式中：δ 为圆筒壁的厚度，$\delta = \frac{1}{2}(d_1 - d_2)$；$d_m$ 为圆筒壁的平均直径，$d_m = \frac{1}{2}(d_1 + d_2)$；$A_m$ 为采用平均直径计算出的平均导热面积，$A_m = \pi d_m l$。

单层圆筒壁的稳定导热中，线热流量与温差成正比，与热阻成反比。壁内温度呈对数分布。

2. 多层圆筒壁的稳定导热

电厂中遇到的圆筒壁通常由几层不同材料构成，如蒸汽管道外面都包了一层保温材料以减少散热损失，锅炉水冷壁管的外表面有灰垢层，内表面有水垢层等。

如图 3-6 所示为一个由不同材料组成的三层圆筒壁。与三层平壁相似，三层圆筒壁的线热流量为

$$\Phi_L = \frac{t_{w1} - t_{w4}}{\frac{1}{2\pi\lambda_1}\ln\frac{d_2}{d_1} + \frac{1}{2\pi\lambda_2}\ln\frac{d_3}{d_2} + \frac{1}{2\pi\lambda_3}\ln\frac{d_4}{d_3}} \tag{3-17}$$

而多层（n 层）圆筒壁的线热流量的计算公式为

$$\Phi_L = \frac{t_{w1} - t_{w(i+1)}}{\sum_{i=1}^{n}\frac{1}{2\pi\lambda_i}\ln\frac{d_{i+1}}{d_i}} \tag{3-18}$$

各层管壁接触面温度的计算式为

$$t_{i+1} = t_i - \frac{\Phi_L}{2\pi\lambda_i}\ln\frac{d_{i+1}}{d_i} \quad i = 1,2,3\cdots n \tag{3-19}$$

多层圆筒壁内的温度分布曲线为一条曲折线。

【例 3-2】　某电厂的新蒸汽管道，外径为 $d_1 = 100$mm，外壁温度为 $t_1 = 400℃$，在该管

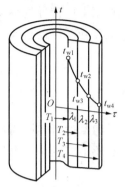

图 3-6 多层圆筒壁的导热

道外覆盖保温层，厚度为 $\delta = 25\text{mm}$，材料的热导率为 $\lambda = 0.03\text{W}/(\text{m} \cdot \text{K})$ 后，外表面温度 $t_2 = 50℃$，试求：

（1）精确计算每米管道的散热量 Φ_L；

（2）用简化公式计算每米管道的散热量 Φ_L；

（3）求两种计算结果的相对误差。

解 该管道可看作是无限长圆筒壁。

（1）用式（3-10）可精确计算每米管道的散热量

$$\Phi_L = \frac{t_{w1} - t_{w2}}{\frac{1}{2\pi\lambda}\ln\frac{d_2}{d_1}} = \frac{400 - 50}{\frac{1}{3.14}\ln\frac{(100 + 2 \times 25) \times 10^{-3}}{100 \times 10^{-3}}} = 162(\text{W/m})$$

（2）用简化式（3-16）可计算每米管道散热量的近似值

$$\Phi_L = \frac{\Phi}{L} = \frac{t_{w1} - t_{w2}}{\frac{\delta}{\lambda}}\pi d_m = \frac{t_{w1} - t_{w2}}{\frac{\delta}{\lambda}}\pi(d_1 + \delta)$$

$$= \frac{400 - 50}{\frac{25 \times 10^{-3}}{0.03}} \times 3.14 \times (100 + 50) \times 10^{-3} = 164.85(\text{W/m})$$

（3）两种计算结果的相对误差为

$$\frac{164.58 - 162}{162} = 1.76\%$$

第二节 热 对 流

一、对流换热的概念

1. 热对流

热对流是指流体中温度不同的各部分之间发生宏观的相对位移时所引起的热量传递现象，仅能在液体和气体中发生。流体流动时与所接触的固体壁面之间发生的热量传递现象称为对流换热，如图 3-7 所示。

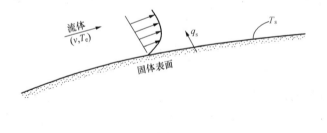
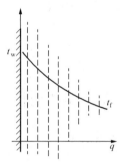

图 3-7 对流换热

对流换热在火电厂的生产过程中应用十分广泛。如在锅炉的过热器、省煤器以及汽轮机的主要辅助设备凝汽器、加热器中，管内流动的工质与管内壁之间、管外流动的工质与管外壁之间的热量传递过程都是对流换热过程。

2. 对流换热量计算公式

对流换热发生时，对流换热量 Φ 与壁面面积 A 和流体与固体壁面之间的温差（$\Delta t = t_w - t_f$）成正比（见图 3-7），即

$$q = \alpha \Delta t = \frac{t_w - t_f}{\frac{1}{\alpha}} \quad 或 \quad \Phi = \alpha A \Delta t = \frac{t_w - t_f}{\frac{1}{\alpha A}} \tag{3-20}$$

式中：A 为对流换热面积，m^2；Δt 为流体与固体壁面之间的温差，℃；t_f 是流体的温度，℃；t_w 是壁面温度，℃；α 为对流换热系数，$W/(m^2 \cdot K)$；q 为对流换热的热流密度即单位面积的对流换热量，W/m^2；Φ 为面积为 A 的换热面的对流换热量，W。

我们可以定义式（3-20）中的 $1/\alpha$ 为单位面积的对流换热用符号 r_d 表示，单位为 $(m^2 \cdot K)/W$。

与导热相似，式（3-20）中可以定义相应的热阻，对流换热热阻为 $R_\alpha = \frac{1}{\alpha A}$，单位为 K/W；单位面积的对流换热热阻为 $r_\alpha = \frac{1}{\alpha}$，单位为 $(m^2 \cdot K)/W$。对流换热系数 α 越大，则对流换热热阻 r_α 越小，对流换热越强烈。

二、影响对流换热系数的因素

利用式（3-20）可以很方便地求得对流换热量。实际上，对流换热系数 α 受很多因素的影响，且各影响因素之间关系复杂，因此，要计算对流换热量，必须先确定对流换热系数 α。

影响对流换热的因素主要有以下几个方面：

（1）流体的种类和性质。在相同的条件下，流体的种类和物理性质不同，其换热强度各不相同。主要物理参数有密度 ρ、比定压热容 c_p、热导率 λ、黏性系数（动力黏度 μ 或运动黏度 ν）等。例如，对于发电机的内部冷却而言，氢气比空气的冷却效果好，而水冷又比氢冷效果好，可见流体的物理性质也是影响换热的重要因素之一。

一般来说，直接影响换热强度的主要物性参数有热导率 $\lambda[W/(m \cdot K)]$、比定压热容 c_p $[J/(kg \cdot K)]$、密度 $\rho(kg/m^3)$、动力黏度 μ $[kg/(m \cdot s)]$、运动黏度 $\nu(m^2/s)$ 等。

（2）流动发生的起因。按流动动力的不同可将流体的对流换热分为自然对流换热和强制对流换热两种类型。自然对流换热是流体在浮升力作用下流过换热面时的对流换热，如锅炉炉墙外表面向周围空气的散热就属自然对流换热。强制对流换热是流体在泵与风机的作用下流过换热面时的对流换热，如烟气在风机的作用下流过锅炉中各受热面时与受热面之间的对流换热就属强制对流换热。实践证明，强制流动时的对流换热系数比自然流动时的对流换热系数大得多。

一般来说，同一流体的强制对流换热系数比自然对流换热系数大。

（3）流体的流动状态。流体流动存在层流和紊流两种不同状态。

流体处于层流流动状态时，流动速度较小，各质点之间互不干扰、互不掺混。流体处于紊流流动状态时，流体的流动速度较大，各质点之间会相互干扰、相互掺混。

流体的流动状态不同，对流换热规律也不同。层流时主要依靠导热来传递热量，由于流体的热导率较小，因而换热较弱。而紊流时除层流底层中是以导热方式来传递热量外，在层流以外的紊流区域，热量的传递主要是依靠流体各部分质点掺混的对流作用。因此紊流时的

对流换热比层流时的对流换热要强烈。

（4）壁面的几何因素。对流换热过程中，换热面的几何因素包括与流体接触的固体壁面的几何形状、接触面的大小、流体的流速、流体与固体壁面间的相对位置等。

换热面几何因素对换热的影响比较复杂，很难概括。下面只做简单介绍：

例如流体在管内流动和流体横向绕过圆管时的流动，由于流体接触壁面的几何形状不同，流动的状态也都不一样，如图 3-8 所示，在管内层流流动时不发生漩涡现象；而当流体横向绕过圆管时，既有层流，随后转为紊流，在管的尾部出现漩涡。显然这两种不同的流动情况，换热规律也不同。

流体与固体表面间的相对位置也影响对流换热过程，如在平板表面加热空气作自然对流时，换热面朝上或换热面朝下空气的流动情况大不一样。如图 3-8 所示，热面朝下时的对流换热强度要比热面朝上时小。

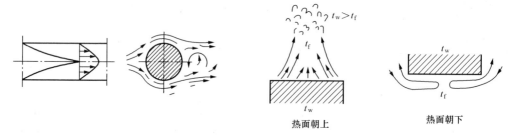

热面朝上　　　　　热面朝下

图 3-8　壁面几何因素的影响

（5）流体有无相变。相变是指气体变为液体或液体变为气体的相态变换。在对流换热中，若流体发生相变，流体从液态变为气态（沸腾）或从气态变为液态（凝结）都称为流体的相变。则可以大大提高对流换热系数，使对流换热更强。故流体有相变时的对流换热系数比无相变时的对流换热系数大得多。

综上所述，影响对流换热系数 α 的主要因素，可定性地用函数形式表示为

$$\alpha = f(w, l, \lambda, \rho, \nu, \mu \cdots) \tag{3-21}$$

三、对流换热系数的确定

由于对流换热的影响因素非常多，因此很难用纯理论的方法确定对流换热系数的值。用实验的方法来确定的话，由于影响因素众多，实验的工作量会非常大，也难以实现。

为了解决上述问题，通过长期的实践，有人就将众多共同起作用的影响因素组合成若干个无量纲（又称无因次）准则，称为相似准则。

根据各相似准则之间的关系，即可求得对流换热系数 α。

对流换热系数常用的相似准则分为以下 4 个：

（1）努塞尔特准则：$Nu = \dfrac{\alpha l}{\lambda}$。努塞尔准则是一个换热准则。在 λ、l 相同时，它可以表征对流换热的强弱，Nu 越大则换热越强。

（2）雷诺准则：$Re = \dfrac{ul}{\nu}$。雷诺准则是一个表征流体强制流动时流态的特征数，它反映了流体强制流动时惯性力和黏性力的相对大小，用 Re 数来表示强制对流时运动状态对换热的影响。

（3）普朗特准则：$Pr = \dfrac{\nu}{a}$。普朗特准则是一个表征流体热物理特性的特征数，又称物性准则。它反映了流体动量扩散能力与热扩散能力的相对大小，用 Pr 数说明流体的物理性质对换热的影响。

（4）格拉晓夫准则：$Gr = \dfrac{\beta g \Delta t l^3}{\nu^2}$。格拉晓夫准则是一个表征流体自然流动时流态的特征数。用 Gr 数表示自由对流时运动状态对换热的影响。

各准则的表达式中：ν 为流体的运动黏度，又称动量扩散率，m^2/s；a 为热扩散率，m^2/s；g 为当地重力加速度，m^2/s；$\Delta t = t_w - t_f$ 为壁面温度与流体温度之差，℃；u 为流体的流速，m/s；α 为对流换热系数，$W/(m^2 \cdot K)$；λ 为热导率，$W/(m \cdot K)$；β 为容积膨胀系数，对于理想气体而言 $\beta = \dfrac{1}{T_m}$；c_p 为比定压热容，$J/(kg \cdot K)$；l 为几何特征尺度，当流体在管内流动时，l 为流道的直径 d，当流体沿平板流动时，l 为沿流动方向上的平板的长度 L，m。

通过实验，可以确定流体与所接触固体进行对流换热时，用准则数表示的函数关系（称为准则方程）。利用这些准则方程式可求得各种不同情况下的对流换热系数。

（一）流体无相变对流换热

1. 流体强制对流换热

$$\alpha = 0.023 Re^{0.8} Pr^{0.4} \frac{\lambda}{d_1} C_l C_t C_R \qquad (3-22)$$

式中：C_l 为考虑入口段对对流换热系数影响的入口效应修正系数；C_t 考虑边界层内温度分布对对流换热系数影响的温度修正系数；C_R 考虑管道弯曲对对流换热系数影响的弯管修正系数。

式（3-21）适用于 $Re_f = 10^4 \sim 1.2 \times 10^5$，$Pr = 0.7 \sim 120$ 的流体。特征尺度为圆管内径，定性温度为进出口截面流体的平均温度。

对于蛇形管，直管段较短时必须考虑弯曲段的影响，而直管段较长时，可以近似取 $C_R = 1$。

【例 3-3】　水在一容器内不断沸腾，已知水温 $t_f = 212℃$，容器壁面温度为 $t_w = 218℃$，若容器与水的对流换热系数 $\alpha = 20\,000 W/(m^2 \cdot K)$，试求单位面积上的换热量 Φ。

解　利用式（3-15）可求得单位面积上的换热量为

$$q = \alpha \Delta t = \alpha(t_w - t_f) = 20\,000 \times (218 - 212) = 120\,000 (W/m^2)$$

2. 流体自然对流换热

如锅炉炉墙、蒸汽管道、加热器表面、输电导线、变压器等的散热都属于大空间自然对流换热。

大空间自然对流换热的准则方程式可整理成

$$Nu = C(Gr \cdot Pr)^n \qquad (3-23)$$

式中，定性温度为流体与壁面的平均温度。常数 C 和 n 由实验确定，几种典型情况的数值见表 3-2。

表 3 - 2　　　　　　　　　式（3 - 23）中的 C 和 n 值

壁面形状及位置	流动情况示意	流动状态	C	n	特性长度	适用范围 $(Gr \cdot Pr)_m$
垂直平壁及直圆筒		层流	0.59	$\frac{1}{4}$	高度 H	$10^4 \sim 10^9$
		紊流	0.10	$\frac{1}{3}$		$10^9 \sim 10^{13}$
水平圆		层流	0.53	$\frac{1}{4}$	外直径 d	$10^4 \sim 10^9$
		紊流	0.13	$\frac{1}{3}$		$10^9 \sim 10^{12}$
热面朝上及冷面朝下的水平壁		层流	0.54	$\frac{1}{4}$	平板取面积与周长之比值，圆盘取 $0.9d$	$2 \times 10^4 \sim 8 \times 10^6$
		紊流	0.15	$\frac{1}{3}$		$8 \times 10^6 \sim 10^{11}$
热面朝下及冷面朝上的水平壁		层流	0.58	$\frac{1}{5}$	矩形取两个边长的平均值，圆盘取 $0.9d$	$10^5 \sim 10^{11}$

（二）流体有相变对流换热

前面介绍的对流换热是流体无相变时的对流换热。热力过程中，还经常遇到蒸汽遇冷凝结和液体受热沸腾的对流换热过程，如水在锅炉中吸热变成蒸汽，汽轮机排出的乏汽在凝汽器中放热变成凝结水等。有相变的对流换热属于高强度换热，与无相变的对流换热相比换热过程更加复杂。

1. 凝结换热

发电厂中，凝汽器、回热加热器内及水蒸气与管壁之间的换热都是凝结换热。根据凝结液润湿壁面的性能不同，蒸汽凝结有膜状凝结和珠状凝结两种不同的形式。如果凝结液能很好地润湿壁面，它就在壁面上形成一层完整的液膜，称为膜状凝结。

膜状凝结换热的计算。竖壁膜状凝结换热：实验表明，竖壁层流（$Re < 1600$）膜状凝结的平均对流换热系数为

$$\alpha = 1.13 \left[\frac{gr\rho_l^2 \lambda_l^3}{\mu_l H(t_s - t_w)} \right]^{\frac{1}{4}} \tag{3 - 24}$$

式中：g 为重力加速度，m/s^2；r 为汽化潜热，由饱和温度查取，J/kg；H 为竖壁高度，m；t_s 为蒸汽相应压力下的饱和温度，℃；t_w 为壁面温度，℃；ρ_l 为凝结液的密度，kg/m^3；λ_l 为凝结液的热导率，$W/(m \cdot K)$；μ_l 为凝结液的动力黏度，$Pa \cdot S$。凝结液的物性参数按膜层的平均温度 $t_m = \dfrac{t_s + t_w}{2}$ 确定。

水平圆管外膜状凝结换热的对流换热系数 α 与竖壁的计算形式一样，只是将公式中的高

度 H 改成了管外径 d，系数 1.13 改成了 0.725。

$$\alpha = 0.725\left[\frac{gr\rho_1^2\lambda_1^3}{\mu_1 d(t_s - t_w)}\right]^{\frac{1}{4}} \qquad (3-25)$$

凝汽器由管束组成，蒸汽在管束外凝结时，上排管的凝结液会部分地落到下排管上去，使下排管的凝结液膜增厚，凝结换热系数下降。一般用 $n_m d$ 代替 d 后用式（3-26）计算，即为水平管束外凝结的平均凝结换热系数计算公式

$$\alpha = 0.725\left[\frac{gr\rho_1^2\lambda_1^3}{\mu_1 n_m d(t_s - t_w)}\right]^{\frac{1}{4}} \qquad (3-26)$$

式中：n_m 为竖直方向上的平均管排数。

2. 沸腾换热

火电厂的沸腾换热都是大容器沸腾换热。大容器沸腾换热可按式（3-27）或式（3-28）计算。在 $(0.2\sim101)\times10^5\text{Pa}$ 压力下，水的大容器核态沸腾的对流换热系数计算公式为

$$\alpha = 0.1448\Delta t^{2.33}p^{0.5} \qquad (3-27)$$

按 $q = \alpha\Delta t$，式（3-27）又可写成

$$\alpha = 0.56q^{0.7}p^{0.15} \qquad (3-28)$$

式中：Δt 为壁面的过热度，℃；q 为壁面的热流密度，W/m^2；p 为沸腾的绝对压力，Pa。

各种类型的对流换热系数各不相同，大致如下：液体的对流换热系数比气体的高；对于同一种流体而言，强制对流换热一般比自由对流换热强烈，紊流换热比层流换热强烈，有相变的换热比无相变的换热强烈。表 3-3 列出了几种流体在不同换热方式中，换热系数的大致范围。

表 3-3		平均对流换热系数 α 的大致数值		$\text{W/(m}^2\cdot\text{K)}$
对流换热系数	α		对流换热系数	α
空气的自然对流换热	5～50		水的强制对流换热	250～15000
空气的强制对流换热	25～500		水沸腾	2500～50000
水的自然对流换热	200～1000		水蒸气凝结	5000～18000

第三节　热　辐　射

热辐射是热量传递的第三种基本方式，它与导热和热对流有着本质的区别。如太阳虽然离地球约 1.5 亿 km，却能通过接近真空的宇宙把热量传给地球上，这种热量传递是依靠热辐射来完成的。

一、热辐射的基本概念

1. 热辐射的本质和特点

热辐射是辐射现象中的一种，辐射是指物体以电磁波的方式向外传递能量的过程，所传递的能量称为辐射能。

热辐射的电磁波是由物体内部微观粒子在热运动状态改变时所激发出来的。各种电磁波的波长粗略地表示在图 3-9 上。热辐射产生的电磁波称为热射线。热射线包含部分紫外线、全部可见光和红外线。热射线的传播过程就是热辐射。

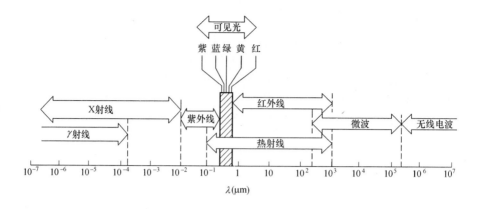

图 3-9　电磁波的波谱

一般物体（$T<2000\text{K}$）热辐射的大部分电磁波波长在 $0.76\sim20\mu\text{m}$（与红外线的波长相同）范围内，主要通过红外线来传递热量，所以红外线又称为热射线。

经分析得知，热辐射过程有如下特点：

（1）任何物体，只要温度高于 0K，就有能量辐射。不仅高温物体向低温物体辐射热能，而且低温物体向高温物体辐射热能。

（2）热辐射过程不需要物体直接接触。就是不需中间介质，可以在真空中传递，而且在真空中辐射能的传递最有效。

（3）热辐射过程不仅包含有能量的传递，而且还存在着能量形式的转换。

（4）热辐射过程具有强烈的方向性。

（5）热辐射过程中的辐射能与温度和波长均有关。

物体间相互辐射和吸收的总效果，称为辐射换热。

2. 吸收比、反射比和透射比

一切物质都具有热辐射的能力，都在不断地向外辐射能量，如图 3-10 所示，一般说来，当辐射能 Q 落在别的物体上时，热射线也遵循可见光的规律，一部分 Q_α 被吸收，一部分 Q_ρ 被反射，一部分 Q_τ 被穿透。根据能量守恒定律，有

$$Q_\alpha + Q_\rho + Q_\tau = Q$$

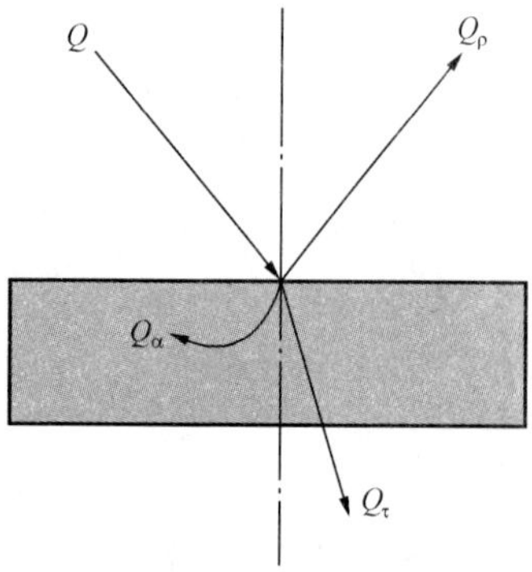

等式两边除以 G 得

$$\frac{Q_\alpha}{Q} + \frac{Q_\rho}{Q} + \frac{Q_\tau}{Q} = 1$$

即

$$\alpha + \rho + \tau = 1 \qquad (3-29)$$

式中：$\alpha = \dfrac{Q_\alpha}{Q}$，称为吸收率；$\rho = \dfrac{Q_\rho}{Q}$，称为反射率；$\tau = \dfrac{Q_\tau}{Q}$，称为穿透率。

3. 黑体、白体和透明体

自然界中所有物体的 α、ρ 和 τ 的数值均在 0～1 之间变化，每个量的值又因具体条件不同而不同。一般来说，固体和液体的穿透率 $\tau=0$；气体的反射率 $\rho=0$。

图 3-10　物体对热射线的
反射、穿透和吸收

在传热学中为研究方便，提出了理想化的物体模型，有以下几种：

（1）吸收比 $\alpha=1$ 的物体称为绝对黑体，简称黑体。

（2）反射比 $\rho=1$ 的物体称为绝对白体，简称白体。

（3）穿透比 $\tau=1$ 的物体称为绝对透明体，简称透明体。

这些物体都是假想的理想物体，自然界中并不存在。实际物体可以与理想物体进行比较后分析。

二、热辐射的基本定律

1. 斯蒂芬—玻尔兹曼定律

为表示物体的辐射能力，我们引入辐射力的概念。辐射力是指单位时间内物体单位辐射面积向外界发射的全部波长的辐射能，用符号 E 表示，其单位为 W/m^2。辐射力可以用来表征物体发射辐射能能力的大小。

斯蒂芬—波尔兹曼通过实验和理论的方法进行过研究并得出结论：黑体的辐射力 E_b 与绝对温度 T 的四次方成正比，数学表达式为

$$E_b = C_0 \left(\frac{T}{100}\right)^4 \tag{3-30}$$

式中：C_0 为黑体的辐射系数，其值为 $5.67W/(m^2 \cdot K^4)$。

实际物体的辐射力都小于同温度下黑体的辐射力。我们将实际物体的辐射力 E 与同温度下黑体的辐射力 E_b 之比定义为物体的黑度，用符号 ε 表示，即

$$\varepsilon = \frac{E}{E_b} \tag{3-31}$$

显然，实际物体的辐射力可用式（3-32）计算

$$E = \varepsilon E_b = \varepsilon C_0 \left(\frac{T}{100}\right)^4 \tag{3-32}$$

2. 基尔霍夫定律

物体的吸收比 α 和黑度 ε 是关系到物体之间辐射换热中能量收支的两个指标，它们之间的关系由基尔霍夫定律来确定。

基尔霍夫通过分析计算证明：任何物体的辐射力 E 与其吸收率 α 的比值等于同温度下黑体的辐射力 E_b，即

$$\frac{E}{\alpha} = E_b \tag{3-33}$$

显然，实际物体的吸收率 α 在数值上恒等于同温度下该物体的黑度（即 $\alpha=\varepsilon$）。

三、物体间的辐射换热

分析热辐射的目的是计算物体间的辐射换热量。辐射换热是指物体之间辐射与吸收的总效果。与导热、对流换热不同的是辐射换热的两物体间不需要直接接触。

设任意两物体1、2的参数如图3-11所示，则辐射换热量为

$$\Phi_{12} = \varepsilon_{12} C_0 \left[\left(\frac{T_1}{100}\right)^4 - \left(\frac{T_2}{100}\right)^4\right] A \tag{3-34}$$

式中：T_1、T_2 为高温、低温物体的绝对温度，K；A 为辐射换热面积，m^2；ε_{12} 为辐射换热的系统黑度。

两物体之间单位表面积的辐射换热量即热流密度的计算公式为

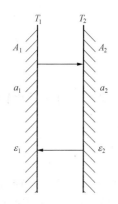

图 3-11 两无限大平行
平面间的辐射换热

$$q_{12} = \varepsilon_{12} C_0 \left[\left(\frac{T_1}{100} \right)^4 - \left(\frac{T_2}{100} \right)^4 \right] \quad (3-35)$$

系统黑度 ε_{12} 与进行辐射换热的两个物体的黑度、形状及物体表面的面积和相对位置有关。两个无限大平行平面组成的辐射换热系统黑度为

$$\varepsilon_{12} = \frac{1}{\frac{1}{\varepsilon_1} + \frac{1}{\varepsilon_2} - 1} \quad (3-36)$$

四、辐射换热的增强与削弱

由式（3-34）不难看出，要增强与削弱物体之间的辐射换热量，具体有如下方法：

1. 辐射换热的增强

（1）提高高温辐射物体的温度 T_1，可以有效增强辐射换热量。在锅炉的实际运行时，可通过调整火焰温度来提高热负荷。

（2）当换热面积和表面积一定时，增强系统黑度是增强辐射换热的有效措施。比如电厂室内的各种电气设备，为增强其散热能力，均在表面涂以黑度较大的油漆；再比如，为了增强暖气片的散热能力，在暖气片的外侧均刷一层荧粉。

（3）增大辐射换热面积。电厂可采用膜式水冷壁，来增大辐射面积，提高辐射换热量。

2. 辐射换热的削弱

（1）降低高温辐射物体的温度 T_1，可以有效削弱辐射换热量。

（2）改变系统黑度。可在物体表面镀一层黑度较小的银、铝等涂料，以增加辐射换热热阻，如保温瓶的瓶胆。

（3）采用隔热板。在两物体的黑度和温差一定的情况下，还可用在两物体间放置一块黑度很小的薄板即遮热板的方法来减少辐射换热，如图 3-12 所示。

五、气体辐射

前面讨论固体表面间的辐射换热时，认为固体表面间的介质既不吸收也不辐射能量，是透明体。事实上，不是所有介质都是这样。锅炉的炉膛内，高温烟气与受热面之间的换热，除存在对流换热外，还有烟气与受热面的辐射换热。而烟气是由 O_2、N_2、CO_2 和水蒸气等组成，与固体和液体的辐射比较，气体辐射有以下特点：

1. 气体的辐射与汽体的分子结构及性质有关

单原子气体和 O_2、N_2 等分子结构的双原子气体的辐射和吸收能力都很弱。分子结构不对称的双原子气体（CO）和多原子气体，特别是 CO_2、SO_2 和水蒸气等，具有较强的辐射和吸收能力。

2. 气体的辐射和吸收具有选择性

气体不是对所有波长的辐射能都有辐射和吸收能力，它们只能辐射和吸收某些波长范围内的能量，而对于另外一些波长范围内的能量既不能辐射也不能吸收，即气体的辐射光谱和吸收光谱是不连续的。

3. 气体的辐射和吸收在整个容积中进行

固体和液体的辐射和吸收都是在表面上进行的。气体则不同，当辐射能投射到气体界面上时，辐射能穿过气体界面进入气体层，并在

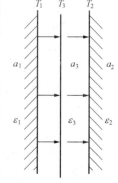

图 3-12 遮热板示意

透过气体层的过程中不断被气体吸收，最后只有部分能量穿透整个气体层，如图 3 - 13（a）所示。

当气体层对某一界面辐射时，实际上是整个气体层中各处的气体对该界面辐射的总和，如图 3 - 13（b）所示。

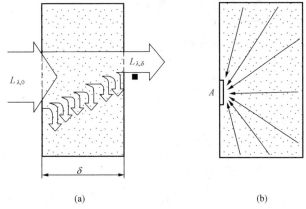

图 3 - 13　气体的辐射和吸收

（a）气体吸收；（b）气体辐射

【例 3 - 4】 设有一块钢板放在室温 27℃ 的车间中，问在热平衡条件下，每平方米钢板在每小时内需要从外界吸取多少热量？如将钢板加热到 627℃，它的辐射力为多大？钢板的黑度取 0.82。

解 当钢板与周围物体之间处于热平衡时，其自身温度也等于 27℃。

根据式（3 - 32），钢板本身每平方米面积向外界辐射的能量为

$$E_1 = 5.67\varepsilon\left(\frac{T_1}{100}\right)^4 = 5.67 \times 0.82 \times \left(\frac{273+27}{100}\right)^4 = 376.6(\text{W/m}^2)$$

钢板在 627℃ 对其辐射力为

$$E_2 = 5.67\varepsilon\left(\frac{T_2}{100}\right)^4 = 5.67 \times 0.82 \times \left(273+\frac{627}{100}\right)^4 = 30\,504.7(\text{W/m}^2)$$

第四节　传热过程与换热器

一、传热过程

工程上遇到的传热过程很少有三种基本形式单独存在的，往往是导热、对流和辐射三种换热方式的复合组成。如锅炉炉墙外表面的散热过程，包括炉墙附近的空气与炉墙表面进行自然对流换热的同时，炉墙和环境之间还进行着辐射换热。这种在物体的同一表面上既有对流换热又有辐射换热的综合热传递现象，称为复合换热。这种热量由热流体通过炉墙壁面传递冷流体的过程称为传热过程，如图 3 - 14 所示。电厂中大量热力设备和热力管道的散热，都是复合换热。

如图 3 - 14 所示，热量由热流体传递冷流体的传热过程由如下三个串联的环节组成：

（1）热流体通过对流换热和辐射换热两种方式将热量传递给与热流体接触这一侧的固体壁面 A；

（2）固体壁面 A 通过导热的方式将热量传递给与冷流体接触的这一侧固体壁面 B；

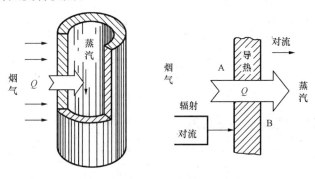

图 3 - 14　过热器传热过程示意

（3）固体壁面 B 通过对流换热和辐射换热两种方式将热量传递给冷流体。

以上面传热过程可直观表示为：

过热器的传热过程：

高温烟气 $\xrightarrow{\text{复合换热}}$ 管外壁 $\xrightarrow{\text{导热}}$ 管内壁 $\xrightarrow{\text{对流换热}}$ 过热蒸汽

炉墙的传热过程：

高温烟气 $\xrightarrow{\text{辐射换热}}$ 墙内壁 $\xrightarrow{\text{导热}}$ 墙外壁 $\xrightarrow{\text{复合换热}}$ 空气

水冷壁的传热过程：

高温烟气 $\xrightarrow{\text{辐射换热}}$ 管外壁 $\xrightarrow{\text{导热}}$ 管内壁 $\xrightarrow{\text{对流换热}}$ 过热蒸汽

凝汽器的传热过程：

水蒸气 $\xrightarrow{\text{对流换热}}$ 管外壁 $\xrightarrow{\text{导热}}$ 管内壁 $\xrightarrow{\text{对流换热}}$ 过热蒸汽

显然，流体之间进行传热时，导热、对流换热、辐射换热三种基本换热方式都在起作用。所以传热是一种复合换热方式。

传热过程中，单位时间传递的热量与冷、热流体的温度差 Δt 成正比，与传热面积 A 成反比。传热量的计算公式为

$$\Phi = KA\Delta t = KA(t_{f1} - t_{f2}) \tag{3-37}$$

式中：A 为传热面积，m^2；t_{f1} 为热流体的温度，℃；t_{f2} 为冷流体的温度，℃；K 为传热系数，$W/(m^2 \cdot ℃)$；Δt 为热流体与冷流体的温差，℃。

式（3-37）称为传热方程式，传热方程式还可写成以下形式

$$\Phi = \frac{\Delta t}{\dfrac{1}{KA}} = \frac{\Delta t}{R_k} \quad \text{或} \quad q = \frac{\Delta t}{\dfrac{1}{K}} = \frac{\Delta t}{r_k} \tag{3-38}$$

式中：R_k 为整个传热面上的热阻；r_k 为单位传热面上的热阻。

二、通过平壁传热的计算

通过平壁的稳定传热有单层和多层之分。先介绍单层平壁的稳定传热，如图3-15所示。

设一面积为 A，热导率为 λ，壁厚为 δ 平壁，其一侧热流体的温度为 t_{f1}，热流体的复合换热系数为 α_1，与热流体接触这一侧平壁的壁温为 t_{w1}，另一侧冷流体的温度为 t_{f2}，冷流体的复合换热系数为 α_2，与冷流体接触的另一侧平壁的壁温为 t_{w2}。

组成传热的三个串联环节，各自单位面积的换热热阻分别为：热流体与所接触壁面间的换热热阻 $1/\alpha_1$，平壁的导热热阻为 δ/λ，冷流体与所接触壁面间的换热热阻为 $1/\alpha_2$。

单层平壁总的传热热阻等于各串联环节热阻之和，为

$$R_k = \frac{1}{\alpha_1 A} + \frac{\delta_1}{\lambda_1 A} + \frac{1}{\alpha_2 A} \tag{3-39}$$

则传热过程的传热系数为

$$K = \frac{1}{\dfrac{1}{\alpha_1 A} + \dfrac{\delta_1}{\lambda_1 A} + \dfrac{1}{\alpha_2 A}} \quad W/(m^2 \cdot ℃) \tag{3-40}$$

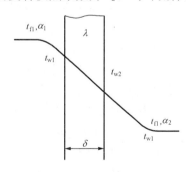

图 3-15 通过平壁的传热

由传热方程式得面积为 A 的平壁的热流量为

$$\Phi = KA\Delta t = \frac{t_{f1} - t_{f2}}{\dfrac{1}{\alpha_1 A} + \dfrac{\delta_1}{\lambda_1 A} + \dfrac{1}{\alpha_2 A}} \quad \text{W} \qquad (3-41)$$

单位面积传热过程的热流密度为

$$q = K\Delta t = \frac{t_{f1} - t_{f2}}{\dfrac{1}{\alpha_1} + \dfrac{\delta_1}{\lambda_1} + \dfrac{1}{\alpha_2}} \text{W/m}^2 \qquad (3-42)$$

对于多层平壁的传热过程，按热阻串联的概念，只是增加多层平壁的导热热阻而已。同理，可绘出多层平壁传热的热路图如图 3-16 所示。

图 3-16　多层平壁传热

$$r_1 = \frac{1}{K} = \frac{1}{\alpha_1} + \left(\frac{\delta_1}{\lambda_1} + \frac{\delta_2}{\lambda_2} + \cdots + \frac{\delta_n}{\lambda_n}\right) + \frac{1}{\alpha_2} \quad (\text{m}^2 \cdot \text{℃})/\text{W} \qquad (3-43)$$

$$K = \frac{1}{\dfrac{1}{\alpha_1} + \left(\dfrac{\delta_1}{\lambda_1} + \dfrac{\delta_2}{\lambda_2} + \cdots + \dfrac{\delta_n}{\lambda_n}\right) + \dfrac{1}{\alpha_2}} \quad \text{W/(m}^2 \cdot \text{℃)} \qquad (3-44)$$

三、通过圆筒壁传热的计算

火电厂广泛采用管道输送蒸汽、水和油等，如过热器、省煤器及蒸汽管道，这类传热过程都是在被圆筒壁隔开的冷热流体之间进行的，属于圆筒壁的稳定传热。

（一）单层圆筒壁得传热

图 3-17 所示为单层圆筒壁传热。设圆筒壁长度为 L，材料的热导率为 λ，内外径分别为 d_1、d_2，壁内侧热流体温度 t_{f1}，壁外侧冷流体温度 t_{f2}，壁内外两侧换热系数分别为 α_1 和 α_2，管壁材料的热导率为 λ，假设壁内外表面的温度分别为 t_{w1} 和 t_{w2}。

组成传热的三个串联环节，各自单位长度的换热热阻分别为：热流体与所接触管壁间的换热热阻 $\dfrac{1}{\alpha_1 \pi d_1}$，圆管导热热阻 $\dfrac{1}{2\pi\lambda}\ln\dfrac{d_2}{d_1}$，冷流体与所接触管壁间的换热热阻 $\dfrac{1}{\alpha_2 \pi d_2}$。单层圆管单位管长的传热热阻为

$$R_1 = \frac{1}{\alpha_1 \pi d_1} + \frac{1}{2\pi\lambda}\ln\frac{d_2}{d_1} + \frac{1}{\alpha_2 \pi d_2}$$

单位管长的热流密度为

$$\Phi_1 = \frac{\Delta t}{R_1} = \frac{t_{f1} - t_{f2}}{\dfrac{1}{\alpha_1 \pi d_1} + \dfrac{1}{2\pi\lambda}\ln\dfrac{d_2}{d_1} + \dfrac{1}{\alpha_2 \pi d_2}} \qquad (3-45)$$

长度为 L 的单层圆管的传热量为

$$\Phi = \Phi_1 L = \frac{t_{f1} - t_{f2}}{\dfrac{1}{\alpha_1 \pi d_1 L} + \dfrac{1}{2\pi\lambda L}\ln\dfrac{d_2}{d_1} + \dfrac{1}{\alpha_2 \pi d_2 L}} \qquad (3-46)$$

通过圆管外表面（面积为 $A_2 = \pi d_2 L$）的热流密度为

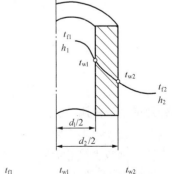

图 3-17　单层圆筒壁的传热

$$\Phi_{\mathrm{L}} = \frac{\Phi}{A_2} = \frac{t_{\mathrm{f1}} - t_{\mathrm{f2}}}{\dfrac{d_2}{\alpha_1 d_1} + \dfrac{d_2}{2\lambda}\ln\dfrac{d_2}{d_1} + \dfrac{1}{\alpha_2}} \qquad (3\text{-}47)$$

利用上述方法进行圆管传热的计算比较复杂，所以在管壁较薄（$d_2/d_1 \leqslant 2$）或精度要求不高的情况下，可以将圆管简化为平壁进行计算。管长为 L 的单层圆管的传热量可用式 (3-48)进行简化计算

$$\Phi = \frac{\pi d_{\mathrm{m}} L(t_{\mathrm{f1}} - t_{\mathrm{f2}})}{\dfrac{1}{\alpha_1} + \dfrac{\delta}{\lambda} + \dfrac{1}{\alpha_2}} \qquad (3\text{-}48)$$

式中：d_{m} 为计算直径，其取值方法为 $\alpha_1 \approx \alpha_2$ 时，$d_{\mathrm{m}} = \dfrac{1}{2}(d_1 + d_2)$；当 $\alpha_1 < \alpha_2$ 时，$d_{\mathrm{m}} = d_1$；当 $\alpha_1 > \alpha_2$ 时，$d_{\mathrm{m}} = d_2$。

（二）多层圆筒壁的传热

对于多层圆筒壁的传热，应用热阻串联规律，不难得出其热流量的计算公式，类似多层圆筒壁的导热计算，如图 3-18 所示。

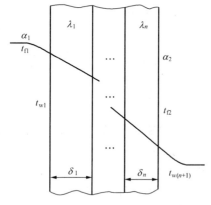

图 3-18　多层圆筒壁的传热

四、传热的增强与削弱

工程中遇到的大量传热问题，除需要计算传热量外，很多情况下还涉及如何增强和削弱传热的问题。例如如何增强省煤器、水冷壁、空气预热器等换热设备的传热能力；如何减少锅炉炉墙、汽缸壁、过热蒸汽管道的散热损失等。

由传热方程式 $\Phi = KA(t_{\mathrm{f1}} - t_{\mathrm{f2}})$ 可知，影响传热量有三个因素，即传热系数、传热面积和传热温差。下面结合电厂实际分析增强和削弱传热的主要途径。

（一）增强传热

增强传热是指根据影响传热的因素，采取措施以提高换热设备单位面积上的传热量。

1. 提高传热系数

增强传热的积极措施是设法增大传热系数，减小传热热阻，则可以从减小导热热阻、对流换热热阻、辐射换热热阻三方面着手。

（1）减小导热热阻。导热热阻取决于固体壁面的壁厚和材料，所以在机械强度允许的条件下，应尽量减小壁厚，在考虑综合经济效益的前提下应选用热导率大的材料。电厂中的换热设备传热面均采用导热性能好的薄金属壁。

要注意的是，电厂中的换热设备在运行一段时间后，表面会积起水垢、油垢、烟灰或表面产生腐蚀变质，这种情况称为表面结垢。垢层尽管很薄，但也会产生很大的热阻，有时会成为传热的主要热阻。

因此为减少污垢热阻，强化传热，电厂中通过处理锅炉的给水、锅炉定期排污、连续排污的方法，来减少受热面管内壁结水垢的可能性；通过运行中对受热面定期吹灰的方法来减小管外壁的烟垢层厚度等。

（2）减小对流换热热阻。增大流速和增强扰动以减薄和破坏边界层，是减小对流换热热

阻的主要方法。采用短管可以减小边界层厚度，人为设置扰动源也是破坏边界层的有效方法。如采用螺旋管、波纹管、螺纹管、加装绕流子和涡流发生器等。

（3）减小辐射换热热阻。增加系统黑度、调整物体间的相对位置和提高辐射源的温度都能减小辐射换热热阻。在实际操作过程中，这三方面可能会有冲突，所以应找到数值最大的热阻，并设法减小，才能收到明显的效果，这是强化传热的一个基本原则。

2. 扩展传热面积

扩展传热面积不是单纯增大换热设备的几何尺寸，而是从改进传热面的结构出发，合理提高设备单位体积的传热面积。

工程上常用换热器表面的一侧是气体，另一侧是液体，因为通常气体侧的换热系数较小，所以应设法提高气体侧的换热系数。其中一个行之有效的方法是在换热面的气体侧加肋片，如图 3-19 所示。在传热面的低温侧加肋，还可以增加受热面的安全可靠性。

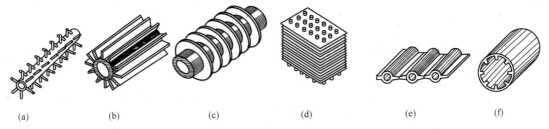

图 3-19　几种典型的肋片
(a) 针肋；(b) 直肋；(c) 环肋；(d) 大套片；(e) 膜式水冷壁；(f) 内肋

3. 加大传热温差

提高冷、热流体间的温差，可以通过升高热流体的温度和降低冷流体的温度来实现。但是，流体温度的改变往往受工作条件的限制，并不是可以随便改变的。所以加大传热温差主要通过合理布置流体的流动方式来实现。

（二）削弱传热

削弱传热是增强传热的反面。根据传热方程式可知，可通过减小传热温差、减小传热面积和传热系数的方法来削弱传热。但实际中常采用在管道和设备上覆盖保温隔热材料的方法来削弱传热。这就是工程上常见的管道和设备的保温隔热。

根据传热热阻公式分析，保温隔热层越厚，隔热效果会越好，但同时会增加投资和折旧费用。所以保温层厚度一般按全年热损失费用和保温隔热层折旧费用总和为最低来设计，此厚度称为最佳厚度或经济厚度。

【例 3-5】　有一锅炉炉墙由三层材料构成，内层 $\delta_1 = 0.23\text{m}$，$\lambda_1 = 0.63\text{W/(m·℃)}$，外层 $\delta_3 = 0.25\text{m}$，$\lambda_3 = 0.56\text{W/(m·℃)}$，两层中间填以 $\delta_2 = 0.1\text{m}$，$\lambda_2 = 0.08\text{W/(m·℃)}$ 的珍珠岩材料。炉墙内侧与温度 $t_{f1} = 520\text{℃}$ 的烟气接触，其对流换热系数为 $\alpha_1 = 35\text{W/(m}^2\text{·℃)}$，锅炉外侧空气温度 $t_{f2} = 22\text{℃}$，空气侧换热系数 $\alpha_2 = 15\text{W/(m}^2\text{·℃)}$，试求通过该炉墙单位面积的热损失和炉墙内外表面温度。

解　这是一个三层平壁的传热问题。首先画出传热过程的热路图（见图 3-20）。

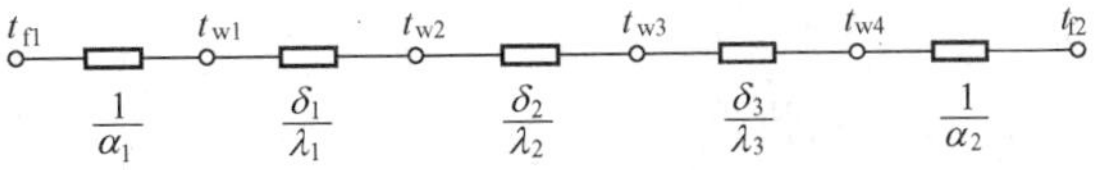

图 3-20　炉墙传热热路图

总热阻

$$\frac{1}{K} = \frac{1}{\alpha_1} + \left(\frac{\delta_1}{\lambda_1} + \frac{\delta_2}{\lambda_2} + \frac{\delta_3}{\lambda_3}\right) + \frac{1}{\alpha_2} = \frac{1}{35} + \frac{0.23}{0.63} + \frac{0.1}{0.08} + \frac{0.25}{0.56} + \frac{1}{15} = 2.1567[(\mathrm{m^2 \cdot ℃})/\mathrm{W}]$$

则传热系数 $K = 0.46366 [\mathrm{W}/(\mathrm{m^2 \cdot ℃})]$

单位面积散热量 $q = (t_{f1} - t_{f2}) = 0.46366 \times (520 - 22) = 230.9 (\mathrm{W/m^2})$

炉墙内表面温度 $t_{w1} = t_{f1} - q\dfrac{1}{\alpha_1} = 520 - 230.9 \times \dfrac{1}{35} = 513.4 (℃)$

炉墙外表面温度 $t_{w2} = t_{f2} + q\dfrac{1}{\alpha_2} = 22 + 230.9 \times \dfrac{1}{15} = 37.4 (℃)$

五、换热器

在火力发电厂中，大量的热量传递是在换热器内完成的。换热器是将热流体的热量传递给冷流体的设备。如水冷壁、过热器、省煤器、空气预热器、凝汽器、回热加热器、除氧器等，无一不是换热器。

（一）换热器及其分类

换热器的种类很多，功能不一，按其工作原理可分为表面式换热器、回热式换热器和混合式换热器三类。

1. 表面式换热器

表面式换热器又称间壁式换热器。在表面式换热器中（见图3-21），冷热流体被壁面隔开，但两者分别被壁面隔开，在壁面两侧流动，而且互不接触，热量由热流体通过壁面传递给冷流体。

表面式换热器虽然换热效率较低，但由于对流体的适应性较强，因此应用较为广泛。发电厂中的换热设备大多是表面式换热器，如发电厂的过热器、再热器、省煤器（见图3-22）、管式空气预热器、凝汽器、冷油器等。

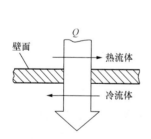

图3-21　表面式换热器

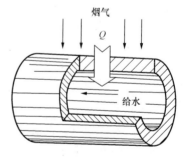

图3-22　省煤器

表面式换热器根据其结构形状和流动方式的不同，又可划分为不同的类型。

根据传热面结构形状，表面式换热器可分为套管式换热器、壳管式换热器、肋管式换热器和板式换热器等几大类。管壳式换热器结构简单、坚固耐用、易于制造，因此使用历史悠久，目前仍然被广泛使用。

表面式换热器按流动方式又可分为顺流、逆流和混合流三种不同的类型，如图3-23所示。

2. 回热式换热器

回热式换热器是利用了固体壁面的蓄热作用，这类换热器中（见图3-24），热、冷流体

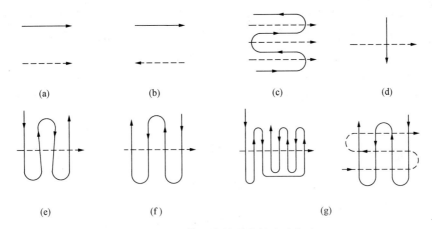

图 3-23　流体在换热器中的流动方式

(a) 顺流；(b) 逆流；(c) 平行混合流；(d) 一次交叉流；(e) 顺流式交叉流；

(f) 逆流式交叉流；(g) 混合式交叉流

交替流过同一个换热面。热流体流过固体壁面时，固体壁面被加热，温度升高；冷流体流过固体壁面时，固体壁面被冷却，冷流体温度升高。热、冷流体通过固体壁面周期性地交换热量。

　　回热式换热器的结构紧凑，传热效率高，但传动机构在连续运行时较难维护，转动部位较难密封。因此回转式换热器通常用于换热系数不大的气体介质之间的传热。火电厂只有回转式空气预热器是回热式换热器。

　　3. 混合式换热器

　　在混合式换热器中，冷、热流体直接接触，相互掺混，热量传递的同时也伴随着质量的交换。混合式换热器内（见图 3-25）的冷、热流体可以不止一种。火电厂中的除氧器、喷水减温器、冷却塔等都是混合式换热器。

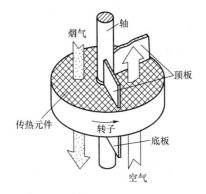

图 3-24　回热式换热器示意

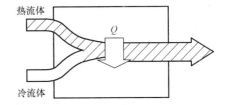

图 3-25　混合换热示意

　　混合式换热器传热速度快，传热效率高，设备简单，但当不允许冷热两种流体直接混合时，就不能使用，所以其应用范围受到一定限制。因此混合式换热器在电厂中没有表面式换热器应用广泛。

　　（二）表面式换热器的传热计算

　　平壁、圆筒壁的稳定传热量计算中时，都认为冷、热流体的温度是定值。但在换热器中，热流体的温度会不断降低，同时冷流体的温度会不断升高，冷、热流体的温度都不再是定值。所以，换热器的传热量计算方法与通过平壁、圆筒壁的传热量计算方法不同。下面分析表面式换热器的传热计算。

1. 热平衡方程式

根据热平衡方程式，冷热流体吸收与放出热量，在换热器无热损失的情况下，满足能量守恒定律。换热器中冷流体吸收的热量应等于热流体放出的热量，即

$$\Phi_1 = \Phi_2 = \Phi$$

其中热流体放出的热量为

$$\Phi_1 = q_{m1} c_1 (t'_1 - t''_1) \quad W \tag{3-49}$$

冷流体放出的热量为

$$\Phi_2 = q_{m2} c_2 (t''_2 - t'_2) \quad W \tag{3-50}$$

则

$$q_{m1} c_1 (t'_1 - t''_1) = q_{m2} c_2 (t''_2 - t'_2) \tag{3-51}$$

式中：q_{m1}、q_{m2} 为热、冷流体的质量流量，kg/s；c_1、c_2 为热、冷流体的比热容，kJ/(kg·℃)；t'_1、t''_1 为热流体的进、出口温度，℃；t'_2、t''_2 为冷流体的进、出口温度，℃。

由换热器的热平衡方程式可得

$$\frac{q_{m1} c_1}{q_{m2} c_2} = \frac{t''_2 - t'_2}{t'_1 - t''_1} = \frac{\Delta t_2}{\Delta t_1} \tag{3-52}$$

由此可知，在换热器内，冷热两流体温度沿换热面的变化，与其自身的热容量成反比。流体的热容量越大，其温度变化越小；反之亦然。

2. 传热方程式

在利用传热方程式 $\Phi = KA\Delta t$ 进行传热计算中，传热温差取沿整个换热面冷、热流体温差的平均值，称为平均传热温差，用符号 Δt_m 表示。

换热器传热方程式的一般形式为

$$\Phi = KA\Delta t_m \tag{3-53}$$

换热器传热计算中，传热系数 K、传热面积 A 的确定方法与通过平壁、圆筒壁的稳定传热计算中所用的方法相同，只有传热温差需要用下述方法确定。

若换热器的传热为稳定传热，即各参数均不随时间变化时，平均传热温差可用式（3-54）计算

$$\Delta t_m = \frac{\Delta t_1 - \Delta t_2}{\ln \dfrac{\Delta t_1}{\Delta t_2}} \tag{3-54}$$

式中：顺流时 $\Delta t_1 = t'_1 - t'_2$、$\Delta t_2 = t''_1 = t''_2$ 为换热器中热、冷流体进口端温差，℃；逆流时 $\Delta t_1 = t'_1 - t''_2$、$\Delta t_2 = t''_1 - t'_2$ 为换热器中热、冷流体出口端温差，℃。

用式（3-54）计算的平均传热温差称为对数平均温差。

在计算精度要求不高的情况下，平均传热温差可用式（3-55）计算

$$\Delta t_m = \frac{\Delta t_1 + \Delta t_2}{2} \tag{3-55}$$

用式（3-55）计算出的平均传热温差称为算术平均温差。

【例3-6】 有一个用热水加热冷水的加热器，热水进、出口温度分别为 $t'_1 = 110℃$，$t''_1 =$

70℃，冷水进、出口温度分别为 $t_2'=40℃$，$t_2''=60℃$，试求采用顺流和逆流时，平均传热温差 Δt_m 分别为多少？

解 冷、热水顺流时。

热水进口端温差为　　　　　　　$\Delta t_1 = t_1' - t_2' = 110 - 40 = 70(℃)$

热水出口端温差为　　　　　　　$\Delta t_2 = t_1'' - t_2'' = 70 - 60 = 10(℃)$

对数平均温差为

$$\Delta t_m = \frac{\Delta t_1 - \Delta t_2}{\ln \dfrac{\Delta t_1}{\Delta t_2}} = \frac{70 - 10}{\ln \dfrac{70}{10}} = 30.83(℃)$$

冷、热水逆流时。

热水进口端温差为　　　　　　　$\Delta t_1 = t_1' - t_2'' = 110 - 60 = 50(℃)$

热水出口端温差为　　　　　　　$\Delta t_2 = t_1'' - t_2' = 70 - 40 = 30(℃)$

对数平均温差为　　$\Delta t_m = \dfrac{\Delta t_1 - \Delta t_2}{\ln \dfrac{\Delta t_1}{\Delta t_2}} = \dfrac{50 - 30}{\ln \dfrac{50}{30}} = 39.15(℃)$

显然，逆流换热时的温差大于顺流换热时的温差，即在其他条件相同的情况下，逆流较顺流的传热量要大。所以，大多数换热器均设计为逆流形式。

复 习 思 考 题

3-1　保温材料的热导率大约是何范围？为什么许多高效能的保温材料都是蜂窝状多孔结构？为什么保温材料受潮会影响其保温性能？

3-2　试分析清洗锅炉水垢和烟垢对增强传热的重要性。

3-3　影响对流换热的因素有哪些？

3-4　热辐射与导热和对流换热相比有何本质区别？

3-5　气体辐射有何特性？

3-6　什么是复合换热？什么是传热过程？举出火电厂中的实例。

3-7　锅炉中的换热设备为什么要定期吹灰？

3-8　换热器按原理分为几类？各有什么特点？在火电厂中应用最多的是哪一种类型的换热器？

3-9　换热器计算的基本方程是哪些？

3-10　某教室的墙壁是由一层砖层 $[\delta_1=110mm，\lambda_1=0.7W/(m \cdot K)]$ 和一层灰泥 $[\delta_2=30mm，\lambda_2=0.58W/(m \cdot K)]$ 构成的。现拟加装空气调节设备，准备在内表面加贴一层硬质泡沫塑料 $[\lambda_3=0.052W/(m \cdot K)]$，使导入空气的热量比原来减少 80%。试求这层塑料的厚度。

3-11　主蒸汽管道内流着温度为 555℃ 的蒸汽，管内外壁直径分别为 233mm 和 273mm，热导率为 30W/(m·K)。管外包有两层厚度相同的热绝缘层，厚度均为 70mm。热导率分别为 0.08W/(m·K) 和 0.16W/(m·K)，绝热层最外层温度为 50℃，求：

（1）每米长管道的热损失和分界面温度；

（2）用简化公式计算管道的散热损失，并计算其相对误差。

3-12 水以 0.8kg/s 的流量在内径 $d=2.5$cm 的管内流动，管子内表面温度为 90℃，进口水的温度为 20℃，试求水被加热至 40℃时所需的管长。

3-13 100W 灯泡中的钨丝温度为 2800K，黑度为 0.3。试计算钨丝所必需的最小表面积。

3-14 有一换热器，由 8mm 厚的钢板制成。钢板一面流着 $t_{f1}=120$℃的热水，另一面流着 $t_{f2}=60$℃的冷水。热水与钢板间的换热系数为 $a_1=2300$W/(m²·℃)，钢板与冷水间的换热系数为 $a_2=1450$W/(m²·℃)，钢板的热导率为 $\lambda=50$W/(m·℃)，试求传热系数和热流密度。如果钢板两面各有厚 1mm 的水垢，水垢的热导率为 0.6W/(m·℃)，则热流密度减少了多少？

3-15 在壳管式换热器中，冷流体的进出口温度分别为 60℃和 120℃，热流体的进出口温度分别为 320℃和 160℃，试计算和比较顺流和逆流时的对数平均温差。

第四章 锅炉设备及运行

 学习内容

1. 电厂锅炉设备的基础知识。
2. 煤粉性质、锅炉燃烧系统及设备介绍。锅水系统及设备的结构布置和工作原理。
3. 蒸汽的污染和净化。
4. 锅炉热平衡意义及分析。
5. 发电厂辅助生产系统及设备简介。
6. 锅炉的启动、运行调节及停运。

 重点、难点

重点：锅炉设备的基础知识、煤粉性质、锅炉热平衡、锅炉启动、运行调节及停运。
难点：燃烧系统及其设备结构布置、锅炉水循环、汽水系统及其设备结构原理。

 学习要求

了解：锅炉设备的基础知识，煤粉性质，蒸汽污染和净化，辅助生产系统及设备。
理解：煤的燃烧过程，锅炉水循环及热平衡意义，锅炉的启动、运行调节及停运。
掌握：制粉系统及主辅设备、燃烧系统及设备、汽水系统及设备的结构、布置特点及工作原理，锅炉汽温调节。

 内容提要

本章主要讲述了锅炉的作用、结构及工作过程，有关辅助设备和系统的结构、布置特点及工作原理，不同水循环方式的锅炉构成，锅炉汽温调节，以及锅炉启动、停运的概念和流程，锅炉运行调节的任务及操作；定性分析了锅炉燃烧的经济性；介绍了锅炉蒸汽污染的原因及净化措施；对发电厂的辅助生产系统和设备也作了适当阐述。

第一节 电厂锅炉概述

锅炉是火力发电厂三大主机中最基本的能量转换设备，其主要作用是利用燃料燃烧释放的热能加热给水，产生规定参数（温度、压力）和品质的蒸汽，送往汽轮机做功。

一、锅炉设备的组成及工作过程

电厂锅炉设备由锅炉本体和辅助设备组成。锅炉本体主要包括锅和炉两部分，即锅炉的汽水系统和燃烧系统。此外，还包括用来构成炉膛和烟道的炉墙以及用来支撑和悬吊设备的构架等。锅炉辅助设备包括锅炉辅助系统和附属设备，辅助系统有燃料供应系统、煤粉制备系统、给水系统、通风系统、水处理系统、除灰除尘系统、烟气脱硫脱硝系统、测量及控制系统等，各个辅助系统都配置有相应的附属设备和仪器仪表等。为保证生产过程的顺利进行，锅炉还需设置若干附件，如安全门、水位计、吹灰器、热工仪表等。

在火力发电厂的生产过程中存在着三种形式的能量转换。在锅炉中燃料的化学能转变为工质的热能；在汽轮机中蒸汽的热能转变为机械能；在发电机中机械能转变为电能。锅炉、汽轮机、发电机构成发电厂的三大主机。

图 4-1 是某电厂锅炉机组构成示意，下面以其为例来说明锅炉的工作过程。

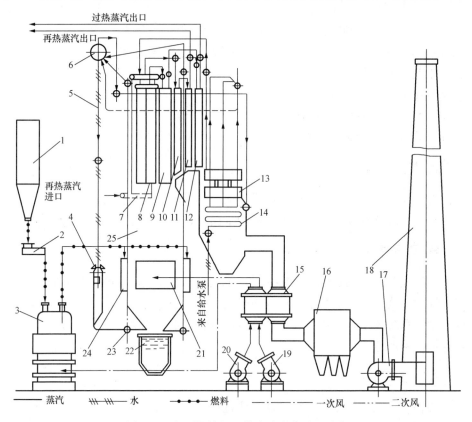

图 4-1 电厂锅炉机组构成及生产过程示意

1—原煤斗；2—给煤机；3—磨煤机；4—循环泵；5—下降管；6—汽包；7—墙式再热器；8—分隔屏过热器；9—后屏过热器；10—屏式再热器；11—高温再热器；12—高温过热器；13—低温过热器；14—省煤器；15—空气预热器；16—除尘器；17—引风机；18—烟囱；19—送风机（二次风机）；20—一次风机；21—大风箱；22—除渣装置；23—下联箱；24—燃烧器；25—炉膛

1. 燃烧系统

与燃料燃烧相关的煤、风、烟气系统称为锅炉的燃烧系统，即锅炉的炉，其主要任务是使燃料在炉膛内良好混合和燃烧，放出热量。燃烧系统主要由燃烧设备（包括炉膛、燃烧器和点火装置）、空气预热器、风机及烟、风管道等组成。

运输到储煤场的原煤，经过破碎和除铁、除木屑，送到原煤斗后靠自重落下，经过给煤机送入磨煤机中进行磨制，同时外界冷空气经一次风机升压后送入锅炉的空气预热器，冷空气在空气预热器中被烟气加热后进入磨煤机，对磨煤机中原煤进行加热、干燥，同时此股热空气本身也是输送合格煤粉的介质，它将磨好的煤粉通过燃烧器输送进入炉膛。这股携带煤粉的热空气称为一次风。

外界冷空气经送风机升压后送入锅炉的空气预热器进行预热，之后通过燃烧器的二次风喷口进入炉膛，在炉膛内与已着火的煤粉气流混合并燃烧，这股热空气称为二次风。

煤粉和空气进入炉膛后进行良好混合，在炉膛内悬浮燃烧并放出大量热量，在燃烧火焰中心大约具有 1500℃ 或更高的温度。高温火焰和烟气在炉膛内向上流动，主要以辐射换热方式把热量传递给炉膛周围的水冷壁和各受热面内的工质，与此同时烟气的温度不断地降低。之后高温烟气离开炉膛进入水平烟道、转向室和垂直烟道，此时主要以对流换热的方式将热量传递给布置在水平烟道和垂直烟道中的高温再热器、高温过热器、低温过热器、省煤器、空气预热器等受热面。烟气放出热量的同时逐渐冷却下来，离开空气预热器的烟气温度已相当低，一般为 110～160℃。

烟气在炉膛中向上流动时，夹杂在其中的较大灰粒会因自重从气流中分离出来，沉降至锅炉底部的冷灰斗中，形成固态渣，最后由除渣装置排出；大量的细小灰粒则随烟气流动，经过除尘器时大部分灰粒被捕捉下来，较清洁的烟气则由引风机送入烟囱，最后排入大气。

2. 汽水系统

与汽水系统有关的受热面和管道系统称为锅炉的汽水系统，即锅炉的锅。它的主要任务是有效吸收燃料燃烧放出的热量，将水加热成过热蒸汽。

锅炉给水首先进入省煤器自下而上流动，与自上而下流动的烟气进行逆向换热，之后进入汽包，依次流经由汽包、下降管、下联箱、水冷壁构成的循环蒸发回路。在水冷壁中吸收炉内火焰和烟气的辐射热量，被加热升温成饱和水，并使部分水变成饱和蒸汽。汽水混合物向上又流回汽包，在汽包内通过汽水分离，分离出来的水留在汽包下部，连同不断进入的给水一起又下降，随后在水冷壁吸热后又上升，周而复始，形成循环。汽包中分离出来的饱和蒸汽，从汽包顶部引出，进入各级换热器加热达到规定参数后送往汽轮机做功。

为了提高机组的循环热效率和安全性，超高压以上锅炉机组均采用再热循环，即锅炉汽水系统中还设置再热器。过热蒸汽在汽轮机高压缸膨胀做功后，又被送回锅炉再热器中，在再热器中进一步吸热成为规定参数的再热蒸汽，之后再送往汽轮机中、低压缸继续做功。

二、锅炉的容量和参数

1. 锅炉容量

锅炉容量即锅炉的蒸发量，指锅炉每小时所产生的蒸汽量，记为符号 D，单位为 t/h（或 kg/s），锅炉容量表征锅炉生产能力的大小。电厂锅炉容量也可用其所配的汽轮发电机组的功率表示，如国产 1025t/h 亚临界压力自然循环锅炉容量也可表示为 300MW 锅炉。

在大型锅炉中，锅炉容量又分为额定蒸发量和最大连续蒸发量。

蒸汽锅炉在额定蒸汽参数、额定给水温度、使用设计燃料并保证热效率时所规定的蒸发量，称为锅炉的额定蒸发量，记为符号 D_e。

蒸汽锅炉在额定蒸汽参数、额定给水温度和使用设计燃料、长期连续运行时所能达到的最大蒸发量，称为锅炉的最大连续蒸发量，常用 BMCR 表示。一般，对于同一台锅炉 BMCR ＝1.03～1.2 锅炉额定蒸发量。

2. 锅炉蒸汽参数

锅炉蒸汽参数是说明锅炉蒸汽规范的特性数据，一般指过热器出口的蒸汽表压力和蒸汽温度，分别用符号 p、t 表示，单位分别为 MPa、℃；对于具有中间再热的锅炉机组，蒸汽参数还包括再热蒸汽压力、再热蒸汽温度及再热蒸汽流量。

蒸汽锅炉在规定的给水压力和负荷范围内，长期连续运行时应予保证的出口蒸汽压力，称为额定蒸汽压力，单位为 MPa。

蒸汽锅炉在规定的负荷范围、额定蒸汽压力和额定给水温度下长期连续运行所必须保证的出口蒸汽温度，称为额定蒸汽温度，单位为℃。

我国电站锅炉蒸汽参数及容量系列见表 4-1。

表 4-1　　　　　　　　　　　我国电站锅炉的蒸汽参数及容量

蒸汽压力（MPa）	过热/再热蒸汽温度（℃）	给水温度（℃）	BMCR（t/h）	汽轮发电机功率（MW）
13.8	555/555	220～250	420、670	125、200
16.8～18.3	540/540	250～280	1025～2008	300、600
17.5	540/540	255	1025～1650	300、500
25.4	541/566	286	1900	600
25.0	545/545	267～277	1650～2650	500、800
26.5	600/600	290～298	2953	1000

三、电厂锅炉分类

电厂锅炉的分类方法有很多，主要的有以下几种：

1. 按燃用燃料种类分类

按照燃用的燃料种类，锅炉可分为燃煤锅炉、燃油锅炉、燃气锅炉等。

2. 按锅炉容量分类

按照容量大小，锅炉可分为大型、中型、小型锅炉等，但此分类标准下锅炉容量大小没有明显的界限。随着电力事业和科学技术的发展，电厂锅炉的容量在不断地扩大，不同容量锅炉的分类界限也在不断变化。

3. 按蒸汽压力分类

按照过热蒸汽出口表压力，锅炉可分为低压锅炉（$p \leqslant 2.45$MPa）、中压锅炉（$p = 2.94 \sim 4.92$MPa）、高压锅炉（$p = 7.84 \sim 10.8$MPa）、超高压锅炉（$p = 11.8 \sim 14.7$MPa）、亚临界压力锅炉（$p = 15.7 \sim 19.6$MPa）、超临界压力锅炉（$p \geqslant 22.1$MPa）等。

4. 按燃烧方式分类

按照炉内燃烧过程的气体动力学原理，电站锅炉的燃烧方式有火床燃烧、火室燃烧、旋风燃烧以及流化床燃烧 4 种，分别对应火床炉、室燃炉、旋风炉以及流化床锅炉 4 种炉型。其中，室燃炉是我国电站锅炉的主要形式。在室燃炉中燃料以粉状、雾状或气态随同空气一同喷入炉膛中进行悬浮燃烧，如图 4-1 所示。

5. 按工质在蒸发受热面的流动方式分类

锅炉蒸发受热面（水冷壁）的工质为两相的汽水混合物，其在蒸发受热面中的流动可以是循环的，也可以是一次性通过的。因此，根据工质在蒸发受热面的循环方式不同，将锅炉分为自然循环锅炉、强制循环锅炉、直流锅炉及复合循环锅炉 4 个类型，如图 4-2 所示。

6. 按排渣相态分类

按照锅炉的排渣相态，分为固态排渣锅炉和液态排渣锅炉。煤粉锅炉常采用固态排渣。

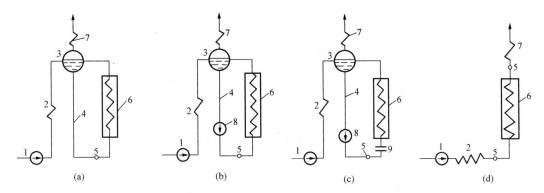

图 4 - 2　蒸发受热面内工质流动方式

（a）自然循环；（b）强制循环；（c）控制循环；（d）直流锅炉

1—给水泵；2—省煤器；3—锅炉汽包；4—下降管；5—联箱；6—水冷壁；7—过热器；8—锅水循环泵

7. 按燃烧室压力分类

按照锅炉燃烧室的压力大小，锅炉可分为负压燃烧锅炉和压力燃烧锅炉（正压燃烧锅炉）两类。我国电站煤粉炉燃烧室多采用正压燃烧，为压力燃烧锅炉。

四、电厂锅炉型号

锅炉型号指锅炉产品的容量、参数、性能和规格等，通常用一组规定的符号和数字表示。我国电厂锅炉型号的一般形式为：

$$△△-×××/×××-×××/×××-△×$$

表达式中第一组符号表示锅炉的制造厂家，如 SG（上海锅炉厂）、HG（哈尔滨锅炉厂）、DG（东方锅炉厂）、WG（武汉锅炉厂）、BG（北京锅炉厂）等；第二组数字分子表示锅炉容量，单位为 t/h，分母表示锅炉出口过热蒸汽压力，单位为 MPa；第三组数字分子表示过热蒸汽温度，分母表示再热蒸汽温度，单位为℃；最后一组第一个符号表示锅炉燃料代号，如煤、油、气的燃料代号分别为 M、Y、Q，其他燃料代号为 T，第二个数字表示锅炉的设计序号。

如 HG-1025/18.2-540/540-PM7 表示锅炉为哈尔滨锅炉厂制造，锅炉容量为 1025t/h，过热蒸汽出口压力为 18.2MPa，过热蒸汽温度和再热蒸汽温度均为 540℃，设计燃料为贫煤，设计序号为 7（即该型号锅炉为第 7 次设计）。

五、锅炉的安全技术指标

锅炉的安全技术指标主要有连续运行小时数、可用率及事故率等。

1. 锅炉连续运行小时数

指锅炉两次被迫停炉进行检修之间的运行小时数。

2. 锅炉可用率

指在统计期间内，锅炉总运行小时数及总备用小时数之和，与统计期间总小时数的比值，即

$$可用率 = \frac{运行总时数 + 备用总时数}{统计期间总时数} \times 100\%$$

3. 锅炉事故率

指在统计期间内，锅炉总事故停炉小时数，与总运行小时数和总事故小时数之和的比值，即

$$事故率 = \frac{事故停炉时数}{总运行时数 + 事故停炉时数} \times 100\%$$

锅炉连续运行小时数越长，事故率越小，可用率越大，锅炉的安全可靠性就越高。目前，我国大、中型电厂锅炉的连续运行小时数在5000h以上，事故率约为1%，平均可用率约为90%。

第二节 锅炉的燃烧系统及设备

一、煤的成分及特性

（一）煤的成分组成

1. 煤的元素成分组成及性质

煤由碳（C）、氢（H）、硫（S）、氧（O）、氮（N）5种元素和水分（M）、灰分（A）2种成分组成。煤的元素分析是指对煤中碳、氢、氧、氮、硫5种元素及水分、灰分进行分析的总称，采用质量百分比表示。

（1）碳（C）。碳是煤中的主要可燃成分，一般含量在40%～70%。

煤中的碳一部分与氢、氮、硫等元素结合成有机化合物；另一部分则以游离状态存在，称为固定碳。煤的地质年龄越长，含固定碳越多。固定碳不易着火与燃尽，燃烧火焰短。

（2）氢（H）。氢是煤中的可燃元素之一，且是煤中发热量最高的元素，其含量比较低，一般约3%～5%。氢元素极易着火，且燃烧迅速，火焰长。

（3）硫（S）。硫元素在煤中的含量约为1%～8%，由有机硫（与C、H、O等元素结合成复杂化合物）、黄铁矿中的硫和硫酸盐中的硫三部分组成。前两种硫可以燃烧，称为可燃硫。

硫氧化生成的二氧化硫或者三氧化硫随烟气排放到大气，会造成严重的环境污染；另外，二氧化硫或者三氧化硫还有可能与烟气中的水蒸气结合成亚硫酸或硫酸，酸蒸汽遇冷凝结在受热面上会造成严重的酸腐蚀。煤中硫化铁，质地坚硬，不易研磨，有可能造成制粉设备的严重磨损。硫元素是煤中的一种有害成分。

（4）氧（O）和氮（N）。氧和氮是煤中的不可燃元素，它们的存在会使煤中其他可燃元素含量相对减少，使煤实际发热量降低。

煤中氧元素的含量随煤的年代深浅变化很大，年代深的煤，含量约为1%～2%；年代浅的煤含量可高达约40%。煤中的氧以两种形式存在，一种为游离状态的氧，可以助燃；一种为化合态氧，不能助燃。

煤中氮元素的含量也少，约为0.5%～2%，其在氧气充分、高温下可能会生成氮氧化物，排放到大气会造成环境污染。

（5）水分（M）。水分是煤中主要的不可燃元素。煤中水分的含量差别很大，少的仅有2%左右，多的可达50%～60%。煤中含有的全部水分称为全水分，包括内在水分和外在水分两部分。外在水分是在煤开采、储运过程中受雨露冰雪等影响而进入煤中的，依靠自然干燥可以除去。而内在水分靠自然干燥不能除去，必须把煤加热到105℃左右并保持一定的时间，才能除去。

煤中水分的存在会使可燃物含量相对降低，同时水分的汽化需要吸收热量，使煤的发热量降低；过多的水分对煤的着火、燃烧以及燃尽都有不利影响；水分的存在还会影响煤的磨制以及阻塞煤粉管道；另外，水蒸气增多还会增大烟气容积造成排烟热损失和引风机电耗增加。因此，水分的存在对煤的燃烧来说是一种有害成分。

（6）灰分（A）。煤中的各种矿物杂质，在煤燃烧后形成灰分。

灰分是煤中的不可燃成分之一，其含量变化比较大，在 10％～50％之间。

灰分的存在会使煤中可燃元素含量相对降低，使煤发热量降低；灰分会阻碍可燃物与氧接触，影响燃烧和燃尽；灰分会使受热面积灰、结渣，影响传热，甚至危害锅炉正常运行；飞灰还会引起设备和受热面的磨损，降低使用寿命；若其随烟气排放到大气，会造成热量损失以及环境污染等。

2. 煤的工业成分组成及性质

煤的工业成分组成包括水分（M）、挥发分（V）、固定碳（FC）和灰分（A）四种。

（1）挥发分。把失去水分的煤在隔绝空气的条件下进行加热到一定温度时，煤中的有机物将会分解成各种气体，这些气体的混合物称为挥发分。

挥发分主要有可燃气体组成，如氢气、一氧化碳、甲烷、硫化氢及其他碳氢化合物等，此外还包括少量不可燃气体，如氧气、氮气、二氧化碳等。

挥发分的特点是非常容易燃烧，且能促进焦炭的燃烧。

含挥发分多的煤着火容易，燃烧快，形成的火焰长。

（2）焦炭。挥发分析出后剩余的固体物质称为焦炭。

各种煤的焦炭的物理性质不同，焦炭的不同黏结程度称为煤的焦结性，根据其外形、强度可分为粉状、黏着、弱黏结、不熔融黏结、不膨胀熔融黏结、微膨胀熔融黏结、膨胀熔融黏结和强膨胀熔融黏结八类。

3. 煤的成分基准

由于煤中水分和灰分的含量常随外界条件变化而发生变化，相应其他成分的含量也会发生改变。因此要确切地反映煤的特性以及各种煤的分析结果，必须要知道各成分含量的基准（即所处的状态和条件）。常采用的基准有以下 4 种：

（1）收到基（as received basis）。以收到状态的包括全部水分和灰分的煤为基准，用下角标 ar 表示，即

$$\text{元素分析} \qquad C_{ar}+H_{ar}+O_{ar}+N_{ar}+S_{ar}+A_{ar}+M_{ar}=100\% \qquad (4\text{-}1)$$

$$\text{工业分析} \qquad FC_{ar}+V_{ar}+A_{ar}+M_{ar}=100\% \qquad (4\text{-}2)$$

在锅炉设计计算和运行中常采用此基准。

（2）空气干燥基（air dried basis）。以经自然干燥除去了外在水分的煤为基准，用下角标 ad 表示，即

$$\text{元素分析} \qquad C_{ad}+H_{ad}+O_{ad}+N_{ad}+S_{ad}+A_{ad}+M_{ad}=100\% \qquad (4\text{-}3)$$

$$\text{工业分析} \qquad FC_{ad}+V_{ad}+A_{ad}+M_{ad}=100\% \qquad (4\text{-}4)$$

在实验室中做煤样分析时，常采用此基准。

（3）干燥基（dry basis）。以除去全部水分的煤为基准，用下角标 d 表示，即

$$\text{元素分析} \qquad C_d+H_d+O_d+N_d+S_d+A_d=100\% \qquad (4\text{-}5)$$

$$\text{工业分析} \qquad FC_d+V_d+A_d=100\% \qquad (4\text{-}6)$$

干燥基常用来表示煤中灰分的含量。

（4）干燥无灰基（dry ash-free basis）。以除去全部水分和灰分的煤为基准，用下角标

daf 表示，即

元素分析 $\qquad$ $C_{daf}+H_{daf}+O_{daf}+N_{daf}+S_{daf}=100\%$ $\qquad$ (4-7)

工业分析 $\qquad$ $FC_{daf}+V_{daf}=100\%$ $\qquad$ (4-8)

由于干燥无灰基成分不受煤中水分和灰分含量的影响，因此更能反映出煤的实质，常用来表示煤的挥发分含量。

我国电厂动力用煤，主要根据干燥无灰基挥发分含量不同并参考水分、灰分的含量，分为无烟煤（$V_{daf}\leqslant10\%$）、贫煤（$V_{daf}=10\%\sim20\%$）、烟煤（$V_{daf}=20\%\sim40\%$）及褐煤（$V_{daf}>40\%$）四大类。

（二）煤的发热量和标准煤

1. 发热量

单位质量的煤完全燃烧生成二氧化碳时，所放出的热量称为煤的发热量，记为符号 Q，单位为 kJ/kg。煤的发热量有高位发热量和低位发热量之分，1kg 煤完全燃烧放出的最大可能热量，包括烟气中水蒸气的汽化潜热的发热量称为高位发热量，用 Q_{gr} 表示；而 1kg 煤完全燃烧所放出的全部热量中扣除了水蒸气的汽化潜热后所得的发热量称为低位发热量，用 Q_{net} 表示。在锅炉燃烧中，因为排烟温度一般在 110～160℃之间，烟气中的水蒸气以气态的形式存在，不可能放出汽化潜热，所以锅炉所能利用的热量为煤的低位发热量。

2. 标准煤

各种不同种类的煤发热量差别很大。为了使各电厂或锅炉之间的运行经济性具有可比性、方便计算煤耗量以及编制用煤计划，定义标准煤的概念。

所谓标准煤是指收到基低位发热量为29 310kJ/kg的煤。不同发热量的燃料消耗量均可折算成标准煤的消耗量，即

$$B_b=\frac{BQ_{ar,net,p}}{29\ 310}\qquad(4-9)$$

式中：B_b 为标准煤煤耗量，t/h；B 为实际煤煤耗量，t/h；$BQ_{ar,net,p}$ 为实际煤收到基低位发热量，kJ/kg。

（三）燃煤灰分的熔融特性

燃煤灰分的熔融特性，关系锅炉燃烧的结渣性能，对锅炉运行的经济性和安全性有很大的影响。煤粉炉结渣不仅影响传热，降低锅炉效率，严重时使炉内燃烧工况恶化，甚至大块焦渣落下砸坏冷灰斗造成被迫停炉。

燃煤灰分由多种成分组成，是一种混合物。由于各种成分熔化温度不同，使得灰分没有固定的熔点。因此，灰的熔融性的测定采用角锥法，即把灰制成底边为等边三角形的锥体（底边边长 7mm，高 20mm），然后放入具有弱还原性气氛的电炉中逐渐加热。根据灰锥状态的变化，记录三个特征温度（变形温度 DT、软化温度 ST、液化温度 FT），如图 4-3 所示。通常锅炉运行中将灰锥的软化温度 ST 作为灰的熔点。

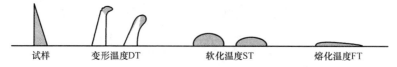

试样　　　　变形温度DT　　　　软化温度ST　　　　熔化温度FT

图 4-3　三个特征温度

变形温度 DT——锥体顶点开始变圆或倾斜时的温度。

软化温度 ST——锥体顶点弯曲至锥底面或呈球形时的温度。

液化温度 FT——锥体完全熔化成液体并能在底面流动时的温度。

锅炉运行中影响灰熔融性的因素有很多，如灰的成分、煤中灰分含量及灰所处环境介质性质等。灰中低熔点的组成成分越多，煤中灰分含量越大，灰熔点将会越低，锅炉结渣的可能性就越大。当灰所处环境介质的性质发生变化时，灰的熔点也会发生变化，如灰分周围介质中含有 CO、H_2 等还原性气体时，煤灰中的某些高熔点成分则会发生化学变化，生成熔点较低的化合物，从而使灰熔点大大降低。

二、煤粉制备系统及设备

（一）煤粉的性质

1. 煤粉的流动性

煤粉经磨煤机磨制，由各种尺寸的不规则颗粒组成。通常所说的煤粉尺寸是用煤粉直径来表示，以 $20\sim60\,\mu m$ 的颗粒居多。

煤粉在磨制中伴随着干燥过程。新磨制出来的煤粉是疏松的，堆放时自然倾角约为 $25°\sim30°$。干燥的煤粉表面积很大，能吸附大量空气，从而具有很好的流动性，这一特性使得煤粉便于利用管道进行气力输送，但同时也容易引起制粉系统和管道漏粉和煤粉自流，影响锅炉的安全运行和环境卫生，因此要求制粉系统具有很好的严密性。

2. 煤粉的自燃和爆炸

气粉混合物在管道中输送时，由于某些原因煤粉会从气流中分离出来并沉积在管道死角处。因为积存的煤粉吸附了大量空气，极易发生缓慢氧化而放出一些热量，在散热不良的情况下，煤粉温度会自行升高，达到着火温度时而着火，这种现象称为煤粉的自燃性。制粉系统中的煤粉自燃，会使煤粉与空气混合物在适当的浓度和温度下被点着，并迅速传播开来而形成煤粉爆炸现象。

影响煤粉爆炸性能的主要因素有煤粉的挥发分、水分和灰分含量、煤粉粒径、气粉混合物的温度、煤粉浓度和氧浓度等。煤粉挥发分含量越高，水分和灰分含量越少，煤粉越细，气粉混合物温度越高，煤粉发生爆炸的可能性也越大。能够引起煤粉爆炸的煤粉浓度为 $1.2\sim2.0\,kg/m^3$，着眼于燃料点燃及便于管道输送，锅炉运行常采用这一浓度，因此在进行煤粉输送时尽量控制氧的浓度不要太大，以减小爆炸的可能性。

3. 煤粉细度

煤粉细度是煤粉重要的特性之一，指煤粉颗粒的粗细程度，是衡量煤粉品质的主要指标。其表示方法是：定量的煤粉经专用的筛子筛分后，余留在筛子上面的煤粉量占筛分前煤粉总质量的百分比，记为 R_x，即

$$R_x = \frac{a}{a+b} \times 100\% \tag{4-10}$$

式中：a 为筛子上剩余的煤粉质量；b 为通过筛子的煤粉质量；x 为筛孔尺寸，μm。

由上述定义可知，R_x 值越大，表明留在筛子上的煤粉越多，煤粉越粗。通常煤粉的全面筛分需要 $4\sim5$ 种规格的筛子。在电厂实际应用中，对于无烟煤和烟煤煤粉常用 30 号和 70 号两种筛子，即常用 R_{200} 和 R_{90} 表示煤粉细度；对于褐煤则用 R_{200} 和 R_{500} 表示煤粉细度。若只用一个数值表示煤粉细度，则采用 R_{90}。

煤粉细度关系到锅炉机组运行的经济性。锅炉燃用何种细度值的煤粉，需要通过锅炉综合运行试验确定。煤粉细度值越小，即煤粉磨制得越细，越容易着火并完全燃烧，燃料的固体未完全燃烧热损失 q_4 就越小；但这将使制粉设备的电耗 q_p 和金属磨损消耗 q_m 增加。反之，煤粉越粗，制粉设备电耗和金属磨损消耗就会减少，但燃料固体未完全燃烧热损失却增大。故合适的煤粉细度应综合考虑三方面，通过技术经济性比较来确定。通常把 q_4、q_p、q_m 之和（$q_4+q_p+q_m$）为最小值时所对应的煤粉细度称为煤粉经济细度，如图 4-4 所示。

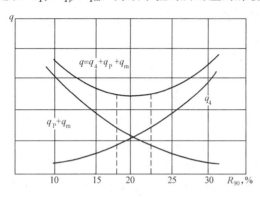

图 4-4 煤粉经济细度的确定

4. 煤粉水分

煤粉的最终水分称为煤粉水分，表示为 M_{mf}，其对于供粉的连续性和均匀性、燃烧的经济性、磨煤机的出力及制粉系统的安全工作都具有重要意义。

水分过高，煤粉易黏结在输粉管壁和煤粉仓壁上，并容易结块，使煤粉输送困难，严重时将阻塞煤粉仓和管道；水分过高还会造成燃料着火推迟，燃烧不完全；另外，还可使磨煤机中煤脆性减弱，磨煤单位电耗增加，产量降低，严重时造成磨煤机堵煤。而煤粉水分过低，又会增加挥发分含量高的烟煤和褐煤自燃和爆炸的可能性。所以煤粉水分应该根据煤粉储存和输送的可靠性以及燃烧和制粉系统的安全性、经济性综合考虑。

实践证明，若煤粉水分接近其原煤的固有水分，既可保证连续、可靠地供粉，又能保证煤粉迅速燃烧，而且不发生爆炸。对于无烟煤和贫煤，$M_{mf} \leqslant 0.5 M_{ad}$；烟煤，$M_{mf} = M_{ad}$；褐煤，$M_{mf} = M_{ad} + 8$。

（二）磨煤机

磨煤机是制粉系统的主要设备，是将原煤磨制成煤粉的机械。它是通过撞击、挤压和碾磨等作用原理，将原煤磨制成煤粉的。按照磨煤部件工作转速的不同，电厂用磨煤机可以分为以下三个类型：

（1）低速磨煤机。转速为 15～25r/min，如筒型钢球磨煤机（包括单进单出、双进双出钢球磨煤机）。

（2）中速磨煤机。转速为 50～300r/min，如平盘磨煤机（LM 型）、碗式磨煤机（RP 型、HP 型）、球环式磨煤机（ZQM 型、E 型）、轮式磨煤机（ZGM 型、MPS 型）等。

（3）高速磨煤机。转速为 500～1500r/min，如风扇式磨煤机。

原煤在磨煤机中被磨制的同时，又受到热风的干燥作用，所以磨煤机的出力包括磨煤出力和干燥出力两个。磨煤出力是指在单位时间内，同时保证一定煤粉细度的前提下，磨煤机所能磨制的原煤量，记为 B，单位 t/h。干燥出力是指进入磨煤机的干燥剂在单位时间内，能将多少煤由最初水分干燥到煤粉水分。磨煤机的磨煤出力和干燥出力必须相匹配，也就是说单位时间内磨煤机磨制出的煤粉要达到所要求的干燥程度。

1. 钢球磨煤机

（1）单进单出钢球磨煤机。单进单出钢球磨煤机的磨煤部件是一个直径为 2～4m，长 3～10m 的圆筒，圆筒内壁衬有锰钢制的波浪形钢瓦组成的护甲，其作用是增强抗磨性并把钢球带到一定高度；护甲与筒体之间是绝热石棉层，起绝热作用；第三层是筒体本身，它是由18～25mm厚的钢板制作而成的；筒体外包有一层隔声毛毡，其作用是隔离并吸收钢球撞击钢瓦产生的声音；毛毡外是薄钢板制成的外壳，其作用是保护和固定毛毡。圆筒两端各有一个端盖，其内面衬有扇形锰钢钢瓦，端盖中部有空心轴径，整个钢球磨煤机重量通过空心轴径支撑在大轴承上。两个空心轴径的端部各接一个倾斜45°的短管，其中一个是原煤与干燥剂的进口，另一个是气粉混合物的出口，如图4-5所示。

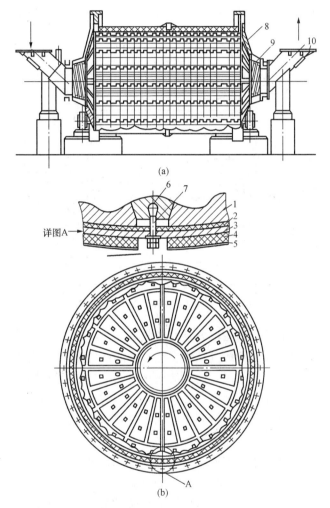

图4-5 筒型钢球磨煤机剖面图

1—波浪形护甲；2—绝热石棉垫层；3—筒身；4—隔音毛毡层；5—钢板外壳；
6—压紧用的楔形块；7—螺栓；8—封头；9—空心轴颈；10—短管

筒身经电动机、减速装置传动低速旋转，在离心力与摩擦力的作用下，护甲将钢球与燃料提升至一定高度，然后借重力自由下落。煤主要被下落的钢球撞击破碎，同时还受到钢球与钢球之间、钢球与护甲之间的挤压、研磨的作用。原煤与热空气从一端进入磨煤机，磨好的煤粉被气流从另一端输送出去。热空气不仅是输送煤粉的介质，同时还起着干燥原煤的作用，因此进入磨煤机的热空气被称作干燥剂。

钢球磨煤机的主要优点是煤种适应性广，能磨制任何煤，特别适合磨制硬度大、磨损性强的无烟煤及高灰分、高水分的劣质煤等；对煤中混入的铁块、木块、石头等杂质不敏感；钢球磨煤机能够在运行中进行补球，既保证了磨煤出力又延长了检修周期；结构简单、单机容量大，故障少。钢球磨煤机的主要缺点是运行电耗高、金属磨损大、耗量大、设备庞大笨重、噪声大，磨制的煤粉不够均匀，特别是不适宜调节，低负荷时运行不经济。

（2）双进双出钢球磨煤机。近年来我国引进了双进双出钢球磨煤机，其结构原理如图 4 - 6 所示。双进双出钢球磨煤机包括两个对称的研磨回路，磨煤机滚筒两端均设置中空轴，分别由轴承支承。中空轴内有一空心圆管，其外绕有弹性固定的螺旋输送装置，它连同空心圆管随筒体一起转动。

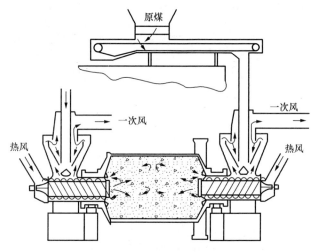

图 4 - 6　双进双出钢球滚筒磨煤机

原煤通过给煤机，经上部混料箱落入空心轴底部，再经螺旋输送装置将原煤从两侧空心轴外端送入磨煤机滚筒内。高温干燥剂从设在空心轴两端的热风箱通过空心圆管进入磨煤机滚筒。干燥剂对煤粉进行干燥的同时，两股流向相反的气流在磨煤机筒体中部相遇并对冲反向流动，磨细的煤粉将随干燥剂通过空心轴与中心管间的环形通道从筒体带出，进入磨煤机上部分离器，粗煤粉被分离下来，回落到中空轴入口并与原煤混合后重新进入磨煤机进行磨制，合格的煤粉由分离器出口直接送至燃烧器。

双进双出钢球磨煤机相当于是把两个单进单出钢球磨煤机平行组合在一起的高效率制粉设备。两个磨煤回路可以同时使用，也可以根据负荷要求单独使用任何一个，从而扩大了磨煤机的负荷调节范围。综合来看，双进双出钢球磨煤机保持了普通钢球磨煤机的优点。同时相对于单进单出钢球磨煤机，大大缩小了磨煤机体积，降低了磨煤功率消耗；磨煤细度稳定，便于调节，适应锅炉负荷变化能力强，运行可靠。

2. 中速磨煤机

中速磨煤机是以碾磨和挤压作用将原煤磨制成煤粉的。中速磨煤机的形式有很多，如平盘磨煤机（LM 型）、碗式磨煤机（RP 型、HP 型）、球环式磨煤机（ZQM 型、E 型）、辊—环式磨煤机（ZGM 型、MPS 型）等。我国大型电厂锅炉采用最多的为 RP 型（改进型为 HP 型）磨煤机、MPS 磨煤机和 E 型磨煤机三种形式中速磨煤机。

中速磨煤机的研磨部件各不相同，但其工作原理和基本结构均相同，如图 4 - 7 所示。

中速磨煤机结构沿高度方向自下而上可分为驱动装置、碾磨部件、干燥分离空间以及煤粉分离和分配装置四部分，另外，还包括密封风系统和石子煤排放系统。

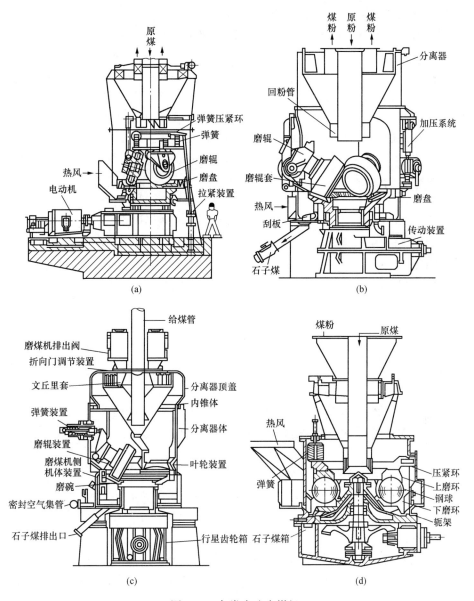

图4-7　各类中速磨煤机

(a) MPS辊轮式磨煤机；(b) RP型碗式磨煤机；(c) HP型碗式磨煤机；(d) E型球式磨煤机

中速磨煤机的工作过程是：原煤从上部的中心落煤管进入磨煤机，落在磨盘的中间部位。水平布置的磨盘以一定的转速不停地转动，磨辊与磨盘之间存在着一定间隙。原煤落在磨盘上两组相对运动的碾磨部件表面间，在离心力的作用下沿磨盘径向向外沿运动，在磨辊与磨碗间形成煤床，在压紧力作用下受挤压和碾磨而破碎，继续向外溢出磨盘。一次风从磨下部经磨碗周围环隙流经旋转磨碗的外径，在磨碗外径的细煤粉被气流携带向上流向粗粉分离器，合格的煤粉流出磨煤机，进入一次风管，直接通过燃烧器送入炉膛燃烧；被分离出来的不合格的大颗粒煤粉经分离器底部回粉管返回磨煤机继续研磨。而重的不易磨碎的外来杂物在磨煤过程中被甩至风环上方，之后穿过气流落入侧机体区域，即进入杂物箱。杂物通过转动的刮板装置扫出磨煤机，排入石子煤箱。

中速磨煤机结构紧凑，质量轻，占地面积小，单位投资小；启动迅速，调节灵活；磨煤单位电耗小；滚动碾磨，摩擦阻力小，金属磨损量小；转速高，碾磨效果好，效率高；噪声小，传动平稳；空载功率小，适宜变负荷运行；煤粉均匀性指数较高。其主要缺点是磨煤机的结构复杂，辅助系统庞大，维护量大；对石块、木块、铁块等杂质敏感，极易引起部件振动和损坏；不能磨制磨损指数高的煤种；对煤的水分含量要求高；磨煤部件易磨损，须严格地定期检修；煤粉储备能力小，响应时间长。

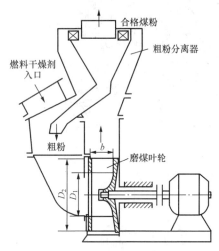

图 4-8 风扇磨煤机结构

3. 风扇磨煤机

风扇磨煤机是主要以撞击作用粉碎原煤的磨煤设备，其结构与风机类似。它由叶轮、外壳、轴和轴承箱等组成。叶轮上装有 8～12 块由锰钢制成的冲击板。外壳形状也类似风机的外壳，其内表面装有一层耐磨护甲。磨煤机出口为粗粉分离器。叶轮、叶片和护甲是风扇磨煤机的主要磨煤部件，其结构如图 4-8 所示。

风扇磨煤机的工作过程是在叶轮的旋转作用下，热风和原煤从叶轮的中心进入磨煤机。原煤进入磨煤机后，被高速转动的冲击板击碎。在机壳的护甲上，煤粒与护甲撞击以及煤粒间互相撞击，煤粒再次被击碎，与此同时煤粉被干燥。在流出叶轮往上升的时候经过煤粉分离器被分离，合格的煤粉送出磨煤机，不合格的大颗粒煤粉落回叶轮，再一次被研磨。

风扇磨煤机具有结构简单、设备尺寸小，占地面积小，金属耗量少，初期投资少，运行简单等优点。煤粒在风扇磨煤机中大多处于悬浮状态，通风和干燥作用十分强烈，因此风扇磨煤机特别适宜磨制高水分的煤种；同时，风扇磨煤机工作时能产生一定的抽吸力，本身可代替排粉风机的作用，因而可省去排粉风机。

风扇磨煤机的主要缺点是叶片、叶轮和护甲磨损严重，检修工作量大，运行周期短。此外，磨制的煤粉较粗而且不够均匀。因为风扇磨煤机提供风压有限，故对制粉系统设备及管道布置均有所限制。

（三）制粉系统

干燥、磨制和输送（储存）煤粉的设备及管道的组合，称为制粉系统，包括直吹式制粉系统和中间储仓式制粉系统两个类型。制粉系统的主要任务是对煤粉进行磨制、干燥、输送；对于中间储仓式制粉系统，制粉系统还担负煤粉的储存与调剂任务。

1. 直吹式制粉系统

直吹式制粉系统是指磨煤机磨制的煤粉全部直接送入炉膛内燃烧的系统。直吹式制粉系统的特点是磨煤机的磨煤量任何时候都与锅炉的燃料消耗量相等，即制粉量随锅炉负荷变化而变化，锅炉的正常运行依赖于制粉系统的正常运行。故直吹式制粉系统宜采用变负荷运行特性较好的磨煤机，如中速磨煤机、高速磨煤机、双进双出钢球磨煤机等。

（1）中速磨煤机直吹式制粉系统。中速磨煤机直吹式制粉系统，根据排粉机（或一次风机）安装位置的不同，分为正压和负压两种连接方式。根据一次风机工作状态，正压系统又分为冷一次风机系统和热一次风机系统。

排粉机在磨煤机后面，磨煤机是负压工作，故是负压系统，如图 4 - 9（a）所示。一次风机在磨煤机前面，磨煤机正压工作，故是正压系统。负压制粉系统煤粉基本不存在外漏现象，对周围环境的损坏不大；但其有严重的缺点，即全部煤粉通过排粉机，排粉机磨损严重，且效率低下，运行电耗高，排粉机叶片经常更换使其工作可靠性降低。正压制粉系统没有风机的磨损问题，但是如需要采用高温热一次风机，可靠性则下降；密封要求高，若密封不好煤粉外泄污染周围环境。故大型电厂常采用中速磨煤机正压冷一次风机直吹式制粉系统，如图 4 - 9（c）所示。

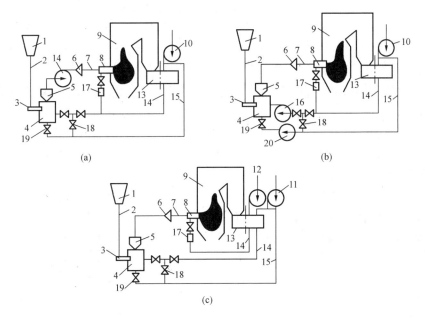

图 4 - 9　中速磨煤机直吹式制粉系统

（a）负压系统；（b）正压热风机系统；（c）正压冷风机系统

1—原煤仓；2—下煤管；3—给煤机；4—中速磨煤机；5—粗粉分离器；6——次风箱；
7——次风管；8—燃烧器；9—锅炉；10—送风机；11——次风机；12—二次风机；
13—空气预热器；14—热风道；15—冷风道；16—排粉机；17—二次风箱；18—调温冷
风门；19—密封冷风门；20—密封风机

（2）风扇磨煤机直吹式制粉系统。由于风扇磨煤机可以代替排粉机，风扇磨煤机直吹式制粉系统布置比较简单。根据原煤水分不同，风扇磨煤机直吹式制粉系统会采用不同的干燥剂。当磨制烟煤时，大多采用热风作为干燥剂。而磨制高水分的褐煤时，则采用热风和高温炉烟混合作为干燥剂，如图 4 - 10 所示。

2. 中间储仓式制粉系统

中间储仓式制粉系统中，磨煤机磨制的煤粉先经过细粉分离器落下至煤粉仓中进行储藏，等负荷需要的时候再送入一次风中，输送到炉膛燃烧。由于气粉分离和煤粉的储存、转运和调

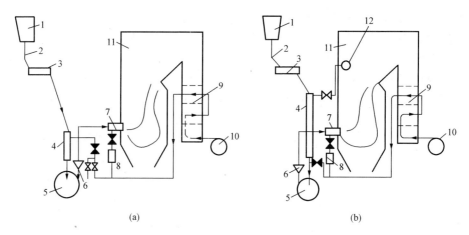

图 4-10　风扇磨煤机直吹式制粉系统

(a) 热风作干燥剂；(b) 热风掺炉烟作干燥剂

1—原煤仓；2—下煤管；3—给煤机；4—干燥管；5—风扇磨煤机；6——次风箱；
7—燃烧器；8—二次风箱；9—空气预热器；10—送风机；11—锅炉；12—抽烟口

节的需要，系统中增加了煤粉仓、细粉分离器、给粉机、排粉机和螺旋输粉机等设备。

中间储仓式制粉系统包括热风送粉和干燥剂（乏气）送粉两种形式。热风送粉是把煤粉送到作为一次风的热风中，然后再送入炉膛，乏气由排粉机直接打入燃烧器的三次风喷口进入炉内燃烧。乏气送粉是把煤粉送到作为一次风的乏气中，再送入炉膛燃烧，所谓的乏气是指干燥过煤粉的热风。

中间储仓式制粉系统的工作过程为：需要磨制的原煤和干燥用热风通过下行干燥管一同进入磨煤机。磨制好的煤粉由热风干燥剂送到粗粉分离器。在经粗粉分离器中进行粗细分离，不合格的粗煤粉返回磨煤机再磨制，合格的煤粉被干燥剂带入细粉分离器进行气粉分离。大约 90% 的煤粉被分离下来，经锁气器和筛网，落到煤粉仓或经由螺旋输粉机送到其他锅炉的煤粉仓中。之后再根据锅炉负荷的需要，由给粉机将煤粉仓中的煤粉送入一次风管再送入炉膛燃烧。

从细粉分离器上部出来的气粉混合物称为乏气，其内含有约 10% 的极细煤粉。为了利用这部分煤粉，一般由排粉机提高压头后，送入炉内燃烧。乏气作为一次风输送煤粉进入炉膛，是为乏气送粉系统或干燥剂送粉系统，如图 4-11 所示。因为乏气温度低，又含有水蒸气，不利于煤粉的着火燃烧，所以这种系统适用于原煤水分较小、挥发分较高的煤种，如烟煤。当燃用无烟煤、贫煤或劣质煤时，为稳定着火燃烧，常利用从空气预热器过来的热空气作为一次风来输送煤粉，乏气经由排粉机直接打入燃烧器的三次风喷口作为三次风送入炉膛燃烧，这就是热风送粉系统，如图 4-12 所示。

煤粉仓和螺旋输粉机上部均装有吸潮管，利用排粉机的负压将潮气吸出，以免煤粉受潮结块。在排粉机出口与磨煤机进口之间一般装有再循环管，利用乏气再循环可协调磨煤通风量、干燥通风量和一次风量（或三次风量）三者间的关系，保证锅炉与制粉系统安全经济运行。在乏气送粉系统中，若磨煤机停止运行，排粉机可直接抽吸热风作送粉介质，以便维持锅炉的正常运行。

3. 两种制粉系统比较

直吹式制粉系统简单，设备部件少，布置紧凑，耗钢材少，输粉管道短，初投资少，运

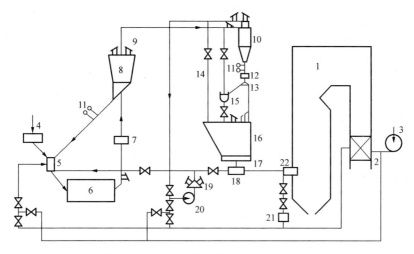

图 4-11 钢球磨煤机储仓式乏气送粉系统

1—锅炉；2—空气预热器；3—送风机；4—给煤机；5—干燥下煤管；6—磨煤机；7—木块分离器；8—粗粉分离器；9—防爆门；10—细粉分离器；11—锁气器；12—木屑分离器；13—换向器；14—吸潮管；15—螺旋输粉机；16—煤粉仓；17—给粉机；18—风粉混合器；19——次风箱；20—排粉机；21—二次风箱；22—燃烧器

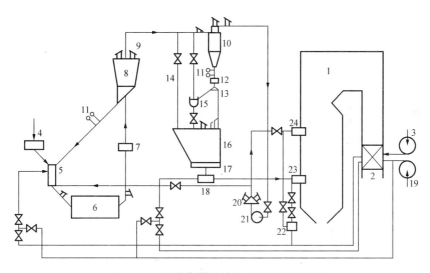

图 4-12 钢球磨煤机储仓式热风送粉系统

1—锅炉；2—空气预热器；3—送风机；4—给煤机；5—干燥下煤管；6—磨煤机；7—木块分离器；8—粗粉分离器；9—防爆门；10—细粉分离器；11—锁气器；12—木屑分离器；13—换向器；14—吸潮管；15—螺旋输粉机；16—煤粉仓；17—给粉机；18—风粉混合器；19——次风机；20—乏气风箱；21—排粉机；22—二次风箱；23—燃烧器；24—乏气喷嘴

行电耗低，占地面积小；中间储仓式制粉系统相反，系统复杂，耗钢材多，输粉管道长，初投资多，运行电耗较高，占地面积大，而且煤粉易于沉积、自燃和爆炸，漏风也较严重。

直吹式制粉系统的出力受锅炉负荷的制约，难以保证磨煤机在最经济条件下运行；制粉系统的运行直接影响锅炉的正常运行，运行可靠性差；锅炉负荷变化时燃煤量通过给煤机进行调节，惰性大。中间储仓式制粉系统有煤粉仓储粉并可通过螺旋输粉机利用邻炉供粉，供粉可靠；运行工况对锅炉运行的影响相对较小；磨煤机负荷不受锅炉负荷限制可在经济工况下运行；锅炉负荷变化时，燃煤量通过给粉机进行调节，灵敏方便。

（四）制粉系统主要辅助设备

1. 给煤机

给煤机是制粉系统中的一部分，安装在原煤仓下部。它的作用是根据磨煤机或锅炉负荷的需要调节给煤量，并把原煤均匀连续地送入磨煤机中。我国电厂应用较多的给煤机有刮板式给煤机、皮带式给煤机、电磁振动式给煤机，电子称重式给煤机等。

如图 4 - 13 所示为刮板式给煤机，其主要由链轮、链条、刮板、上下台板、导向板、煤层厚度调节板和转动装置等组成。链条由电动机经减速箱传动，煤从落煤管落到上台板，通过装在链条上的刮板，将煤带到左边并落在下台板上，再将煤刮至右侧落入出煤管送往磨煤机。改变煤层厚度和链条转动速度可以调节给煤量。

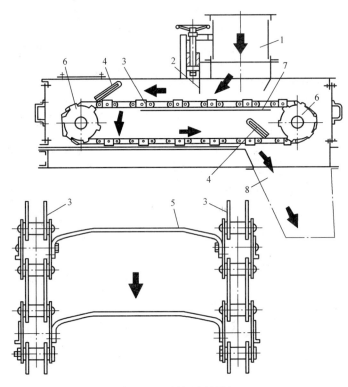

图 4 - 13　刮板式给煤机
1—原煤进口管；2—煤层厚度调节板；3—链条；4—挡板；
5—刮板；6—链轮；7—平板；8—出煤管

2. 粗粉分离器

粗粉分离器的作用是把粗粉分离出来送回磨煤机再进行碾磨，从而保证煤粉细度合格，减少不完全燃烧热损失；调节煤粉细度以适应煤种改变的需要。

离心式粗粉分离器是国内应用最多的气粉分离装置，它由内外锥体、调节锥帽、导向板、可调折向门和回粉管等组成。通过改变可调折向门调节煤粉细度。如图 4 - 14 （a）所示，气粉混合物自下而上进入分离器外锥体。由于内外锥体之间的环形空间流通面积扩大，气粉混合物速度降低，最粗的煤粉在重力的作用下首先从气流中分离出来，经外锥体回粉管返回磨煤机。之后煤粉气流继续向上运动，经安装在内外锥体间环形通道内的折向挡板的导流作用在分离器上部形成明显的倒漏斗状旋转气流，在此过程中借助惯性力和离心力使粗粉进一步分离出来。分离下来的粗粉经内锥体底部的回粉管返回磨煤机重新磨制。

粗粉分离器分离出的回粉中，难免会有一些合格的细粉。为了减少回粉中细粉的含量，出现了改进型的离心式粗粉分离器，如图 4-14 (b) 所示，分离器取消了内锥体回粉管，安装锁气器。回粉在内锥体锁气器出口受到入口气流的吹扬，再次进行分离，减少回粉中夹带的细粉，同时也增加了入口气流的撞击机会，提高了分离效果。

3. 细粉分离器

细粉分离器（见图 4-15）是利用气流旋转所产生的离心力，使气粉混合物中的煤粉与空气分离开来，又称旋风

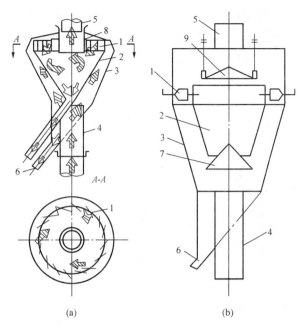

图 4-14　粗粉分离器

（a）普通径向型；（b）轴向改进型

1—可调折向挡板；2—内圆锥体；3—外圆锥体；4—进口管；5—出口管；6—回粉管；7—锁气器；8—活动环；9—圆锥帽

分离器，是中间储仓式制粉系统重要的辅助设备，其作用是将煤粉从气粉混合物中分离出来，以便储存。在细粉分离器中要求将煤粉尽可能地分离，因此需要强烈的旋转运动，故其利用高速气流产生分离作用。

从粗粉分离器来的气粉混合物从切向进入细粉分离器，在筒内形成高速的旋转运动。煤粉在离心力的作用下被甩向四周，沿筒壁落下至筒底出口。当气流折转向上进入内套筒时，煤粉在惯性力作用下再一次被分离，分离出来的煤粉经锁气器进入煤粉仓。气流经中心筒引至排粉机。这种细粉分离器的分离效率高达 90% 左右。

4. 给粉机

给粉机的作用是连续、均匀地向一次风管给粉，并根据锅炉的燃烧需要调节给粉量。

常用的给粉机是叶轮式（见图 4-16），其工作原理是：给粉机有两个带拨齿的叶轮，上、下叶轮由电动机经减速装置带动转动。煤粉首先送到上叶轮右侧，再由上叶轮拨送到上叶轮左侧，通过固定盘上的落粉口落入下叶轮，再经转动的下叶轮拨至右侧出粉孔，落入一次风管中。改变叶轮的转速可调节给粉量。

叶轮式给粉机给粉均匀，调节方便严密性好，不易发生煤粉自流，又能防止一次风倒冲入煤粉仓。其缺点是结构较为复杂，电耗较大，而且易被木屑等杂物所堵塞，影响系统运行。

5. 螺旋输粉机

螺旋输粉机又称绞笼，其作用是将细粉分离器落下的煤粉，送往邻炉的煤粉仓，以提高锅炉给粉的可靠性。

　　螺旋输粉机主要由装有螺旋导叶的螺旋杆和传动装置所组成。螺旋杆上装有螺旋形叶片，由传动装置带动在壳体内旋转，螺旋导叶使煤粉由一端推向另一端。当螺旋杆做反方向旋转时，煤粉向反方向输送。

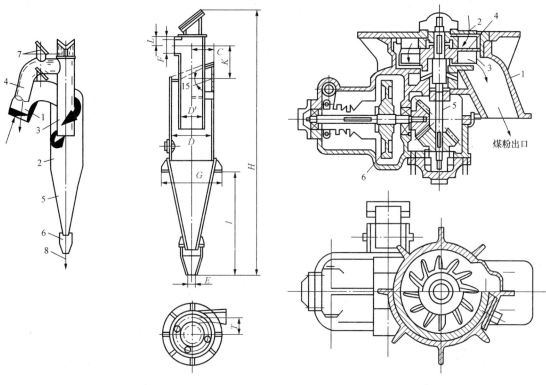

图 4-15　细粉分离器

1—气粉混合物入口管；2—分离器筒体；3—内套管；

4—干燥剂出口管；5—分离器筒体圆锥部分；

6—煤粉小斗；7—防爆门；8—煤粉出口

图 4-16　叶轮式给粉机

1—外壳；2—上叶轮；3—下叶轮；

4—固定盘；5—轴；6—减速器

　　6. 锁气器

　　只允许煤粉沿管道下落，而不允许气体通过的装置，以保证分离器的正常工作，通常安装在粗粉分离器和细粉分离器的落粉管上。锁气器有翻板式和草帽式两种形式。

　　如图 4-17 所示，两种形式的锁气器都是利用杠杆原理工作的。当翻板或活门上的煤粉质量超过一定数值时，翻板或活门自动打开，煤粉下落；而当煤粉减少到一定程度时，翻板或活门又自动关闭。其中草帽式活门容易被卡住而且不能倾斜布置，只能用于垂直管道上。

　　三、燃烧及燃烧设备

　　（一）燃烧反应和烟气成分

　　燃烧是指燃料中的可燃成分（C、H、S）与空气中的氧气（O_2）在高温条件下所发生的强烈的化学反应并放热的过程。

　　1kg（或 $1m^3$，标准状态）燃料完全燃烧时所需要的最低空气量（空气中没有剩余氧），称为理论空气量，记为 V^0，单位为 kg/m^3 或 m^3/m^3。理论空气量的质量 m。用式（4-12）计算，单位为 kg。实际送入炉膛内参与燃烧的空气量，称为实际空气量，记为 V^k，单位为

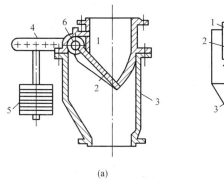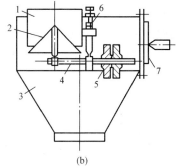

图 4-17 锁气器

(a) 翻板式；(b) 草帽式

1—煤粉管；2—翻板或活门；3—外壳；4—杠杆；5—平衡重锤；6—支点；7—手孔

kg/m^3 或 m^3/m^3。为了使燃料在炉内能够完全燃烧，减少不完全燃烧热损失，实际送入炉膛的空气量要比理论空气量大些。实际供给空气量与理论空气量之比，称为过量空气系数，记为 α，则

$$V^0 = \frac{1}{1.429 \times 0.21}\left(2.667\frac{C_{ar}}{100} + 7.94\frac{H_{ar}}{100} + \frac{S_{ar}}{100} + \frac{O_{ar}}{100}\right)$$
$$= 0.0889C_{ar} + 0.265H_{ar} + 0.0333(S_{ar} - O_{ar}) \tag{4-11}$$

$$m_0 = 1.293V^0 \tag{4-12}$$

$$\alpha = \frac{V^k}{V^0} \tag{4-13}$$

当燃烧反应产物中不再含有可燃物质时，称完全燃烧。当燃烧产物中含有可燃物质时，称为不完全燃烧。燃料燃烧后生成的产物是烟气和灰。烟气是多种成分组成的混合物，按照实际的燃烧过程，当供给燃料燃烧的氧量不同时，烟气将含有不同的组成成分。

当过量空气系数 $\alpha=1$，且燃料完全燃烧时，烟气中含有二氧化碳（CO_2）、二氧化硫（SO_2）、氮气（H_2）以及水蒸气（H_2O）4 种成分。

当过量空气系数 $\alpha>1$，且燃料完全燃烧时，烟气中含有二氧化碳（CO_2）、二氧化硫（SO_2）、氮气（N_2）、氧气（O_2）以及水蒸气（H_2O）5 种成分。

当过量空气系数 $\alpha>1$，且燃料不完全燃烧时，烟气中除含有二氧化碳（CO_2）、二氧化硫（SO_2）、氮气（N_2）、氧气（O_2）以及水蒸气（H_2O）以外，还有可能含有没有完全燃烧的一氧化碳（CO）、氢气（H_2）、甲烷（CH_4）等气体，一般氢气（H_2）、甲烷（CH_4）的含量很少，只考虑一氧化碳（CO）气体。

（二）煤粉气流的燃烧过程

煤粉在炉内的燃烧过程大致经历三个阶段，即着火前的准备阶段、燃烧阶段和燃尽阶段。

1. 着火前的准备阶段

煤粉进入炉内至着火这一阶段为着火前的准备阶段。在此阶段，煤粉气流不断被烟气加热，其中的水分蒸发，挥发分析出，煤粉与空气混合物达到着火温度。

2. 燃烧阶段

当煤粉温度升高至着火温度而煤粉浓度又合适时，煤粉就开始着火燃烧，进入燃烧阶段。此阶段包括挥发分和焦炭的燃烧。燃烧阶段是一个强烈的放热阶段。煤粉中的挥发分首先着火燃烧，放出热量，并对焦炭进行加热，使其达到较高温度开始燃烧。煤粉气流一旦燃烧，可燃质与氧发生高速的燃烧化学反应，放出大量的热。燃料的放热量大于水冷壁的吸热量，烟气温度逐渐升高。

3. 燃尽阶段

燃尽阶段是燃烧阶段的继续，仍属于放热阶段。在此阶段，大部分可燃质已经燃尽，只剩少量残余炭粒继续燃烧。由于残余炭粒常被灰分和烟气包围，空气很难与之接触；另外，在此阶段氧浓度相应减少，风粉混合较差，空间温度较低，以致这一阶段燃烧反应进行的非常缓慢，需要的时间较长。

对应于煤粉燃烧的三个阶段，可以在炉膛中划分出三个区，即着火区、燃烧区与燃尽区。

（三）煤粉迅速完全燃烧条件

1. 相当高的炉内温度

温度是燃烧反应的基本条件，燃烧的快慢和完全程度均与温度相关。炉膛温度高，不仅可以促进煤粉很快着火，迅速燃烧，而且还有利于煤粉燃尽。然而，对于固态排渣锅炉而讲，炉膛温度也不能太高。因为过高的炉温有可能导致炉膛结渣，受热面膜态沸腾或者生成过多的氮氧化物。一般锅炉的炉温在 $1000\sim2000℃$ 比较合适。

2. 供应充足而又合适的空气量

供应充足而又合适的空气量即保证适当的过量空气系数。如果空气量不足，可燃物得不到足够的氧气，燃烧速度会降低，还会造成不完全燃烧热损失。如果空气量过多，会降低炉膛温度，使燃烧速度也降低，同时还会引起锅炉排烟量增大，排烟热损失增加。因此，应根据炉膛出口最佳过量空气系数来确定实际空气供给量。

3. 空气和煤粉的良好扰动和混合

燃料和空气的良好混合使炉内烟气能够回流对煤粉气流进行加热，以使其迅速着火。而燃料与空气的良好扰动，对燃烧阶段向碳粒表面提供氧气，向外扩散二氧化碳都有重要意义。

4. 炉内足够的停留时间

燃料由着火到全部燃尽需要一定的时间。煤粉只有在炉内停留足够的时间才能保证可燃质的完全燃烧。为了保证煤粉完全燃尽，除了保持炉内火焰充满程度和使炉膛有足够的空间和高度以外，还要设法缩短燃料着火与燃烧阶段的时间。

（四）煤粉燃烧器

煤粉燃烧器是锅炉的主要组成部件，其作用是将煤粉和燃烧所需的空气送入炉膛，组织一定的气流结构，使燃料能迅速稳定地着火、迅速燃烧、完全地燃尽。

根据燃烧器出口气流特性，煤粉燃烧器分为直流煤粉燃烧器与旋流煤粉燃烧器两类。

1. 直流煤粉燃烧器

直流煤粉燃烧器通常由一列矩形喷口组成。煤粉气流和热空气从喷口射出后，不发生方向的旋转。直流煤粉燃烧器可以布置在炉膛四角、炉膛顶部或炉膛中部的拱形部分，从而形成四角布置切圆燃烧方式、W 火焰燃烧方式和 U 形火焰燃烧方式。在我国的燃煤电站锅炉中，应用最广的是四角布置切圆燃烧方式。

所谓四角布置切圆燃烧方式是燃烧器布置在炉膛四角，每个角的燃烧器出口气流的几何轴线均切于炉膛中心的假想圆，形成旋转燃烧火焰，同时在炉膛内形成一个自下而上的旋转上升的漩涡气流，如图 4-18 所示。

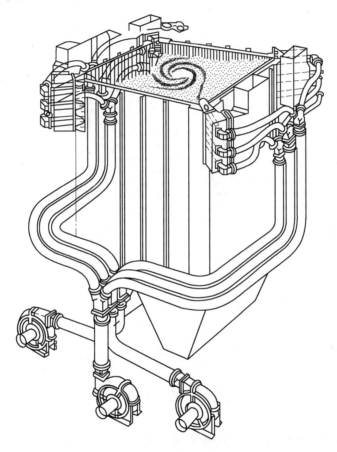

图 4-18　切圆燃烧方式

该燃烧方式由于四角射流着火后相交，相互点燃，有利于稳定着火；四股气流相切于假想圆后，使气流在炉内强烈旋转，有利于燃料与空气的扰动混合；而且火焰在炉内的充满程度较好，故得到广泛应用。

根据燃烧器中一、二次风喷口的布置情况，直流煤粉燃烧器分为均等配风和分级配风两种形式。

（1）均等配风直流煤粉燃烧器。均等配风方式是指一、二次风喷口相间布置（即在两个一次风喷口之间均等布置一个或两个二次风喷口），或者在每个一次风喷口的背火侧均等布置二次风喷口，如图 4-19 所示。

在均等配风方式中，一次风喷口和二次风喷口相间隔布置，距离比较近，使得一次风和二次风接触早，使煤粉气流着火后不致由于空气跟不上而影响燃烧，此种配风方式适用于挥发分比较高的烟煤、褐煤，故又叫做烟煤—褐煤型直流煤粉燃烧器。

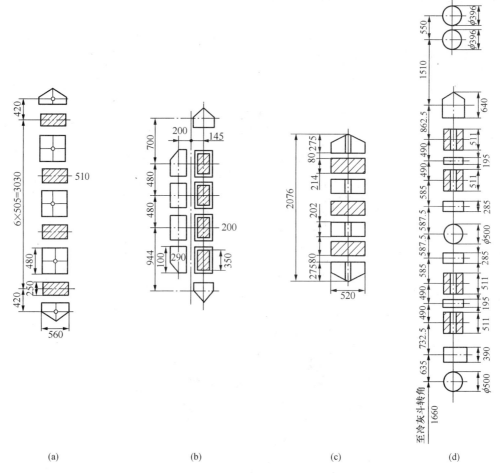

图 4-19 均等配风的直流燃烧器喷口布置
(a) 适用烟煤；(b) 适用贫煤和烟煤；(c)、(d) 适用褐煤

(2) 分级配风直流煤粉燃烧器。分级配风方式是指将燃烧所需要的二次风分级分阶段地送入燃烧的煤粉气流中，即将一次风喷口较集中地布置在一起，而二次风喷口分层布置，且一、二次风喷口保持较大的距离，以便控制一、二次风的混合时间，这对于无烟煤的着火与燃烧是有利的，故该燃烧器适用于无烟煤、贫煤和劣质煤，又叫做无烟煤型直流煤粉燃烧器。

分级配风直流煤粉燃烧器（见图 4-20）在燃烧过程不同时期的各个阶段，按需要送入适量空气，保证煤粉既能稳定着火，又能完全燃烧。其燃烧特点是着火区保持比较高的煤粉浓度，以减少着火热；燃烧放热比较集中，使着火区保持高温燃烧状态，适用于难燃煤；煤粉气流刚性增强，不易偏斜贴墙；同时，卷吸高温烟气的能力加强。

2. 旋流煤粉燃烧器

旋流煤粉燃烧器的二次风是旋转射流，一次风射流可为直流射流或旋流射流。气流在离开燃烧器之前，在圆形喷口中作旋转运动。当旋转气流离开喷口失去管壁控制时，气流将沿螺旋线的切线方向运动，形成辐射状的空心锥气流，如图 4-21 所示。

按旋流器的不同，旋流煤粉燃烧器主要有蜗壳式旋流燃烧器和叶片式旋流燃烧器两类。

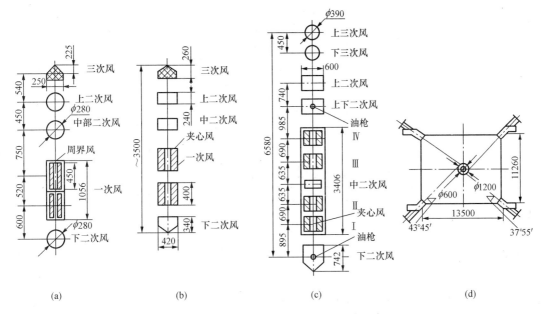

图 4-20　分级配风的直流煤粉燃烧器喷口布置

(a) 适用无烟煤（采用周界风）；(b)、(c) 适用无烟煤（采用夹心风）；(d) 燃烧器四角布置

前者由于阻力大，调节性能差，大型锅炉已很少采用；后者应用较多。

叶片式旋流燃烧器按其结构分为切向叶片式和轴向叶轮式。切向叶片式的叶片是可调的，调节叶片的倾角即可调节气流的旋流强度，应用较广，其结构如图 4-22 所示。

旋流煤粉燃烧器通常布置在炉膛的前、后墙或两面墙上，采用单侧墙或对冲式交错布置，其布置方式对炉内空气动力场和火焰充满程度影响很大。

一般来说，燃烧器前墙布置，火焰呈 L 形，煤粉管道最短，而且各燃烧器阻力系数相近，煤粉气流分配较均匀，沿炉膛宽度方向热偏差较小，但火焰后期扰动混合较差，气流死

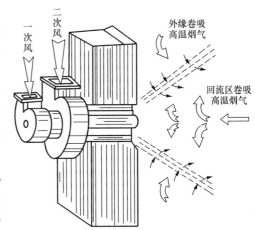

图 4-21　旋流煤粉燃烧器的工作

滞区大，炉膛火焰充满程度往往不佳。燃烧器对冲布置，两火炬在炉膛中央撞击后，大部分气流扰动增大，火焰充满程度相对较高，但若两燃烧器负荷不对称，易使火焰偏向一侧，引起局部结渣和烟气温度分布不均。两面墙交错布置时，炽热的火炬相互穿插，改善了火焰的混合和充满程度。燃烧器炉顶布置形成 U 形火焰，顶部布置时引向炉顶燃烧器的煤粉管道特别少，很少采用。燃烧器炉底布置则只在少数燃油锅炉或燃气锅炉中采用。

（五）点火装置

点火装置的作用是在锅炉启动时点燃主燃烧器的煤粉气流。此外，当锅炉低负荷运行或燃用劣质煤时，由于炉温降低，影响煤粉稳定着火，甚至有灭火的危险时，也用点火装置来稳定燃烧或作为辅助燃烧设备。

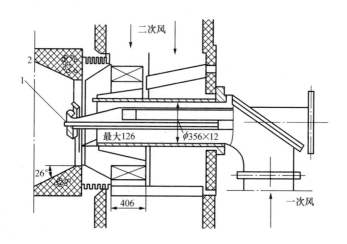

图 4-22 切向叶片式旋流燃烧器的结构
1—点火器；2—喧口

目前，大容量锅炉的煤粉燃烧器点火均使用液体燃料或气体燃料，采用多级点火方式。即由电引燃器发火，逐级点燃气体燃料、液体燃料和煤粉；或者由电引燃器直接点燃液体燃料（轻油或重油），再点燃煤粉。通常采用的电引燃方式有电火花点火、电弧点火和高能点火等。

（1）电火花点火装置。电火花点火装置由打火电极、火焰检测器和可燃气体燃烧器三部分组成。点火杆与外壳组成打火电极，该点火装置是借助 $5000 \sim 8000V$ 的高电压在两极间产生电火花把可燃气体点燃，再用可燃气体火焰点燃油枪喷出的油雾，最后由油火焰点燃主燃烧器的煤粉气流。

（2）电弧点火装置。电弧点火装置由电弧点火器和点火轻油枪组成。电弧点火的起弧原理与电焊相似，即借助于大电流在两极间产生电弧。电极由炭棒和炭块组成。通电后，炭棒和炭块先接触再拉开，在其间隙处形成高温电弧，足以把气体燃料或液体燃料点着。由于电弧点火装置可直接引燃油类，且性能比较可靠，因而是国内煤粉锅炉上使用的点火装置的主要形式。

（3）高能点火装置。高能点火装置利用点火变压器的 RC 电路充放电功能，使点火电嘴两极间的半导体面上形成能量很大的点火花来点燃燃料。高能点火装置是一种有发展前途的点火装置。

（六）锅炉炉膛

锅炉炉膛是供燃料燃烧的空间，也称燃烧室。煤粉的燃烧过程不仅与燃烧器的结构有关，而且在很大程度上也取决于炉膛的结构、燃烧器在炉膛内的布置及所形成的空气动力场的特性。

炉膛既是燃料燃烧的空间，同时内部又布置了大量的受热面。因此炉膛结构应既能保证燃料的完全燃烧，又能使烟气在到达炉膛出口时被冷却到对流受热面不结渣的温度。

炉膛的结构和尺寸与煤种、燃烧方式、燃烧器的形式和布置、火焰的形状和行程等因素有关。现代电厂煤粉炉的炉膛是一个由炉墙围成的立体空间，其结构如图 4-23 所示。

炉膛四周内壁布满水冷壁。炉墙一般由四层组成：内层为耐火混凝土，中间为保温混凝土，外层为保温板，表层为密封涂料抹面层，其总厚度一般不超过 200～250mm。炉底由前后墙水冷壁弯曲而成倾斜的冷灰斗。为了便于灰渣自动滑落，冷灰斗斜面的水平倾斜角应大于 50°。大容量锅炉的炉膛顶部都采用平炉顶结构，平炉顶可利用顶棚管过热器作骨架，采用敷管炉墙，以简化炉顶结构。炉膛上部布置屏式过热器，以降低炉内温度，防止结渣。后水冷壁上部弯曲而成折焰角，折焰角约为炉膛深度的 20%～30%，其作用是改善火焰在炉内的充满程度，又使烟气对屏式过热器的冲刷由斜向改为横向，保证屏式过热器的传热，同时减轻受热面管道的磨损。折焰角还延长了水平烟道的长度，便于布置过热器和再热器，使锅炉整体结构紧凑。

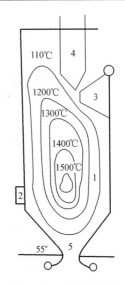

图 4-23 煤粉炉炉膛
1—等温线；2—燃烧器；3—折焰角；
4—屏式过热器；5—冷灰斗

在固态排渣煤粉炉炉膛中煤粉和空气在炉内强烈混合并燃烧，火焰中心温度可达 1500℃ 以上，灰渣处于液态。由于周围水冷壁的吸热，烟温逐渐降低，炉膛出口处的烟温一般要冷却至 1100℃ 以下，使烟气中的灰渣冷凝成固态，以防止结渣。煤粉燃烧生成的灰渣分为两部分，其中 80%～95% 为飞灰，它们随烟气向上流动，经屏式过热器进入对流烟道；剩下约 5%～20% 的大渣粒或渣块落入冷灰斗。

四、空气预热器

空气预热器是利用锅炉尾部烟气的热量加热空气的热交换设备，是锅炉沿烟气流程的最末一级受热面。

在烟气侧，由于它工作在烟气温度最低的区域，回收了烟气热量，降低了排烟温度，因而提高了锅炉效率，节省了燃料；同时，由于燃烧空气温度的提高，有利于燃料的着火和燃烧，减少燃料不完全燃烧热损失；炉膛温度的提高还可以强化炉内的辐射换热，在一定的蒸发量下锅炉可以少布置受热面，节约了金属，降低了锅炉造价；由于采用空气预热器后排烟温度的降低，改善了引风机的工作条件。

空气预热器按传热方式可分为两大类，即传热式和蓄热式。

（一）管式空气预热器

管式空气预热器（见图 4-24）整体为管箱结构，管箱由为 $\phi(40～51)\times1.5mm$ 有缝薄壁钢管和上、下管板组成，为使结构紧凑和增强换热，管子错列布置；同时为了使空气作多次交叉流动，水平方向装有中间管板。组装时，为防止空气经过相邻管箱间的间隙漏到烟气中，在间隙中加装密封膨胀节或把相邻管箱的管板直接焊接起来。管式空气预热器结构简单，制造、安装、检修方便，工作可靠，漏风小；但其结构尺寸大，金属用量大，使大容量锅炉尾部受热面布置困难，因此，一般用于中、小容量锅炉。此外，由于管式空气预热器具有漏风少的优点，在循环流化床锅炉上应用较为广泛。

煤粉采用管式空气预热器时，多为立式布置。烟气自上而下在管内纵向流动，空气在管外横向冲刷，烟气的热量通过金属壁面传给空气，如图 4-24 所示。

燃油锅炉的管式空气预热器，多采用卧式布置。空气在管内纵向流动，烟气在管外横向冲刷。采用这种布置一方面是因为烟气中飞灰很少，磨损较轻，更主要的是可以提高管壁温

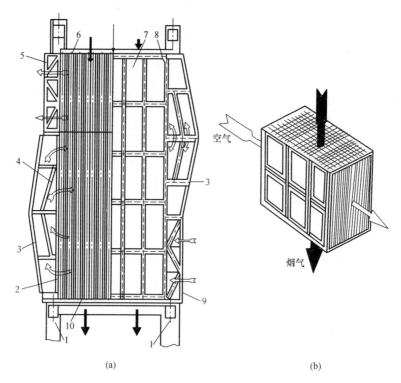

图 4 - 24 管式空气预热器

（a）空气预热器纵剖面图；（b）管箱

1—锅炉钢架；2—预热器管子；3—空气连通罩；4—导流板；5—热风道的连接法兰；
6—上管板；7—预热器墙板；8—膨胀节；9—冷风道的连接法兰；10—下管板

度，减轻低温腐蚀发生的可能性。管式空气预热器卧式布置后，烟气在管外横向冲刷，对流换热系数大，对管子的加热较强；空气在管内纵向冲刷，对流换热系数较小，对管子的冷却较弱，这样管壁温度就可以更高一些。立式布置时与上述情况相反。在相同条件下，卧式布置较立式布置的壁温约可高出 20～30℃。

另外，空气预热器低温腐蚀最严重的部位是烟气出口处。采用卧式布置时，腐蚀严重的是空气预热器下部几排管子，检修时只需要更换下部几排管子即可。而立式布置则不同，立式管式空气预热器腐蚀的是整个管箱的所有管口，检修时需要更换整个管箱。

（二）回转式空气预热器

随着锅炉参数的提高和容量的增大，管式空气预热器的受热面也越来越大，致使锅炉尾部受热面布置困难。因此，目前大型锅炉多采用结构紧凑、质量较轻的回转式空气预热器。回转式空气预热器按照转动部件的不同分为受热面回转式和风罩回转式两种类型。

1. 受热面回转式空气预热器

受热面回转式空气预热器主要由圆柱形受热面转子、固定的外壳、轴、传动装置以及密封装置等组成，其结构如图 4 - 25 所示。

转子是装载传热元件并能旋转的圆柱形部件，包括轴、中心筒、外圆筒、隔板和传热元件等。中心筒和外圆筒之间从上至下用隔板沿径向切割成互不相通的独立扇形部分，每个扇形部分再用切向隔板分成若干个扇形仓格。扇形仓格内装有一般厚度 0.5～1.25mm 薄钢板

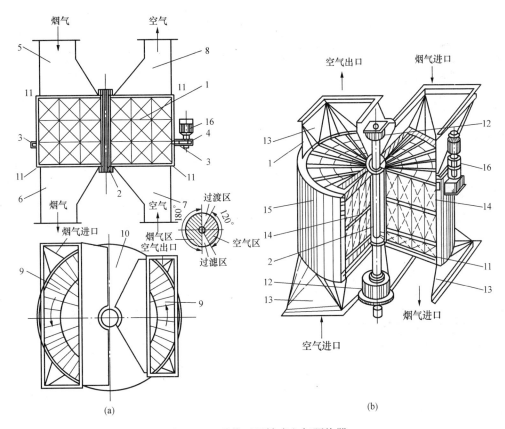

图 4-25　受热面回转式空气预热器

1—转子；2—轴；3—环形长齿条；4—主动齿轮；5—烟气入口；6—烟气出口；7—空气入口；8—空气出口；
9—径向隔板；10—过渡区；11—密封装置；12—轴承；13—管道接头；14—受热面；15—外壳；16—电动机

轧制成的波形板和定位板等蓄热元件。波形板和定位板相间排列，保证气流的流通面积。圆形外壳的顶部和底部上下对应地被分隔成烟气流通区、空气流通区和密封区。

受热面转子以 1~4r/min 的转速转动，转子中的传热元件（蓄热板）便交替地被烟气加热和空气冷却，烟气的热量也就传给了空气。受热面转子每转一周，传热元件吸热、放热一次。

漏风是受热面回转式空气预热器在运行中存在的主要问题，包括间隙漏风和携带漏风两种情况。由于转子和静止的外壳之间存在间隙，而空气侧的压力又高于烟气侧的压力，在压差的作用下空气就能经过间隙漏入烟气中，这就是间隙漏风。而携带漏风是指旋转的受热面将存在在传热元件空隙间的空气或烟气携带到烟气侧或空气侧的漏风情况。因转子的转速很低，回转式空气预热器的携带漏风量很少，主要的是间隙漏风。而间隙漏风又包括径向、环向、轴向间隙漏风，三者中径向间隙漏风量最大。为了减小漏风，受热面回转式空气预热器一般都装设径向、环向和轴向密封装置。

2. 风罩回转式空气预热器

风罩回转式空气预热器的结构如图 4-26 所示。受热面固定不动，称为静子。静子外壳与上、下烟道相连。在烟道内装有"8"字形上、下风罩，中心轴将它们连成一体。受热面圆形截面被分为两个烟气流通区和两个空气流通区，并且被过渡区（密封区）隔开。风罩以

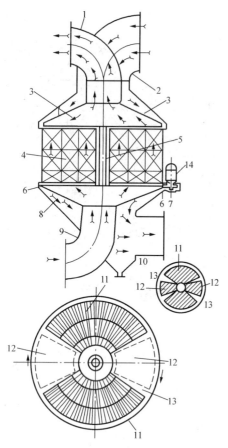

图 4-26 风罩回转式空气预热器

1—上风道；2—上烟道；3—上回转风罩；
4—受热面静子；5—中心轴；6—齿条；
7—齿轮；8—下回转风罩；9—下风道；
10—下烟道；11—烟气流通截面；
12—空气流通截面；13—过渡区；
14—电动机

$1\sim2r/min$ 的转速旋转，空气自下而上由固定风道进入旋转风罩，分成两股进入受热面，加热后的热风经上风罩汇集后由热风道引出。烟气自上而下同样分成两股流过风罩以外的受热面从而加热传热元件。风罩每旋转一圈，空气与烟气进行两次热量交换。

五、风机

风机是一种把机械能转变为流体的势能和动能的设备。在电厂中，风机承担着连续不断地供给燃料燃烧所需要的空气，并把燃烧生成的烟气和飞灰排出炉外的任务。风机是发电厂锅炉设备中的重要辅机之一，在锅炉上应用的主要为送风机、引风机、一次风机、密封风机等。

（一）风机工作原理

（1）离心式风机工作原理。原动机带动叶轮旋转，旋转的叶轮对流体做功，流体在惯性离心力的作用下，从中心向叶轮边缘流去，其压强和流速不断增高，最后以很高的速度流出叶轮进入泵壳，并经出口阀门排出；同时，由于叶轮中心流体流向边缘，在叶轮中心形成低压区，周围流体将在压差作用下流向低压区。

（2）轴流式风机工作原理。当原动机驱动浸在流体中的叶轮旋转时，叶轮中的流体会作用叶轮一个升力，而叶片也会同时给流体一个与升力大小相等、方向相反的反作用力，即推力。流体在此推力的作用下能量增加，并沿轴向流出叶轮，经过导叶等部件进入压出管道；同时，叶轮进口处的流体被吸入。只要叶轮不断地旋转，流体就会不断地被压出和吸入，从而形成轴流式风机的连续工作。

（二）风机的调节方式

1. 离心式风机的常用调节方式

离心式风机的常用调节方式有节流调节、进口导向器调节、变速调节、组合方式调节 4 种。

节流调节是利用设置在风机进口或出口管路上的节流挡板，通过改变其开度来改变风机工作点的位置，以达到调节风量的目的。这种调节方式会造成节流损失，经济性差。

进口导向器调节是通过改变风机入口导向器叶片的角度，使风机叶片进口气流的切向分速度发生变化，从而使风机的特性曲线得到改变。当外界系统阻力未变时，由于风机特性曲线的改变，使风机的运行工作点位置相应改变，从而达到风量调节的目的。采用导向器调节会使风机效率降低，但在 $70\%\sim100\%$ 调节范围内，它的经济性比节流调节要高得多，而且导向器结构简单、调节性能较好、维护方便，所以这种调节方式目前应用比较广泛。

变速调节是指通过改变风机叶轮的工作转速，使风机的特性曲线发生变化，从而达到改变风机运行的工作点和调节风量的目的。

组合方式调节，即在一台风机同时采用两种调节方式，常见的有进口导流器调节和变速调节的组合。

2. 轴流式风机的常用调节方式

轴流式风机的常用调节方式是动叶调节。在风机运行中，通过改变风机动叶片的安装角度，使风机的特性曲线发生改变，来实现改变风机运行工作点和调节风量的目的。减小叶片安装角时，风机的流量、扬程、轴功率都减小，故启动时可以通过减小叶片安装角以降低启动功率。

第三节　锅炉的汽水系统及设备

一、锅炉水循环

锅炉水循环是指锅炉蒸发受热面工质加热汽化的循环方式和系统布置。蒸发受热面内的工质为汽水两相混合物，它在蒸发受热面中的流动可以是循环的，也可以是一次性通过的。相对于不同的循环方式其系统布置也有所差别。根据工质在蒸发受热面内的循环方式不同，锅炉分为自然循环锅炉、控制循环锅炉、直流锅炉以及复合循环锅炉。

（一）自然循环锅炉

在水循环回路中，水冷壁中工质吸收炉膛和烟气的高温辐射热量，部分水蒸发，形成汽水混合物；而下降管布置在炉外不受热，管内工质为水。因此，下降管中水的平均密度大于水冷壁中汽水混合物的平均密度，在下联箱两侧则产生压力差，此压力差将推动工质在水冷壁中向上流动以及在下降管中向下流动，形成自然循环。自然循环锅炉的水循环流程为汽包→下降管→下联箱→水冷壁（或称上升管）→汽包，如图 4-27 所示。

循环流速和循环倍率是反映自然循环工作可靠性的重要指标。

在循环回路中，按工作压力下饱和水密度折算的上升管入口处的水流速称为循环流速。循环流速的大小反映了管内流动的工质将管外传入的热量和管内所产生的气泡带走的能力。循环流速越大，单位时间内进入水冷壁的水量就越多，从管壁带走的热量及气泡越多，对管壁的冷却条件也越好。

进入上升管的循环水流量与上升管出口的蒸汽流量之比值称为循环倍率。循环倍率的意义是上升管中每产生 1kg 蒸汽，需要进入上升管的循环水量；或 1kg 水全部变成蒸汽，在循环回路中需要循环的次数。

循环倍率的倒数称为上升管出口汽水混合物的干度或质量含汽率。循环倍率越大，则质量含汽率越小，表示上升管出口汽水混合物中水的份额较大，管壁水膜稳定。但循环倍率值过大，表示上升管中蒸汽量太少。汽水混合物的平均密度增大，运动压头减小，这将使循环水速降低，对水循环安全是不利的。若循环倍率过小，则含汽率过大，上升管出口汽水混合

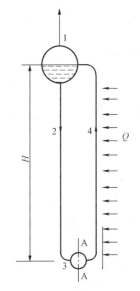

图 4-27　自然循环回路示意

1—汽包；2—下降管；
3—下联箱；4—水冷壁

物中蒸汽的份额过大，管壁水膜可能被破坏，从而造成管壁温度过高而烧坏。

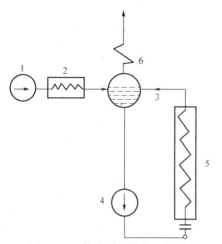

图 4-28　控制循环锅炉工作原理

1—给水泵；2—省煤器；3—汽包；4—锅水循环泵；
5—水冷壁；6—过热器

（二）强制循环锅炉

为了保证水循环的稳定性，在自然循环回路的下降管上安装一台炉水循环泵，构成强制循环锅炉。在强制循环锅炉中工质循环的推动力由自然循环运动压头和锅水循环泵共同提供，循环推动力大，因此循环回路能够克服较大的流动阻力。

强制循环锅炉由于有较大的循环运动压头，在水冷壁中可以采用较高的工质质量流速保证传热工况的安全性，因而较自然循环锅炉可以采用较低的循环倍率，一般强制循环锅炉循环倍率为2~4。强制循环锅炉在水冷壁上升管入口处均安装不同管径的节流圈，以调节上升管中的工质流量分配，避免出现脉动、循环停滞和倒流等故障，此类强制循环锅炉称为控制循环锅炉，如图4-28所示。

（三）直流锅炉

如图4-29所示，直流锅炉的给水在给水泵的推动下，顺序流过省煤器、水冷壁、过热器等受热面，依次完成水的加热、汽化和蒸发过热过程，最后蒸汽达到额定参数。直流锅炉没有汽包，整台锅炉有许多管子并联，之后用联箱串联连接而成。在直流锅炉中，因为所有受热面内工质流动都是靠给水泵的压头推动的，所以所有受热面内工质都是强制流动的，直流锅炉循环倍率等于1。

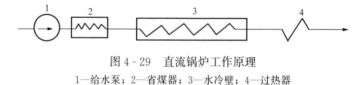

图 4-29　直流锅炉工作原理

1—给水泵；2—省煤器；3—水冷壁；4—过热器

直流锅炉由于不用汽包，制造方便，制造成本降低，钢材消耗量少；同时由于没有汽包等厚壁元件，热应力小，惯性小，负荷变化速度快；整个受热面工质均为强制流动，安全有保障，受热面布置自由灵活；适合亚临界参数，也适合超临界参数。

直流锅炉的缺点：因为没有汽包不能排污，给水的全部盐分都进入蒸汽，因此，对锅炉给水品质要求高；由于热应力小，负荷变化时蒸汽温度和压力变化速度快，对自动控制系统要求高；直流锅炉要求有专门的启动旁路系统，以保证启动时建立一定的启动流量，防止受热面过热损坏；所有工质流动均靠给水泵压头推动，给水泵耗功大；直流锅炉蒸发受热面中容易出现流动不稳定、脉动及沸腾传热恶化现象，受热面工作不安全。

（四）复合循环锅炉

复合循环锅炉是在直流锅炉和控制循环锅炉的基础上发展形成的，与直流锅炉的区别是在省煤器和水冷壁之间装置了由循环泵、混合器、止回阀、分配器和再循环管组成的再循环系统（见图4-30）。根据工质循环的负荷范围不同复合循环锅炉分为全部负荷复合循环锅炉（低循环倍率锅炉）和部分负荷复合循环锅炉两种。

全部负荷复合循环锅炉即低循环倍率锅炉，在整个负荷范围内蒸发受热面均有工质进行再循环，额定负荷时其循环倍率一般为 1.2～2。随着锅炉负荷降低，再循环流量增多，循环倍率增大。

部分负荷复合循环锅炉在低负荷运行时进行再循环，而在高负荷时转入直流运行。锅炉由再循环转变到直流运行的负荷一般是额定负荷的 65%～80%。

二、锅炉蒸发设备

蒸发设备是锅炉重要的组成部分，其作用是吸收炉内燃料燃烧放出的热量，把锅水加热成饱和蒸汽。对于自然循环锅炉，蒸发设备包括汽包、下降管、水冷壁、联箱及连接管道等，如图 4-31 所示。

(一) 汽包

汽包是锅炉的重要组成部件，安装在炉外顶部，不接受火焰或高温烟气的热量，外部覆有保温材料。

1. 汽包的结构

汽包是一个长圆筒形的压力容器，由筒身和两端的

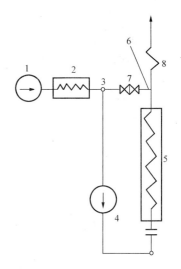

图 4-30　复合循环锅炉工作原理
1—给水泵；2—省煤器；3—混合器；
4—循环泵；5—水冷壁；6—再循环管；
7—止回阀；8—过热器

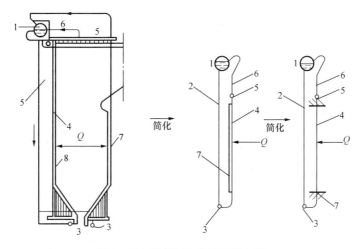

图 4-31　自然循环锅炉蒸发系统
1—汽包；2—下降管；3—下联箱；4—水冷壁；5—上联箱；6—汽水混合物引出管；7—炉墙；8—炉膛

封头组成。筒身由钢板卷制焊接而成，封头由钢板模压而成。封头中部设置圆形或椭圆形的人孔门，用于安装和检修时工作人员进出。在汽包外部开有很多圆孔，并焊接上短管，用以连接各种管子，如汽水引入管、下降管、饱和蒸汽引出管、连续排污管、加药管等。

现代大型锅炉的汽包一般用吊箍悬吊在大梁上，悬吊结构有利于汽包受热时的自由膨胀。

汽包的尺寸和材料要与锅炉的参数、容量相适应，并与其内部装置结构有关。锅炉容量和压力越高，汽包直径越大，汽包壁越厚。但过厚的汽包壁不仅使制造困难，同时在运行中由于内外温差大会产生过大的热应力，因此，一般会对汽包壁进行控制，同时选用高强度的

材料。

2. 汽包的作用

（1）汽包与省煤器出口直接相连，接受省煤器的给水，并向过热器输送饱和蒸汽；同时水冷壁、下降管分别连接于汽包，形成自然循环回路。因此，汽包是加热、蒸发、过热三个过程的连接枢纽和分界点。

（2）汽包具有一定的蓄热能力，能较快适应外界负荷变化，减缓负荷变化时汽压变化的速度。

（3）汽包内部装有各种净化装置，如汽水分离装置、蒸汽清洗装置、排污及加药装置等，从而改善了蒸汽品质。

（4）汽包外装有压力表、水位计和安全门等附件，用以控制汽包压力、监视汽包水位等，保证锅炉安全工作。

（二）下降管

下降管的作用是把汽包内的水连续不断地通过下联箱供给水冷壁，以维持正常的水循环。下降管布置在炉膛外不受热，其外包覆有保温材料，以减少散热。

下降管有小直径分散型和大直径集中型两种。大直径集中下降管的直径一般为325～762mm，接自汽包，垂直引至炉底，再通过小直径分支管引出接至各下联箱。小直径分散型下降管的管径一般为108～159mm，直接与下联箱相连。

小直径分散型下降管的管径小，管子数目多，流动阻力大，一般用在中、小容量锅炉上。现代大型锅炉大都采用大直径集中型下降管，它的优点是流动阻力小，有利于自然循环，并能节约钢材，简化布置。

下降管的材料一般选用碳钢或低合金钢。

（三）联箱

联箱的作用是将进入的工质汇集、混合、并均匀分配出去，一般布置在炉外不受热。由无缝钢管焊上弧形封头构成，在联箱上有若干管头与管子连接。联箱材料一般选用碳钢或低合金钢。

（四）水冷壁

敷设在炉膛四周或炉膛中部的水冷壁，与炉内火焰或烟气主要通过辐射方式进行换热，是锅炉中的主要蒸发受热面。它由许多并列上升的管子组成，常用的管材为碳钢或低合金钢。

现代锅炉的水冷壁有光管式、销钉式、膜式三种主要形式。

1. 光管水冷壁

用外形光滑的管子连续排列成平面结构形成光管水冷壁（见图4-32），材料一般选用无缝钢管。

2. 销钉式水冷壁

销钉式水冷壁（见图4-33）是在光管水冷壁管的外侧焊接上很多直径为9～12mm、长为20～25mm的圆柱形销钉。

在有销钉的水冷壁上敷盖一层铬矿砂耐火材料，

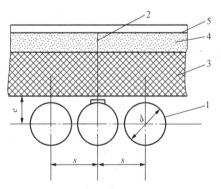

图4-32　光管水冷壁结构要素
1—上升管；2—拉杆；3—耐火材料；
4—绝热材料；5—外壳

形成卫燃带。卫燃带可以使水冷壁吸热量减少，炉内温度升高，有利于无烟煤、贫煤等难燃煤的初期着火。

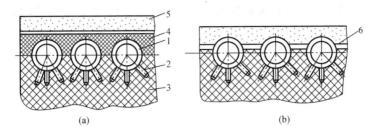

图 4 - 33　销钉水冷壁

（a）带销钉的光管水冷壁；（b）带销钉的膜式水冷壁

1—水冷壁管；2—销钉；3—耐火塑料层；4—铬矿砂材料；5—绝热材料；6—扁钢

3. 膜式水冷壁

膜式水冷壁是由鳍片管沿纵向依次焊接而成，构成整体受热面。膜式水冷壁的鳍片管有轧制鳍片管和焊接鳍片管两种类型，如图 4 - 34 所示。

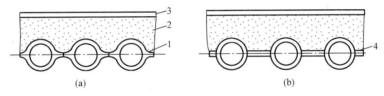

图 4 - 34　膜式水冷壁

（a）轧制鳍片管；（b）光管扁钢焊接鳍片管

1—轧制鳍片管；2—绝热材料；3—外壳；4—扁钢

膜式水冷壁使炉膛具有良好的严密性，适用于正压或负压的炉膛，对于负压炉膛还能大大地降低漏风系数。膜式水冷壁把炉墙与炉膛完全隔离开来，可采用无耐火塑料的敷管炉墙，只要保温材料就可以了，大大减轻了炉墙的厚度和质量。膜式水冷壁能承受较大的侧向力，增加了抗爆炸的能力。在相同的炉壁面积下，膜式水冷壁的辐射传热面积比光管水冷壁大，因而膜式水冷壁可节约钢材。因此，现代大型锅炉广泛采用膜式水冷壁。

4. 直流炉水冷壁

直流锅炉受热面工质流动均靠给水泵推动，驱动力大，因此相对于自然循环锅炉其水冷壁管的布置非常灵活，结构形式多样。直流炉水冷壁出现过三种相互独立的结构形式，即水平围绕管圈型（拉姆辛型）、垂直管屏型（本生型）和迂回管圈型（苏尔寿型），如图 4 - 35 所示。

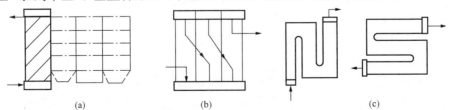

图 4 - 35　直流锅炉水冷壁的基本形式

（a）水平围绕管圈型；（b）垂直管屏型；（c）迂回管圈型

水平围绕管圈型水冷壁由多根平行的管子组成管圈，沿炉膛四壁盘旋围绕上升。四面水冷壁管子可以三面水平，一面微倾斜，也可以两对面水平，两对面微倾斜。在水平围绕管圈型基本结构上发展出四面倾斜的螺旋管圈水冷壁，水冷壁管组成管带，没有水平段，沿炉膛周界倾斜螺旋上升。目前大型直流锅炉的下部炉膛多采用螺旋管圈型的水冷壁结构。

垂直管屏型水冷壁结构（见图 4-36）是在炉膛四周布置多个垂直管屏，管屏之间在炉外用管子或联箱连接。整台锅炉的水冷壁可串联成一组或几组，工质顺序通过一组内的各管屏。在垂直管屏型的基础上，发展了适合大容量锅炉的一次垂直上升管屏型水冷壁（UP型）和两段垂直上升管屏型水冷壁（FW型）。一次垂直上升管屏型水冷壁的特点是工质在垂直管屏水冷壁中从炉底一次上升到炉顶，中间经过两次或三次混合。两段垂直上升管屏型水冷壁（FW型，见图 4-37）的特点是沿炉膛高度将水冷壁分成上辐射区和下辐射区两部分，在下辐射区热负荷较高，工质经过 2～3 次上升；上辐射区的热负荷较低，采用一次垂直上升管屏。

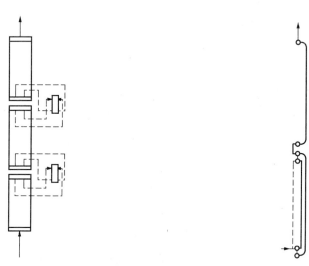

图 4-36　垂直管屏结构　　　　图 4-37　两段垂直上升管屏结构

迂回管圈型水冷壁结构由若干平行的管子组成管带，沿炉膛内壁上下迂回或水平迂回。这种管圈形式安全性较差，已逐渐被淘汰。

三、蒸汽的净化

为保证机组安全经济运行，锅炉需要生产一定数量和质量的蒸汽。蒸汽的质量包括两方面：一是要求蒸汽的参数（汽温、汽压）稳定；二是要求蒸汽品质好。

蒸汽品质一般用单位质量蒸汽中所含杂质的数量来表示。它反映了蒸汽的清洁程度，蒸汽中杂质含量越少，蒸汽越清洁，蒸汽品质越好。蒸汽中所含杂质包括各种盐类、碱类及氧化物，绝大部分是盐类物质，故通常以蒸汽含盐量的多少表示蒸汽的品质。含盐量越多，蒸汽品质越差。

蒸汽含盐特别是含盐过多将严重影响锅炉和汽轮机等设备的安全经济运行。含盐蒸汽在过热器中过热时，部分盐分会沉积在过热器管壁上形成盐垢，蒸汽流动阻力增大，同时由于流过的蒸汽量减少和传热热阻的增加，易造成管子过热损坏。一部分盐随蒸汽流动，沉积在管道阀门处，可能造成阀门卡涩和漏汽。沉积在汽轮机部分，会使喷嘴叶片的叶型改变，汽轮机效率降低；使轴向推力与叶片应力增大；影响转子平衡，引起汽轮机振动，甚至造成重大事故。为了保证锅炉、汽轮机等热力设备的长期安全经济运行，我国 GB/T 12145—2008《火力发电机组及蒸汽动力设置水汽质量》对蒸汽的含盐量提出了明确要求，监督的主要项目是蒸汽含钠量和含硅量。

水中的盐分是以两种方式进入到蒸汽中的：一是饱和蒸汽带水，也称为蒸汽的机械携带；二是蒸汽直接溶解某些盐分，也称为蒸汽的溶解性携带。在高压以上的锅炉中，蒸汽的清洁度决定于蒸汽带水和蒸汽溶盐两个方面。

锅炉运行中，提高蒸汽品质，必须降低饱和蒸汽带水量、降低蒸汽中的溶盐量和控制炉水含盐量。降低饱和蒸汽带水，需要建立良好的汽水分离条件和采用高效的汽水分离装置；减少蒸汽的溶解性携带，可采用高效的蒸汽清洗装置；控制炉水含盐量，应尽可能提高给水品质，而提高给水品质的方法是采用良好的化学水处理设备和系统，同时进行锅炉排污等。

（一）汽水分离装置

旋风分离器是现代大型机组锅炉中常用的汽水分离装置。它的主要部件有筒体、筒底、顶帽、连接罩、溢流环等，如图 4-38 所示。

旋风分离器的工作过程是：具有较大动能的汽水混合物通过连接罩沿切向进入分离器筒体，产生旋转运动。由于离心力的作用，大部分水被甩向筒壁，并沿筒壁流下，经筒底导叶流出，进入汽包水空间；蒸汽则旋转向上经顶帽进一步分离后，从径向进入汽包汽空间。

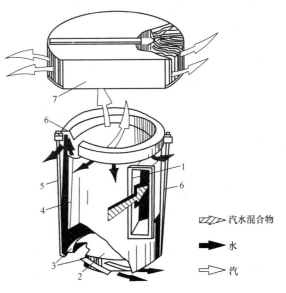

图 4-38　旋风分离器结构图
1—连接罩；2—底板；3—导向叶片；4—筒体；
5—拉杆；6—溢流环；7—波形板顶帽

波形板分离器（又称波纹板分离器）是锅炉常用的细分离装置，其结构如图 4-39 所示。波形板分离器是由许多平行的波形板组装而成。波形板厚 1～3mm，相邻波形板间的距离为 10mm，边框用 3mm 的钢板制成，以固定波形板。

波形板分离器的工作过程是：经粗分离后的湿蒸汽，低速进入波形板分离器间作曲折运动。在离心力和惯性力的作用下，水滴被分离出来，并黏附在波形板上形成水膜，而水膜又能黏附细小的水滴。水膜在重力的作用下向下流动，在波形板的下沿集聚成较大的水滴后落到汽包水面，蒸汽的湿度进一步降低。

（二）蒸汽清洗装置

汽水分离只能降低蒸汽的湿度而不能减少蒸汽中溶解的盐分。因此，为减少蒸汽中溶解的盐分，采用蒸汽清洗的方法。

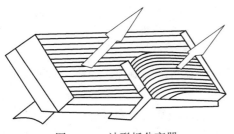

图 4-39　波形板分离器

所谓蒸汽清洗，就是让蒸汽穿过一层含盐浓度很低的清洗水，在物质扩散的作用下，蒸汽溶解的盐分中部分会扩散到清洗水中，蒸汽溶盐量降低，从而提高了蒸汽品质。现代电厂中一般用锅炉给水作为清洗水。

（三）锅炉排污

在蒸发系统中，给水里总会含有一些盐分；另外在进行了锅内加药处理后，锅水中的一些易结垢盐类转变成水渣；另外，锅水腐蚀金属也会产生一些腐蚀产物。随着锅炉的运行，锅水经不断地蒸发、浓缩，含盐量逐渐增大，水渣和腐蚀产物也逐渐增多。这样不仅会使蒸汽品质变差，当锅水含盐量超过允许值时，还会造成汽水共腾，使蒸汽品质恶化，严重影响锅炉和汽轮机的安全运行。因此在运行过程中需要排除部分锅水，补充清洁的给水，以控制锅水品质。这种从锅炉内排出部分锅水的方法称为锅炉排污。锅炉排污有连续排污和定期排污两种。

连续排污是指在运行过程中连续不断地排出部分锅水、悬浮物和油脂，以维持一定的锅水含盐量和碱度。连续排污的位置在锅水含盐浓度较大的汽包蒸发受热面附近，即汽包正常水位线以下 200～300mm 处。

定期排污是指在锅炉运行中，定期地排出锅水中的水渣等沉淀物。排污位置在沉淀物聚集最多的水冷壁下联箱底部。

四、过热器、再热器及调温

过热器与再热器是现代锅炉的重要组成部分，过热器的作用是将锅炉产生的饱和蒸汽加热成具有一定温度的过热蒸汽，送往汽轮机高压缸做功。随着过热蒸汽压力的提高，当压力达到高压及以上压力时，过热蒸汽的温度可能已不能保证膨胀终点的蒸汽湿度在允许的范围内。为避免汽轮机末级湿度过大，在超高压及以上机组中均采用再热器。再热器的作用是将汽轮机高压缸排出的蒸汽送回到锅炉，再加热到规定温度的再热蒸汽后送往汽轮机中、低压缸做功。过热器与再热器在系统中的位置如图 4-40 所示。

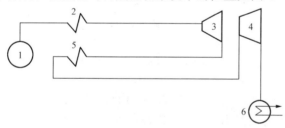

图 4-40 过热器和再热器在热力系统中的位置
1—汽包；2—过热器；3—汽轮机高压缸；
4—汽轮机中低压缸；5—再热器；6—凝汽器

（一）过热器、再热器形式及结构

根据受热面传热方式的不同，过热器、再热器均分为对流式、辐射式和半辐射式三种基本形式。

1. 对流过热器

对流过热器布置在锅炉对流烟道内，烟气与蒸汽间主要进行对流换热。对流过热器由进、出口联箱及许多并联的蛇形管组成，蛇形管与联箱之间通过焊接连接。烟气在管外横向冲刷蛇形管，并将热量传给管壁；蒸汽在管内纵向流动，吸收管壁的热量。大容量锅炉因机组蒸汽流量大，对流过热器常采用双管圈、三管圈或更多管圈结构，以增加并列管束，如图 4-41 所示。

按照烟气与管内蒸汽介质的相对流动方向，对流过热器可分为顺流、逆流、双逆流和串联混合流 4 种布置方式，如图 4-42 所示。

逆流布置的受热面，具有最大的平均传热温差，传热性能好，节省金属消耗；但高温段区域金属壁温很高，工作条件最差。顺流布置的受热面蒸汽出口处烟温最低，壁温较低，工

作安全；但平均传热温差最小，传热性能最
差，耗用的金属最多。双逆流和混合流布置的
受热面既利用了逆流布置传热性能好的优点，
又将蒸汽温度的最高端避开了烟气的高温区，
从而改善了蒸汽高温段管壁的工作条件。

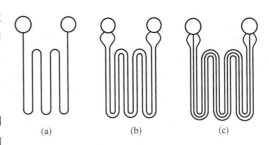

图 4-41　对流过热器的管圈结构

(a) 单管圈；(b) 双管圈；(c) 三管圈

　　对流过热器蛇形管的排列方式又有顺列和
错列两种，如图 4-43 所示。在其他条件（如
烟气流速和管子结构特性）相同时，错列布置
的管束传热性能优于顺列布置的管束，但顺列

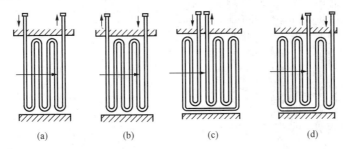

图 4-42　对流过热器按烟气与蒸汽相对流向的布置方式

(a) 顺流布置；(b) 逆流布置；(c) 双逆流布置；(d) 串联混合流布置

布置的管束有利于防止结渣和减轻磨损，而且烟气流动阻力小，便于布置吹灰器对受热面进
行有效吹扫。通常情况下，高温水平烟道中受热面多采用顺列布置，垂直烟道中受热面则多
采用错列布置。

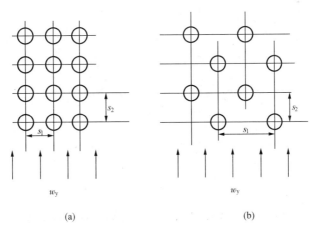

图 4-43　蛇形管束结构

(a) 顺列管束；(b) 错列管束

s_1—横向节距；s_2—纵向节距；w_y—烟气流速

　　按蛇形管的放置方式，对流过热器可分为立式和卧式两种布置形式。立式对流过热器通
常布置在水平烟道，卧式对流过热器布置在垂直烟道。

2. 辐射过热器

辐射式受热面布置在炉膛上部，以吸收辐射热为主。根据布置方式分为屏式过热器、墙式过热器、顶棚过热器等。

屏式过热器（见图4-44）由进、出口联箱和管屏组成，布置于炉膛上部，又称分隔屏或大屏。管屏沿炉膛宽度方向平行悬挂在靠近炉膛前墙处，进、出口联箱布置在炉顶外，整个管屏通过联箱吊挂在炉顶钢梁上，受热时可以自由向下膨胀。

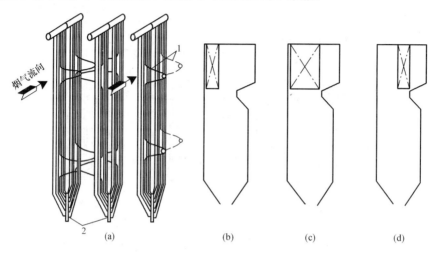

图4-44　屏式过热器

(a) 屏式过热器结构；(b) 前屏；(c) 大屏；(d) 后屏
1—定位管；2—扎紧管

墙式过热器结构与水冷壁相似，其受热面紧靠炉墙，通常布置在炉膛上部墙上的某一区域或与水冷壁管间隔布置，如图4-45所示。

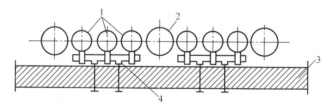

图4-45　墙式过热器与水冷壁的间隔布置示意
1—墙式辐射过热器；2—水冷壁管；3—炉墙；4—固定支架

顶棚过热器布置在炉膛顶部，一般采用膜式受热面结构。顶棚过热器区域热负荷较小，吸热量很小，采用其目的是构成轻型平炉顶，即在顶棚上直接敷设保温材料构成炉顶，简化结构。

3. 半辐射式过热器

半辐射过热器布置在炉膛出口处，既接受炉膛的辐射热量，又吸收烟气冲刷时的对流热量；采用挂屏结构，又称后屏过热器。

4. 包覆墙过热器

包覆墙过热器由光管组成，采用膜式结构。布置在大型锅炉的水平烟道、转向室和垂直烟道内壁。布置包覆墙过热器的主要目的是便于锅炉采用敷管式炉墙，以简化烟道炉墙的结构并减轻炉墙质量，为悬吊结构创造条件；同时提高炉墙的严密性，减少烟道漏风。

　　5. 再热器受热面

　　对流再热器的结构与对流过热器类似，也是由许多并列的蛇形管和进、出口联箱构成。通常布置在对流过热器之后。对流再热器有高温对流再热器和低温对流再热器两种。高温对流再热器一般采用立式、顺流布置在水平烟道内；低温对流再热器一般采用卧式、逆流布置在竖直烟道内。

　　墙式再热器布置在炉膛上部的前墙和两侧墙的上前侧，主要吸收辐射热量。受热面区域热负荷较大，通常作为低温受热面。

　　半辐射再热器也采用屏式结构，一般布置在后屏过热器之后。

　　（二）过热器、再热器系统

　　电厂锅炉采用不同类型的过热器及再热器组成的串联蒸汽系统，不同参数和容量的锅炉，蒸汽系统的级数和布置也不相同。

　　在中低参数的锅炉中一般只采用对流过热器，而现代大型锅炉为了减少过热器金属消耗，降低炉膛出口烟温及获得平稳的汽温特性，广泛采用辐射—半辐射—对流等多种类型的串联组合式过热器。

　　对于再热器蒸汽系统，在超高压锅炉上一般只采用对流再热器；在亚临界及以上压力机组中则多采用辐射—半辐射—对流多级串联组合式再热器。

　　（三）过热器、再热器的汽温特性

　　过热器或再热器出口蒸汽温度与锅炉负荷之间的关系，称为汽温特性，即 $t=f(D)$。不同形式的受热面，其汽温特性不同。

　　1. 过热器的汽温特性

　　对流过热器出口汽温随锅炉负荷的增大而升高，反之，随锅炉负荷的减小而降低。锅炉负荷增大时，一方面，锅炉燃料量和空气量都增多，燃烧生成的烟气量也增多，炉膛出口的烟气温度和烟气流速随之升高，对流传热量增加；另一方面，锅炉负荷的增加使蒸汽流量随之增加；由于对流传热量增加的幅度要比蒸汽流量增加的幅度要大，故单位质量过热蒸汽的吸热量增加，出口汽温升高。

　　辐射过热器的汽温特性与对流过热器相反，锅炉负荷增大时，出口汽温下降；锅炉负荷减小时，出口汽温反而上升。这是因为锅炉负荷增大时随燃料量的增加和燃烧的加强，炉膛内平均温度上升，炉内辐射传热量增加；另外，流经过热器的蒸汽流量增加，蒸汽流量增大的幅度大于辐射传热量增大的幅度，从而单位质量蒸汽的吸热量减少，出口汽温降低。

　　半辐射过热器兼有辐射和对流两种换热方式，因此其汽温特性介于辐射式和对流式过热器之间，汽温变化比较平稳。一般情况下，半辐射过热器中以对流方式吸收的热量所占比例大些，故其汽温特性更接近于对流特性，如图 4-46 所示。

　　高参数大容量锅炉的过热器系统均由对流、辐

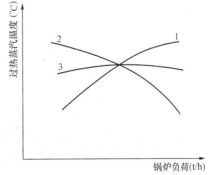

图 4-46　过热器的汽温特性
1—对流过热器；2—辐射过热器；
3—半辐射和组合式过热器

射、半辐射三种形式组合而成，过热汽温的变化较平稳，其汽温特性与半辐射过热器相似。

2. 再热器的汽温特性

再热器的汽温特性与过热器的汽温特性基本类似，但再热器汽温随负荷而变化的幅度比过热器要大。这是因为再热器的进口蒸汽是汽轮机的排汽，当锅炉负荷变化时再热器的进口汽温也会发生变化，故最终的再热汽温变化取决于再热蒸汽进口汽温和蒸汽在再热器中吸热量变化的总量。

对于辐射—半辐射—对流组合式再热器，可以得到较平稳的汽温特性。

（四）蒸汽温度调节

蒸汽温度包括过热蒸汽温度和再热蒸汽温度，是衡量蒸汽品质的重要指标之一，也是锅炉运行过程中监视和控制的主要参数之一。现代大型锅炉允许蒸汽温度波动的范围大都是—10～5℃。

汽温越高，机组循环热效率越高，但过高的汽温会使锅炉受热面及蒸汽管道金属材料的蠕变速度加快，使用寿命缩短。若受热面严重超温，则会因材料强度的急剧下降而导致爆管。同时，当汽温过高，超过允许值时，还会使汽轮机的汽缸、主汽门、调节汽门、前几级喷嘴和叶片等部件的机械强度降低，部件温差、热应力、热变形增大，这将导致设备的损坏或使用寿命的缩短。

汽温过低会引起机组循环热效率降低，汽耗率增大。同时，过低的汽温还会使汽轮机末几级叶片湿度增大，这不仅使汽轮机内效率降低，而且还会造成汽轮机末几级叶片的侵蚀加剧。汽温下降超过规定值时，需要限制机组的出力运行。汽温的大幅度快速下降会造成汽轮机金属部件产生过大的热应力、热变形，甚至会产生动静部分的摩擦，严重时可能会导致汽轮机的水击事故，造成通流部分、推力轴承严重损坏，严重影响机组的安全运行。

过热汽温和再热汽温变化幅度过大，除使管材及有关部件产生蠕变和疲劳损坏外，还将引起汽轮机机组的强烈振动，危及机组的安全运行。

蒸汽温度的调节分为蒸汽侧调节和烟气侧调节两大类。

1. 蒸汽侧汽温调节

蒸汽侧调节蒸汽温度的方法很多，现代锅炉蒸汽侧调温基本采用喷水减温器，为锅炉过热器的调温手法。其工作原理是将洁净的给水即减温水直接喷进蒸汽中，水吸收蒸汽的汽化潜热，从而改变过热蒸汽温度。这种调温方法只能降温，而不能升温。因此，过热器受热面需要满足在规定的最低负荷时就能够保证汽温在额定值。当锅炉负荷超过最低负荷时，随着汽温的升高则逐步投入减温器以保证额定汽温。一般过热器的减温水来自于锅炉给水。

多孔喷管式减温器的结构如图4-47所示。喷管形如笛子状，许多小孔开在背向汽流的一

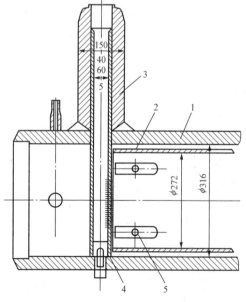

图 4-47 多孔喷管式喷水减温器结构

1—外壳；2—混合管；3—多孔喷管；

4—端盖；5—加强片

侧。减温水从喷孔喷出并雾化，再与蒸汽混合。为了避免温度较低的减温水直接与高温联箱壁或管壁接触引起局部热应力，在喷管出口处安装保护套管。

漩涡式喷嘴喷水减温器结构如图 4-48 所示。减温水经旋涡喷嘴喷出雾化后顺汽流方向流动，在文丘里管喉部与高速蒸汽混合，使过热蒸汽温度降低。为延长减温水与过热蒸汽混合时间，防止减温水直接喷射到蒸汽管道造成热应力冲击，在文丘里管后装设一混合管。

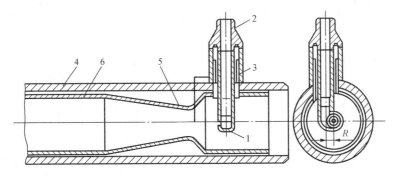

图 4-48 漩涡式喷嘴喷水减温器结构
1—漩涡式喷嘴；2—减温水管；3—支撑钢碗；4—蒸汽管道；5—文丘里管；6—混合管

喷水减温器不仅能调节蒸汽温度，还能使减温器后的受热面不超温，即保护受热面。故一般布置在工作温度较高的受热面之前，以保证受热面工作安全。同时在保证安全的前提下，减温器的位置应尽量接近过热器出口，以减小汽温调节的时滞性。现代大型锅炉的过热器系统都比较复杂，分级较多，因此减温器也采用两级或三级减温的布置方案。两级减温布置方案中一级减温器设置在后屏过热器之前，以保护后屏安全，并对汽温进行粗调；二级减温器设置在高温对流过热器进口或中间，保护高温对流过热器安全，并对汽温进行细调。在三级减温布置方案中一级减温器设置在前屏过热器进口端作为汽温粗调，并保护前屏安全；二级设置在前、后屏过热器之间，保护后屏安全并对汽温进行细调；三级减温器设置在高温对流过热器进口，对汽温进行细调，并保护高温对流过热器的安全。

2. 烟气侧汽温调节

烟气侧的调温原理是通过改变流经过热器、再热器的烟气流量或烟气温度，以改变烟气的放热量，从而改变蒸汽的吸热量，达到调节汽温的目的。烟气侧的汽温调节既可以改变过热蒸汽温度，又可改变再热蒸汽温度，但一般作为再热蒸汽温度的调节手段，其方法有改变火焰中心位置、分隔烟道挡板以及烟气再循环。

改变火焰中心位置，使炉膛出口烟温改变，以改变过热器、再热器的传热温差，进而达到调节蒸汽温度的目的。在四角切圆燃烧方式的锅炉中，采用摆动式燃烧器其摆动角度一般为 $\pm(20°\sim30°)$，每改变喷嘴 $\pm1°$，约改变出口汽温 $\pm2℃$。除了采用摆动式燃烧器，通过改变燃烧器的运行方式或配风情况也可以改变火焰中心位置，如投停燃烧器、改变上、下排燃烧器负荷或改变上、下二次风量，均可以改变炉膛高度上的燃料量分配即改变炉膛高度方向上的热负荷分布。

分隔烟道挡板是将烟道竖井分隔为主烟道和旁路烟道两部分。在主烟道内布置再热器，旁路烟道内布置低温过热器或省煤器。两个烟道出口均安装烟气挡板。调节挡板开度改变流经两个烟气通道的烟气流量分配，从而改变烟道内受热面的吸热量，实现对再热汽温的调节，如图 4-49 所示。

如图 4-50 所示，烟气再循环是利用再循环风机从尾部低温烟道中（省煤器后），抽出部分 250～350℃的烟气，再从冷灰斗下部或靠近炉膛出口处送入炉膛，以改变锅炉辐射和对流受热面的吸热量，从而达到调节再热蒸汽温度的目的。

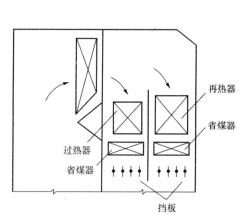
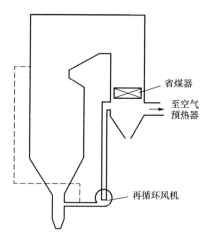

图 4-49　分隔烟道挡板汽温调节装置　　　　　图 4-50　烟气再循环汽温调节装置

锅炉再热器的温度调节也会设置喷水减温器，但不作为再热蒸汽温度常用调节手段。当运行中再热汽温过高且难以用其他调温手段控制时才会投入，以降低再热蒸汽温度，保护再热器工作安全，因此称为再热器事故喷水减温器。

五、省煤器

（一）省煤器作用和分类

省煤器是利用锅炉尾部烟气的热量加热锅炉给水的热交换设备，是现代锅炉不可缺少的低温受热面，又称尾部受热面。省煤器在锅炉中的作用是：

（1）吸收低温烟气的热量，降低排烟温度，提高锅炉效率，节省燃料。

（2）给水在省煤器中吸热，省煤器可以代替部分造价高的水冷壁，节约投资。

（3）提高进入汽包的给水温度，减小汽包热应力，改善了汽包的工作条件，延长其使用寿命。

按出口工质的状态省煤器分为沸腾式和非沸腾式省煤器两种。省煤器出口水温低于饱和温度的叫做非沸腾式省煤器；在省煤器出口处水已被加热到饱和温度并产生部分蒸汽的叫做沸腾式省煤器。中压锅炉多采用沸腾式省煤器，随着锅炉压力的提高，蒸发吸热量比例逐渐减小，炉膛内蒸发受热面吸热已大于汽化热；同时又考虑在汽包内用省煤器来的水清洗蒸汽，因此高压、超高压和亚临界压力锅炉都采用非沸腾式省煤器。

按省煤器所使用的材料分为铸铁式和钢管式省煤器。铸铁式省煤器耐磨损、耐腐蚀；但是不能承受高压及水冲击，只应用在一些中低压小容量锅炉上。钢管式省煤器强度高，能承受高压及水冲击、传热性能好；且体积小，质量轻，价格低，目前大容量锅炉多采用钢管式省煤器，但其缺点是耐磨损及耐腐蚀性差。

（二）省煤器的结构和工作原理

钢管式省煤器由进出口联箱和许多并列的蛇形管组成，蛇形管与联箱一般采用焊接结构，如图 4 - 51 所示。一般省煤器按高度分成几段，每段高度为 1～1.5m，段间空间为 0.6～0.8m，作为检修孔用。蛇形管由外径为 28～42mm 的无缝钢管弯制而成，管壁厚度由强度计算决定，一般为 3～5mm。

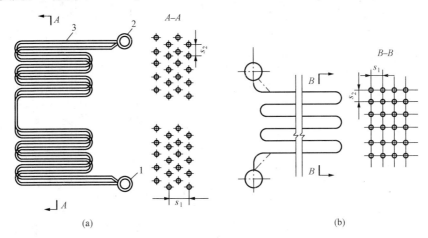

图 4 - 51　省煤器结构
（a）错列布置结构；（b）顺列布置结构
1—进口联箱；2—出口联箱；3—蛇形管；s_1—横向节距；s_2—纵向节距

　　省煤器一般卧式水平布置在尾部垂直烟道中，给水在蛇形管内自下而上流动，烟气在管外自上而下横向冲刷管壁，从而实现烟气与给水之间的逆向热量交换。

　　省煤器钢管通常采用光管，为增加省煤器烟气侧换热面积，强化传热和使结构更紧凑，现在也开始采用鳍片管式、膜式、肋片式省煤器，如图 4 - 52 所示。

　　在蛇形管上焊接扁钢鳍片结构，在传热量、金属耗量和通风耗能都相等的条件下，其受热面的体积比光管省煤器小 25%～30%。如果采用轧制鳍片管，则可使省煤器的外形尺寸缩小 40%～50%。采用膜式省煤器具有同样的优越性，且支吊方便。

　　省煤器按照蛇形管的排列方式分为错列布置和顺列布置。错列布置传热效果好，结构紧凑，能减少积灰，但磨损严重。顺列布置传热效果较差，积灰严重，但磨损较轻。现代大型锅炉为减轻磨损多采用顺列布置。

　　按照蛇形管在烟道中的放置方式省煤器分为纵向布置和横向布置两种。纵向布置即为蛇形管垂直于炉膛前后墙布置；而横向布置是蛇形管平行于炉膛前后墙布置。纵向布置的蛇形管管子较短，支吊比较简单；平行工作的管子数目较多，因而水的流速较低。但全部蛇形管由于烟气的冲刷严重局部磨损，检修工作量大。多用于大容量的锅炉。横向布置的蛇形管排数少，能减轻飞灰磨损，但管内水速较高，流动阻力大；管子长，致使给水泵电耗高，且支吊复杂，适合中小容量机组。

　　省煤器管子的支承方式有支撑结构和悬吊结构两种。支撑结构中省煤器采用空心钢梁支承，支撑梁再支撑在锅炉钢架上，布置在烟道内，为防止其变形和烧坏，钢梁外包裹绝热涂料和耐火涂料，钢梁内通空气冷却。

　　现代大型机组省煤器多采用悬吊结构，省煤器的联箱布置在烟道中间，用于吊挂和支架省煤器，省煤器出口联箱引出管就是悬吊管，用省煤器出口给水来进行冷却，工作可靠。

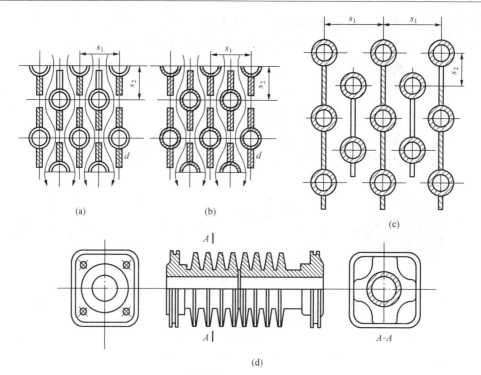

图 4-52　鳍片管式、膜式、肋片式省煤器

(a) 焊接鳍片管省煤器；(b) 轧制鳍片管省煤器；(c) 膜式省煤器；(d) 肋片式省煤器

（三）省煤器的启动保护

省煤器启动时，经常是间断性给水。当停止进水时，省煤器中的水就处于停滞状态。由于此时高温烟气已在不断加热，省煤器管中水分会部分蒸发生成蒸汽，并附着在管壁上或集结在省煤器上段，这样易造成管壁超温烧坏，因此应对省煤器进行启动保护。

一般的保护方法是在省煤器进口与汽包下部之间装设不受热的再循环管（见图 4-53），或是在省煤器出口与除氧器之间装设一根带阀门的回水管（见图 4-54）。利用阀门的开关或切换保证整个省煤器启动期间均有水不间断地流动在蛇形管中，以达到保护省煤器的作用。

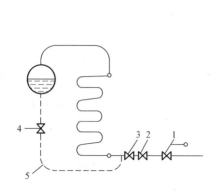

图 4-53　省煤器的再循环管

1—自动调节阀；2—止回阀；3—进口阀；
4—再循环门；5—再循环管

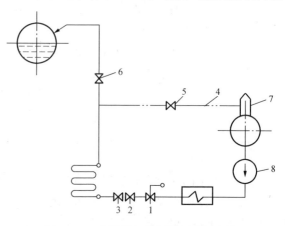

图 4-54　省煤器与除氧器间的回水管

1—自动调节阀；2—止回阀；3—进口阀；4—回水管；
5—截止阀；6—出口阀；7—除氧器；8—给水泵

第四节　锅炉热平衡

热平衡对锅炉的设计和运行都很重要。通过热平衡试验、计算及分析，可以确定锅炉机组的热效率，判断锅炉机组设计水平和运行技术的优劣，并由此分析造成热损失的原因，找出完善锅炉设计和提高锅炉机组运行经济性的途径。

一、锅炉机组热平衡及分析

从能量平衡的角度分析，在稳定的工况下，输入锅炉的热量与输出锅炉的热量应该相平衡，我们把锅炉的这种热量收、支平衡关系叫做锅炉热平衡。以 1kg 固体或液体燃料（对于气体是标准状况下 1m³）为基础进行计算，相应的热平衡方程式为

$$Q_r = Q_1 + Q_2 + Q_3 + Q_4 + Q_5 + Q_6 \qquad (4-14)$$

式中：Q_r 为锅炉的输入热量，kJ/kg；Q_1 为锅炉的有效利用热量，kJ/kg；Q_2 为排烟损失的热量，kJ/kg；Q_3 为气体未完全燃烧损失的热量，kJ/kg；Q_4 为固体未完全燃烧损失的热量，kJ/kg；Q_5 为散热损失的热量，kJ/kg；Q_6 为灰渣物理热损失的热量，kJ/kg。

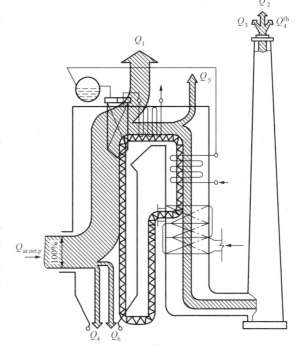

将式（4-14）中的各项都除以 Q_r 并乘以 100%，则可得到用占输入热量的百分数表示的锅炉热平衡方程式

$$100\% = q_1 + q_2 + q_3 + q_4 + q_5 + q_6$$
$$(4-15)$$

式中：$q_i = \dfrac{Q_i}{Q_r} = \times 100\% (i = 1,2,3,4,5,$

6）分别为锅炉的有效利用热量或各项热损失占输入热量的百分比。

图 4-55 为锅炉热平衡示意。

1. 锅炉的输入热量

锅炉的输入热量是指伴随每千克（或 1m³）燃料输入锅炉的总热量，包括燃料收到基低位发热量、燃料的物理显热、用外来热源加热空气时带入的热量以及雾化燃油所用蒸汽带入的热量，即

$$Q_r = Q_{ar,net,p} + Q_{fx} + Q_{wl} + Q_{wh}$$
$$(4-16)$$

图 4-55　锅炉热平衡示意

式中：$Q_{ar,net,p}$ 为燃料收到基低位发热量，kJ/kg；Q_{fx} 为燃料的物理显热，kJ/kg；Q_{wl} 为外来热源加热空气时带入的热量，kJ/kg；Q_{wh} 为雾化燃油用蒸汽带入的热量，kJ/kg。

燃料的物理显热一般都很小，通常可忽略不计。对于燃煤锅炉，如燃煤和空气都没有利用外部热源进行预热，则 $Q_r = Q_{ar,net,p}$。

2. 锅炉的有效利用热量

锅炉的有效利用热量是指工质流过受热面时吸收的总热量，包括过热蒸汽吸热、再热蒸

汽吸热，以及排污水和自用蒸汽所消耗的热量。即

$$Q_{gl} = D_{sq}(h''_{sq} - h_{gs}) + D_{zq}(h''_{zq} - h'_{zp}) + D_{pw}(h_{pw} - h_{gs}) + D_{bq}(h_{bq} - h_{gs}) \quad kJ/s$$

$$(4-17)$$

式中：D_{sq} 为过热蒸汽流量，kJ/s；h''_{sq} 为出口蒸汽焓，kJ/kg；D_{zq} 为再热蒸汽流量，kJ/s；h''_{zq}、h'_{zq} 为再热器出、进口蒸汽焓，kJ/kg；h_{gs} 为锅炉给水焓，kJ/kg；D_{pw} 为锅炉排污水量，kJ/s；h_{pw} 为排污水焓，kJ/kg；D_{bq} 为外用蒸汽抽出量，kJ/s；h_{bq} 为抽出蒸汽焓，kJ/kg。

相应于单位质量燃料的锅炉有效利用热量 Q_1 可用式（4-18）表示

$$Q_1 = \frac{Q_{gl}}{B} = \frac{1}{B}[D_{sq}(h''_{sq} - h_{gs}) + D_{zq}(h''_{zq} - h'_{zp}) + D_{pw}(h_{pw} - h_{gs}) + D_{bq}(h_{bq} - h_{gs})] \quad kJ/kg$$

$$(4-18)$$

式中：B 为燃料消耗量，kg/s。

当锅炉的排污水量超过其蒸发量的 2％时，排污水带走的热量要计入锅炉有效利用热量中，否则排污水热量可以忽略不计。

二、锅炉的各项热损失

锅炉热损失是指锅炉输入热量中未能被工质吸收的热量。锅炉运行中热损失包括排烟热损失、气体（化学）未完全燃烧热损失、固体（机械）未完全燃烧热损失、散热损失以及灰渣物理热损失等。

1. 固体未完全燃烧热损失

固体未完全燃烧热损失是指灰中未燃烧或未燃尽的碳造成的损失和当使用中速磨煤机时未被磨制的石子煤的热损失，又称为机械未完全燃烧热损失。燃煤种类、燃烧方式、排渣方式等条件不同时，固体未完全燃烧热损失的数量也不同。一般情况下，固态排渣煤粉炉固体未完全燃烧热损失的数值，无烟煤 4％～6％，贫煤 2％～3％，烟煤 1％～1.5％，褐煤 0.5％～1％；对于液态排渣煤粉炉，固体未完全燃烧热损失一般为 0.5％～4％；燃油炉可近似取为零。

影响固体未完全燃烧热损失的因素有很多，包括燃料性质、燃烧方式、过量空气系数、炉膛结构、锅炉负荷以及运行工况等。燃煤中挥发分含量越少，灰分和水分含量越多，煤粉越粗，燃料着火越困难，相应燃尽程度越差，则固体未完全燃烧热损失越大；在燃料性质一定的情况下，炉膛结构越合理、燃烧器性能越好、布置越得当，气粉混合条件良好以及煤粉有较长的炉内停留时间，则固体未完全燃烧热损失越小；炉膛内过量空气系数恰当，炉膛温度较高，固体未完全燃烧热损失较小；锅炉负荷过高使煤粉在炉内停留时间缩短来不及烧透，而负荷过低时炉温降低，燃烧不稳定，都会使固体未完全燃烧热损失增大。

2. 气体未完全燃烧热损失

气体未完全燃烧热损失又称化学未完全燃烧热损失，是指锅炉排烟中含有未完全燃烧的可燃气体（如 CO、CH_4、H_2、C_mH_n 等）未能放出其燃烧热能而造成的热量损失。对于煤粉炉，气体未完全燃烧热损失很小，一般不会超过 0.5％，在锅炉设计或计算中往往认为 q_3 ＝0；燃油或燃气炉相应大些。

烟气中未燃尽的可燃气体越多，气体未完全燃烧热损失越大。影响烟气中可燃气体含量的主要因素有燃料挥发分含量、炉内过量空气系数、炉膛温度、锅炉负荷变化及炉内空气动力场等。燃料中挥发分含量越大，炉内可燃气体越多，气体未完全燃烧热损失越大；炉内过

量空气系数过小，氧气供应不足，气体未完全燃烧热损失会增大；而过量空气系数过大或锅炉负荷过低，会造成炉内温度过低，不利于燃烧反应的进行，也会造成气体未完全燃烧热损失的增大；炉膛结构或燃烧器布置不合理，或燃烧器缺角运行等原因均会影响炉内的空气动力场分布，使燃料和空气混合或扰动不良，导致气体未完全燃烧热损失增大。

3. 排烟热损失

排烟热损失指锅炉的最后受热面后排出的较高温度烟气所带走的物理显热造成的热量损失，是锅炉运行各项热损失中最大的一项。对于大、中型锅炉排烟热损失约为 $4\%\sim8\%$。

影响排烟热损失的因素有排烟温度和排烟容积。锅炉排烟温度越高，排烟容积越大，排烟热损失就越大。通常排烟温度每上升 $15\sim20℃$，会使锅炉排烟热损失增大约 1%。因此降低排烟温度可降低锅炉排烟热损失，但这需要增加锅炉尾部受热面面积，致使锅炉金属耗量及烟气流动阻力、风机电耗增加；另外，排烟温度过低还会引起锅炉尾部受热面的低温腐蚀，因此排烟温度不允许降得太低。近代大型电站锅炉排烟温度一般为 $120\sim160℃$。

当锅炉燃用燃料性质发生变化，受热面积灰、结渣或结垢，炉膛出口过量空气系数或烟道各处漏风情况改变时都会影响锅炉的排烟温度和排烟容积。燃料中水分和硫分含量增加时，为避免尾部受热面的低温腐蚀必然会采用较高的排烟温度；燃料水分增加会增大排烟容积；锅炉受热面积灰、结渣或结垢等，会使传热热阻增大，传热效果下降，使排烟温度升高；炉膛和烟道漏风，不仅会增大排烟容积，还会使漏风点以后受热面换热温差减小，从而造成排烟温度升高，这都会使排烟热损失增大。当炉膛出口过量空气系数增大或减小时，会相应使排烟容积增多或减少。因此，为保证较小的排烟热损失应正确选择锅炉运行的过量空气系数，最合理的过量空气系数（称为最佳过量空气系数 α_{zj}）应使 q_2、q_3、q_4 之和为最小，如图 4-56 所示。

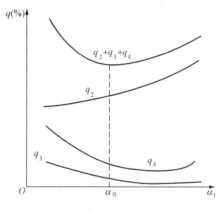

图 4-56 最佳过量空气系数的确定

4. 散热损失

散热损失指锅炉运行过程中锅炉炉墙、金属构架以及锅炉范围内的烟风道、汽水管道和联箱等组成结构向周围环境散失热量所造成的损失。

影响锅炉散热损失的主要因素有锅炉容量、锅炉外表面积、周围环境温度、水冷壁及炉墙结构、保温性能及锅炉负荷变化等。

锅炉容量越大，其外表面积越大，散热面积也越大，锅炉绝对散热量增大，而散热损失变小，这是因为当锅炉容量增大时，锅炉燃料消耗量大致成比例增加，但锅炉的外表面积增加得慢些，因此相对于单位燃料量的锅炉散热表面积是减少的，故散热损失是减小的。同一台锅炉在低负荷运行时散热损失增大，这是因为锅炉的散热外表面积不随负荷的变化而变化，而外表面积温度随锅炉负荷降低的幅度变化很小，因此锅炉总的散热量变化不大，而锅炉负荷降低时燃料量减少，故相对于单位燃料量的散热损失是增加的。

锅炉的水冷壁和炉墙结构越严密，保温性能越好，周围环境中空气的温度越高或流动越缓慢，锅炉的散热损失越小。

5. 灰渣物理热损失

灰渣物理热损失是指锅炉燃用固体燃料时，排出锅炉设备的炉渣、飞灰以及沉降灰带走的物理显热所造成的热量损失。

影响灰渣物理热损失的因素有锅炉的排渣量和排渣温度。当燃料中灰分含量越高，排渣量越大，排渣温度越高时，灰渣物理热损失越大。对于煤粉炉，其排渣量和排渣温度主要与燃烧方式有关。固体排渣的渣量要少于液态排渣，而排渣温度液态排渣锅炉要比固态排渣锅炉高得多，因此液态排渣锅炉的灰渣物理热损失比较大。而对于固态排渣煤粉锅炉，只有当 $A_{as} = \dfrac{4187A_{ar}}{Q_{ar,net,p}} > 10\%$ 时才考虑灰渣物理热损失；对于燃油或燃气炉认为 $q_6 = 0$。

三、锅炉热效率及燃料消耗量

1. 锅炉热效率

锅炉的有效利用热量占锅炉输入热量的比值，称为锅炉机组的热效率，即

$$\eta = \frac{Q_1}{Q_r} \times 100\% \tag{4-19}$$

式中：Q_r 为锅炉的输入热量，kJ/kg；Q_1 为锅炉的有效利用热量，kJ/kg。

由式（4-19）确定的为锅炉机组的正平衡热效率，其计算方法简单、测试项目少，但锅炉机组燃料消耗量的测量非常困难，同时在有效利用热量的测定上也存在很大误差，故很少采用该方法计算锅炉热效率，转而测定锅炉的各项热损失，进一步计算锅炉反平衡热效率，即

$$\eta = q_1 = 100 - (q_2 + q_3 + q_4 + q_5 + q_6) \tag{4-20}$$

2. 锅炉实际燃料消耗量

实际燃料消耗量指锅炉每小时实际耗用的燃料量，记为符号 B，单位为 kg/h（或标准状况下 m^3/h），即

$$B = \frac{Q_1}{\eta Q_r} \tag{4-21}$$

第五节　输煤系统、除尘及除灰系统

一、输煤系统

我国绝大部分的火力发电厂采用煤作为锅炉的燃料，锅炉的安全、经济运行与煤质密切相关。煤从运输机械到输送到锅炉房原煤仓要经过若干系统和环节，因此保证锅炉用煤是输煤系统的首要任务，同时控制好锅炉的煤质和加强入厂煤的计量，又是输煤系统的一项重要任务。

燃料运输系统是完成煤炭运输、储存任务的设备和设施的组合。它包括从运煤车辆（或船舶）进厂卸煤起，到把煤运入锅炉厂房原煤斗止的整个工艺流程。从煤矿到火电厂的运输过程称为厂外运输；煤炭运抵电厂后的计量、卸载、储存、输送、筛分、破碎等厂内处理过程称为厂内输煤。如图 4-57 所示，厂内输煤的流程如下：

卸煤设备 → 受煤设备 →〔煤场及储煤设施 / 混煤设施〕→ 输煤设备 → 筛分和破碎设备 → 输煤提升设备 → 锅炉房原煤斗

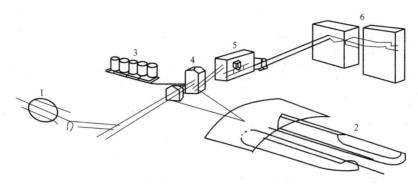

图 4-57 输煤系统流程图

1—卸煤站；2—煤场；3—储煤罐；4—转运站；5—碎煤机室；6—锅炉房

燃料运输系统一般由卸煤、上煤、储煤和配煤 4 部分组成。

（一）卸煤部分

卸煤部分为输煤系统的首端，主要作用是完成外来煤的受卸工作。为完成卸煤任务，系统配备卸煤设备和煤的受卸装置。

卸煤设备是将煤从车厢中清除下来的机械。对其要求是卸煤的速度要快，要彻底干净且不损伤车厢。目前大型电厂常用的卸煤设备有翻车机、底开车、侧开车等，图 4-58 所示为 KFJ-2A 型转子式翻车机。

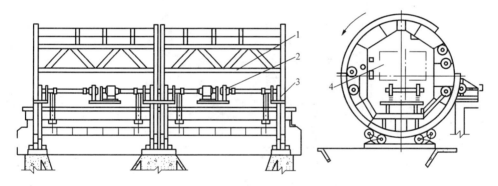

图 4-58 KFJ-2A 型转子式翻车机

1—机架；2—传动机构；3—齿轮；4—车厢

受卸装置是接受煤和转运煤设备的总称，它需要达到两个要求：一是要有一定的货位，使之不影响一次或多次卸煤；二是其便于把卸下来的煤运走，送至储煤场或锅炉原煤斗。常用的受卸装置有翻车机受卸装置和长缝煤槽受卸装置。

如图 4-59 所示，煤由翻车机卸入下部设有箅子的受煤斗中，再经带式给煤机将煤给至与翻车机轴线平行或垂直引出的带式输送机上。

底开车厢通常与图 4-60 中受煤装置配合。煤由铁路两侧的箅子落入煤槽中，经下边缘的长缝口散落在卸煤台上，再由叶轮式给煤机拨到带式运输机的胶带上。

（二）上煤部分

上煤部分是输煤系统中的中间环节，主要作用是完成煤的输送、破碎、除铁、筛分、计量等任务。为达成上煤任务，系统配置给煤设备、带式输送机、筛碎设备、除铁、除木设备

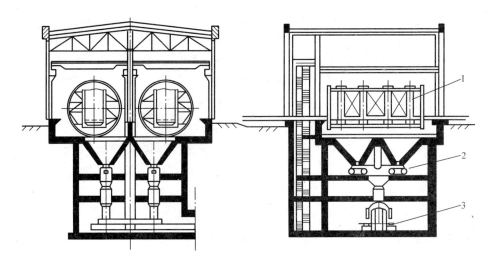

图 4 - 59　翻车机受卸装置

1—翻车机；2—带式给煤机；3—带式输送机

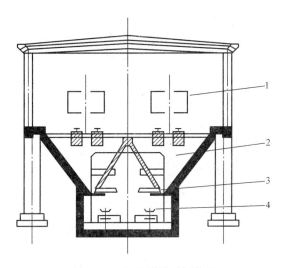

图 4 - 60　长缝煤槽受卸装置

1—车厢；2—煤槽；3—叶轮给煤机；4—带式输送机

以及计量设备等部分。

　　给煤设备主要用于各受煤斗下方，完成向输煤系统的带式输送机连续、定量、均匀供煤的任务。常用的给煤设备有带式给煤机和叶轮给煤机。

　　带式给煤机（见图 4 - 61）靠胶带与物料间的摩擦作用将煤输送到受煤设备上。其工作带的断面有平型和槽型两种，采用平型断面居多。为了提高给煤出力，通常在给煤机的全部机长范围内加装固定的侧挡板，做成导煤槽形式。

　　叶轮给煤机用其辐向叶片，将煤槽平台上面的煤拨落到皮带运输机的传送带上，使储存在煤沟当中的煤输送到下一个输煤系统，其工作示意如图 4 - 62 所示。

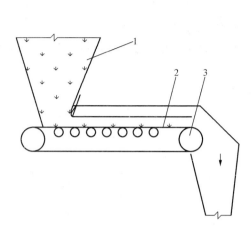

图 4-61 带式给煤机

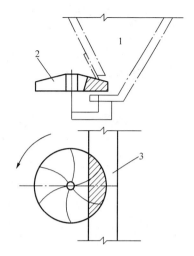

图 4-62 叶轮给煤机工作示意
1—煤斗；2—叶轮；3—皮带

带式输送机是以胶带兼作牵引机构和承载机构的连续运输机，是大型火力发电厂中从受卸装置或储煤场向锅炉原煤仓供煤所用的主要提升运输设备。

筛碎设备的主要作用是对物料进行筛分和破碎，以满足生产的需要。包括煤筛和碎煤机。煤筛装于碎煤机之前，原煤进入碎煤机前先利用煤筛进行筛选，块度符合要求的小块煤被筛走，并将不符合要求的煤块送入碎煤机进行机械破碎。

除铁设备用来除去煤中的铁件及磁性物质，以保证碎煤机和磨煤机的安全运行。常用的除铁设备有带式除铁器和滚筒式电磁分离器等。除木块设备用以清除煤中的碎木块、破布、纸屑等杂物，以防制粉系统发生堵塞。在输煤系统中应用的木屑分离器有 CDM 型除大木器和 CXM 型除细木器等设备。

火力发电厂的燃料计量在燃料进厂和进入锅炉房两处进行，计量设备主要有微机动态轨道衡和电子皮带秤等。

（三）储煤部分

储煤部分为输煤系统的缓冲环节，作用是调节煤的供需矛盾。

储煤场是火力发电厂在运输中断或卸煤设施故障检修时，保证燃料供应的场地，在多雨地区需设置能储存干煤的设施，燃用多种煤炭的电厂储煤场还需具备混煤功能。

煤场机械主要包括堆取料机、装卸桥、桥式抓煤机、推煤机等。堆取料机是储煤场用以连续堆煤、取煤的专用机械设备。推煤机作为煤场辅助机械被广泛采用，其主要作用是把煤堆堆成任何形状，在堆煤过程中，可以将煤逐层压实，防止煤层自燃，并兼顾平整道路等其他辅助工作。装卸桥实际上是煤场专用的门式起重机，它由大车（桥架）和起重小车两大部分组成。装卸桥具有卸煤、堆煤、向系统上煤三种工作方式。装卸桥向系统上煤时，抓斗从煤场或车厢内抓取的煤送往支腿外侧的煤斗，通过给料机送入上煤系统，供锅炉燃用。

（四）配煤部分

配煤部分为输煤系统的最末端，主要作用是把煤按运行要求配入锅炉的原煤斗。常用的配煤机械有型式卸料机、配煤车、可逆配仓皮带机等。

输煤系统除上述主要的四个部分组成外，还设有真空吸尘系统、水冲洗系统、煤场喷淋系统、除尘系统、暖通及空调等功能齐全的辅助系统。

二、除尘系统

灰分是煤中不可燃的物质，在煤的燃烧过程中，灰分颗粒在高温下部分或全部熔化，熔化的灰粒相互黏结形成灰渣；而被烟气从燃烧室带出的细灰和尚未完全燃烧的固体可燃物就成为飞灰。

为实现电力工业的可持续发展，必须对燃煤电厂和其他工业企业的烟气和粉尘等污染物进行处理，以达到排放标准。目前对烟气的处理方法主要是除尘、脱硫和采用低氮氧化物燃烧技术。除尘是指在锅炉外加装各类除尘设备，以净化烟气，减少排放到大气的粉尘。目前，电厂主要采用电除尘器控制锅炉排尘量。

电除尘器的工作原理是利用高压直流电源产生强电场，再产生电晕放电，从而使含尘气体中的粉尘微粒荷电，荷电粉尘在电场力的作用下向极性相反的电极运动，并吸附到极板表面上，再经振打力或其他力的作用，成片状的粉尘便落入储灰装置中，从而实现气固分离。悬浮粉尘荷电捕集过程示意如图4-63所示。

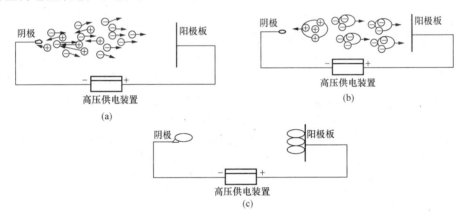

图4-63　悬浮粉尘荷电捕集过程示意
(a) 电晕放电；(b) 粉尘荷电；(c) 电场捕集

（一）电除尘器分类

（1）按对集尘极上沉降粉尘的清灰方式的不同，分为湿式和干式两种。

采用水喷淋或适当的方法在集尘极表面形成一层水膜，使沉积在集尘极上的粉尘和水一起流到除尘器的下部而排出，称为湿式电除尘器。这种清灰方式运行较稳定，能避免二次扬尘，除尘效率高。但是净化后的烟气含湿量较高，会对管道和设备造成腐蚀，且清灰排出的浆液会造成二次污染。

沉积在集尘极上的粉尘通过机械振打清灰的称为干式电除尘器。这种清灰方式比湿式清灰方式简单，干灰可回收综合利用。但振打清灰时易引起二次扬尘，使效率有所下降。振打清灰是电除尘器最常用的一种清灰方式。

（2）按照气流在电场内的流动方向，分为立式和卧式两种。

立式电除尘器一般做成管状，垂直安置，含尘气体通常自下而上流过除尘器。这类除尘器多用于烟气量小，粉尘易捕捉的场合。

卧式电除尘器为水平布置，通常负压运行，含尘气体在除尘器内水平流动，沿气流方向每隔数米可划分为若干单独电场,从而可延长尘粒在电场内通过的时间,提高除尘效率。卧式除尘器安装灵活,维修方便,适用于处理烟气量大的场合。

(3)按集尘电极的结构形状,分为管式和板式电除尘器,如图4-64所示。

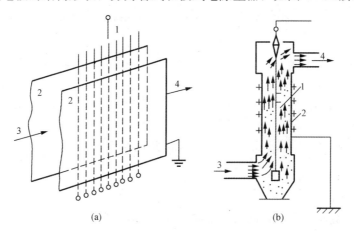

图4-64 电除尘器示意

(a)板式;(b)管式

1—放电极;2—集尘极;3—烟气入口;4—烟气出口

板式电除尘器的集尘极由若干块平板组成,为了减少粉尘的二次飞扬、增强极板的刚度,极板轧制成各种不同的断面形状,放电极呈线状设置在平行极板之间,极板间距离一般为250～400mm。板式电除尘器布置灵活,并且可以组装成各种规格,在各个行业得到了广泛应用。

(4)按电除尘器内部集尘极(收尘极)和放电极的不同配置,分为单区和双区电除尘器。

单区电除尘器(见图4-65)的集尘极和放电极安装在同一个区域,粉尘的荷电和捕集在同一个区域完成。单区电除尘器结构简单,多用于工业部门。

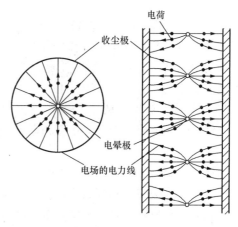

图4-65 单区电除尘器的断面图

双区电除尘器(见图4-66)的集尘极系统和放电极系统分别安装在两个不同的区域,粉尘的荷电和捕集分别在不同区域完成。前区内安装放电极(电晕极),粉尘在此区域荷电,称为电离区;后区安装集尘极(收尘极),粉尘在此区域被捕集。双区电除尘器收尘面积大,运行较安全,多用于空气净化方面。

(二)电除尘器的基本结构

电除尘器虽然有许多类型和结构,但它们都是由机械本体系统和供电控制系统两大部分组成的。机械本体系统主要包括放电极(电晕极或阴极),集尘极(收尘极或阳极)、槽板、清灰设备、进出口烟箱、外壳、储灰系统等部件,其功能是完成烟气的除尘净化。供电控制系统包括中央控制器、低压控制设备、高压供电设备和各种检测设备组成的集散型智能控制系统,其功能是向电除尘器提供动力和实施控制。一般每台锅炉装有2～4组电气除尘器,

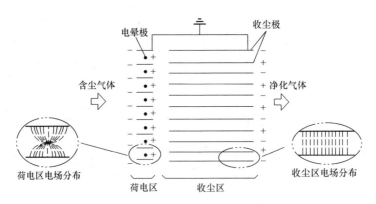

图 4 - 66　双区电除尘器的断面图

各组有单独的烟气通道。

三、除灰除渣系统

除灰除渣系统是火力发电厂的重要组成部分，其任务是把电厂生产过程中产生的灰渣安全及时地输送至灰场或灰渣综合利用场所。随着电厂容量和参数的提高，排出的灰渣量在逐年增加。因此，保证除灰除渣系统的安全运行，开展灰渣的综合利用以及使灰渣处理达到环保标准是目前火力发电厂灰渣处理面临的重要问题。

锅炉排出的灰渣由炉底灰渣、省煤器、空气预热器、除尘器捕集到的粗灰和细灰组成。收集、处理和输送灰渣的设备、管道及其附件构成发电厂的灰渣系统。燃煤电厂除灰除渣主要有水力和气力两种方式。水力输送称为湿除灰，气力输送称为干除灰，干除灰便于灰渣的综合利用。电厂具体选择何种形式除灰除渣，需要根据其客观实际、自然条件、环保要求等因素来确定。

（一）锅炉除渣系统

锅炉除渣系统包括连续除渣和定期除渣两种。

1. 连续除渣

连续除渣的工作过程是：炉膛内的灰渣落入冷灰斗后进入排渣槽，排渣槽可兼作炉底水封用。落入渣槽的灰渣被迅速冷却而且易碎，之后被设置在渣槽中的刮板式捞渣机连续刮出。在通过渣槽斜坡时，灰渣脱水，落入碎渣机中。渣块经碎渣机粉碎后直接落入灰渣沟，与喷嘴来的冲灰水混合，并被冲至灰渣泵的缓冲池内，再由灰渣泵通过灰管送至储渣场或综合利用系统。这种除渣方式能够连续运行，耗水量少，捞渣机链条转速可根据炉渣量的多少进行调节，电耗低，适用于远距离输送。但其缺点是炉底结构复杂，维护工作量大。现代大型锅炉多采用连续除渣方式，如图 4 - 67 所示。其流程是：

炉渣 → 排渣槽 → 刮板捞渣机 → 碎渣机 → 灰渣沟 → 灰渣池 → 灰渣泵 → 渣场
                              ↑
                           冲灰水
                                                              → 脱水槽 → 汽车 → 综合利用

2. 定期除渣系统

定期除渣系统借助于炉底下部的水浸式渣斗，使炉渣熄火脆裂。当灰渣堆积到一定数量时，开启冲灰水，经灰渣闸门定期排出，再由碎渣机将粗渣粉碎，用灰渣泵将其送入渣场或

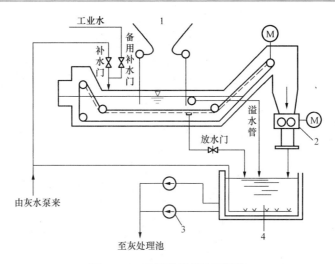

图 4 - 67 连续除渣排渣槽装置
1—炉底渣口；2—碎渣机；3—灰渣泵；4—炉底灰渣池

脱水槽。其流程如下：

（二）锅炉除灰系统

1. 水力除灰系统

水力除灰系统是以水为介质输送灰渣的系统，主要由排渣、冲灰、碎渣、输送等设备和排灰沟、输灰管道及附件组成。

按所输送的灰渣不同，水力除灰系统可分为灰渣分除和灰渣混除两种。灰渣分除是指将除尘器分离下的飞灰与锅炉炉膛排出的炉渣分别用各自单独的管道系统输送的系统。灰渣混除是指将除尘器分离下来的飞灰与炉膛排出的炉渣通过灰渣管输往渣浆池混合后用灰渣泵送至储灰场的系统。灰渣混除系统按灰水比的不同又分为低浓度输送和高浓度输送两种方式。为节省水资源，现代大型火力发电厂多采用灰渣高浓度输送方式。

高浓度输送是火电厂节水节能，减少污染的重要途径，如图 4 - 68 和图 4 - 69 所示，在该系统中由灰渣泵把低浓度灰浆打入浓缩池制成灰水比为 1：2～1：1.5 的高浓度灰浆，再用油隔离灰浆泵、水隔离泵或柱塞泵送往灰场。高浓度除灰系统能远距离、大压差输送，扩大了电厂灰场的选择范围。由于灰水在浓缩池内有充分时间被处理，因此高浓度除灰系统的输灰管道结垢大大减轻，同时它还具有除灰水可重复利用，对环境污染较轻，耗水、耗能小等优点。

2. 气力除灰系统

气力除灰是一种以空气为载体，借助于某种压力设备在管道中输送粉煤灰的方法。

气力除灰方式与水力除灰及其他除灰方式相比，具有如下优点：①节省冲灰水；②在输送过程中，灰水不接触，灰的固有活性及其他物化特性不受影响，有利于粉煤灰的综合利用；③不存在灰管结垢及腐蚀问题；④避免灰场对地下水及周围大气环境污染；⑤系统自动化程度较高，所需的运行人员较少；⑥设备简单，占地面积少，便于布置；⑦输送线路选取

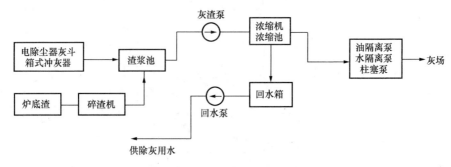

图 4 - 68　高浓度水力灰渣混除系统流程图

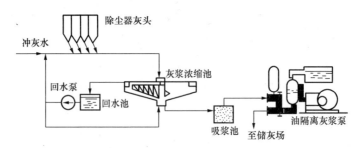

图 4 - 69　油隔离灰浆泵高浓度除灰系统

方便，布置灵活；⑧便于长距离集中、定点输送。

现代大型燃煤机组为节省水资源，多采用气力除灰系统，如大仓泵正压气力除灰系统、负压气力除灰系统、紊流双套管浓相气力输送系统、空气斜槽—气力提升泵除灰系统等。

大仓泵正压气力除灰系统是以压缩空气作为输送介质，将干灰输送到灰库或其他指定地点的系统。因为大仓泵正压气力除灰系统具有输送距离远，输送量大，所需供料设备少等优点，该系统成为了国内燃煤电厂应用最早、最广泛的一种气力除灰系统。

如图 4 - 70 所示，大仓泵正压气力除灰系统的工艺流程是：干灰从电除尘器灰斗流出，经过闸板阀、电动锁气器，进入干灰集中设备，来自若干不同灰斗的干灰在干灰集中设备中混合再集中输送给一台仓泵，在仓泵内干灰与压缩空气混合，干灰呈悬浮状态，并经输灰管道打入灰库。大部分干灰直接落入库底，少量细灰随乏气进入安装于库顶的布袋收尘器，细灰被收集下来重新落入灰库，清洁空气排入大气。

四、脱硫系统

目前，由工业生产造成的二氧化硫排放约占二氧化硫总排放量的 80%，其中电力工业又是工业排放大户。因此，控制二氧化硫的排放，成为环境治理的主要任务。目前应用的脱硫技术可以分为燃烧前脱硫、燃烧中脱硫和燃烧后脱硫即烟气脱硫（FGD）三类。燃烧后脱硫是控制燃煤电厂 SO_2 气体排放最有效和应用最广的技术。

燃烧后脱硫即烟气脱硫技术按其脱硫方式以及脱硫反应产物的形态可分为湿法、干法及半干法三大类。以水溶液或浆液作脱硫剂，生成的脱硫产物存在于水溶液或浆液中的脱硫工艺称为湿法工艺；以水溶液或浆液作为脱硫剂，生成的脱硫产物为干态的脱硫工艺称为半干法工艺；加入的脱硫剂为干态，脱硫产物也为干态的脱硫工艺称为干法工艺。

近年来，我国加大了对火电厂二氧化硫排放控制的力度。为此，先后从国外引进了几种

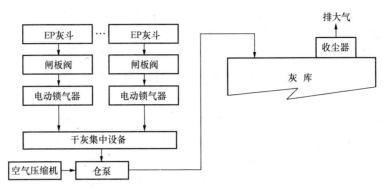

图 4-70 大仓泵正压气力除灰系统工艺流程图

成熟的烟气脱硫工艺，如湿式石灰石/石膏法、旋转喷雾法、氨肥法、炉内喷钙尾部增湿法、海水脱硫法等。通过实践，火电行业已基本掌握了这些工艺在设计、施工、运行、检修等方面的技术。

目前我国电力行业已经将湿式石灰石/石膏法作为大型火电厂采用的主要烟气脱硫技术。原因是该法具有脱硫效率高、技术成熟、设备投运率高、对煤种含硫量变化适应性强等优点，而且我国石灰石资源丰富、价廉，多数地区石灰石品位高、质优。另外，湿式石灰石/石膏法所产生的脱硫渣还可以进行综合利用，如做建筑材料、水泥缓凝剂等。该方法经过不断改进，造价也有了大大地降低，是一种在经济上和技术上都比较适用于我国现阶段火电厂发展水平的工艺。

第六节 锅炉运行基本知识

一、锅炉的启动

（一）概述

现代大容量机组一般都采用蒸汽中间再热方式，中间再热机组均采用单元制结构。所谓单元制机组是指每台锅炉直接向所配合的一台汽轮机供汽，汽轮机驱动发电机，发电机发出的电功率直接经升压变压器送往电力系统，组成炉机电纵向联系的独立单元，如图 4-71 所示。

单元制机组锅炉启动是指锅炉从停运状态过渡到运行状态的过程，实质上是投入燃料对锅炉加热的过程。

锅炉启动过程中，由于锅炉各部件的受热不均匀，金属内部存在温差，因而产生热应力，特别是厚壁部件，严重时甚至导致部件损坏。对于汽包炉，在锅炉上水过程中，汽包内外壁或上下壁间由于受热不均匀，会产生较大热应力；启动初期，受热面内部工质的流动尚不正常，对受热面金属的冷却作用较差，如水冷壁、过热器管、再热器管以及省煤器管等均有可能超温；锅炉点火后，初期投入的燃

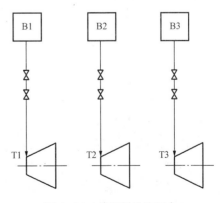

图 4-71 单元制机炉配合

料量较少，炉内温度低，炉膛热负荷分布不均匀，易产生燃烧不完全、不稳定等现象。所以，原则上应在确保受热面安全即热应力不超限的条件下，尽可能缩短启动时间，节省燃料和工质，使锅炉尽早投入运行。

根据启动时蒸汽参数的不同，锅炉启动分为额定参数启动和滑参数启动两类。额定参数启动是指从汽轮机冲转到机组带额定负荷的整个过程中，锅炉产生的蒸汽参数保持额定值，即汽轮机自动主汽门前的蒸汽参数始终为额定值的启动方式。滑参数启动是指在锅炉点火和升温升压的过程中，利用低温低压的蒸汽进行暖管、冲转、暖机，并网及带负荷，并随着汽温、汽压的升高，逐步增加机组的负荷，待锅炉达到额定蒸汽参数，汽轮发电机组也达到额定出力。滑参数启动方式锅炉点火、升温升压与汽轮机暖管、冲转、暖机同时进行，具有经济性好，零部件加热均匀等优点，在现代大型机组启动中得到了广泛的应用。

按冲转时汽轮机主汽门前蒸汽压力的大小，滑参数启动又可分为真空法启动和压力法启动。真空法启动是在锅炉点火前，首先把锅炉与汽轮机之间主蒸汽管道阀门全部开启（包括汽轮机主汽门和调节阀门），而将此管道上的空气阀、直通疏水阀、汽包及过热器和再热器的空气阀全部关闭，然后用盘车装置低速转动汽轮机转子，再投用抽气器抽真空。待真空使汽包、过热器及再热器内积水直通凝汽器时，即真空达 $40\sim50$kPa 时，锅炉开始点火，产生的蒸汽送往汽轮机。一般汽压不到 0.1MPa（表压）就可以开始冲转。随着锅炉燃料量的增大，一方面提高汽温汽压，另一方面汽轮机进行升速、暖机、并网及带负荷。由于真空法启动存在疏水困难、蒸汽过热度低、转速难以控制、易引起汽轮机水击、启动前建立真空系统庞大等缺点，目前一般不采用这一方法，而采用压力法滑参数启动。所谓压力法滑参数启动是指待锅炉产生的蒸汽具有一定的温度和压力后，才冲动汽轮机。汽轮机启动前，机组抽真空和盘车时，主汽门和调节汽门处于关闭状态。待锅炉点火、升温、升压至主汽门前蒸汽参数达到机组要求参数时，才开始冲转升速。

根据启动前汽轮机金属温度（内缸或转子表面温度）的高低或机组停机时间长短，锅炉启动又可分为冷态启动和热态启动两大类。一般在停机后一周，调节级下汽缸金属温度低于 $150\sim200$℃的为冷态启动；停机48h后，调节级处下缸金属温度在 $200\sim350$℃左右的为温态启动；在停机8h后，调节级处下缸金属温度在 350℃以上情况的为热态启动；在停机2h后，调节级处下缸金属温度在 400℃以上情况的为极热态启动。

（二）冷态滑参数压力法启动

1. 汽包锅炉的启动

汽包锅炉的冷态滑参数启动主要包括启动前的检查和准备、锅炉上水、锅炉点火、升温升压等过程。

（1）启动前的检查和准备。锅炉启动前的准备工作是关系到启动工作能否安全和顺利进行的重要条件。锅炉启动前检查内容包括炉外检查，炉内检查，汽、水、油系统检查，燃烧系统检查，仪表控制系统和电气、辅助设备的检查和试运行等。

锅炉启动前，按照规定对锅炉本体及汽水系统，烟风系统，燃烧系统及高、低压旁路系统，冷却水系统等公用系统进行全面检查，锅炉的有关辅机包括引风机、送风机、一次风机、除灰装置及电除尘器等、热控、化学水处理系统均应具备启动条件，现场环境、消防、照明、通信等为启动做好准备，锅炉的有关连锁保护经过检验并按规定投入运行，有关锅炉试验已完成并校验成功。

（2）锅炉上水。锅炉检查和实验完毕并具备启动条件后，启动给水泵或补水泵向锅炉上水。

锅炉点火后，锅水将受热膨胀和汽化。因此，对汽包锅炉来说，点火前汽包的上水高度一般只需加到水位计的最低可见水位，以免启动过程中由于水位太高而大量放水。为限制汽包上、下壁及内、外壁温差和受热面的膨胀情况，在锅炉上水过程中应严格控制上水温度和上水速度。一般规定冷炉上水时进水温度不得高于 90℃，同时不得低于 30℃。上水速度不能太快，也不能太慢，夏天不少于 2h，冬天不少于 4h。

对于自然循环锅炉，为迅速建立稳定可靠的水循环，缩短启动时间，在上水完毕后应投入炉底蒸汽加热装置，通常利用辅助蒸汽联箱来的蒸汽通过水冷壁下联箱来加热锅水，使其升至一定温度和压力后再点火。为控制汽包各点间的温差，在炉底加热过程中还应控制锅水温升率，使加热过程缓慢进行。

对于控制循环汽包炉，上水前锅水循环泵应先进行注水排气，并进行一次冷却水系统清洗。首先上水至最高可见水位，启动锅水循环泵，由于下降管侧和水冷壁尚有较大空间，水位会迅速下降，然后继续启泵上水至点火水位。

（3）锅炉点火。锅炉点火前应先启动空气预热器，以防点火后由于受热不均匀空气预热器转子产生热变形。然后顺序启动引风机和送风机各一台，对锅炉炉膛和烟道进行吹扫，以清除可能残存的可燃物，防止点火时发生炉内爆燃。吹扫时风量应大于 25%～30%额定风量，吹扫通风时间不少于 5～10min。对于煤粉炉的一次风管也要进行逐根吹扫，每根风管吹扫时间约为 2～3min。

锅炉点火遵循自下而上的原则，先投入下层点火油枪。为保证炉膛温度场均匀，最初投入油枪时不少于两个。对于四角切圆布置的燃烧器，先点燃对角两个油枪，并定期轮换，使炉内热负荷均匀，减小烟道两侧烟气温差。需要投入煤粉燃烧器时，仍遵循对称投入的原则，先投入油枪上层或紧靠油枪的燃烧器，这样有利于油枪火焰对煤粉的引燃。如果点火失败或发生炉膛熄火，应立即切断燃料，并按点火前的要求对炉膛进行重新吹扫后再点火，以防发生炉内爆燃事故。

（4）锅炉升温升压。锅炉点火后，热负荷逐渐增加，各部分温度也逐渐升高，锅水温度也相应升高。锅水开始汽化后，汽压逐渐升高。锅炉从点火到汽压升至工作压力的过程，称为升压过程。因为水和蒸汽在饱和状态下，温度和压力是一一对应的，所以汽包炉锅水的升压过程即是升温过程。

锅炉的升温升压过程相伴于汽轮机的暖管、暖机、冲转、升速和接带负荷的过程。因此，锅炉的升温升压速度不仅受到汽包、水冷壁、过热器和再热器及省煤器热应力的限制，同时更受到汽轮机设备对升温升压速度要求的影响。为避免引起较大的热应力，通常以控制锅炉的升压速度来控制升温速度。锅炉启动时的升温升压速度主要通过调整燃烧率来控制，同时通过高、低压旁路进行辅助调节。

随着汽温汽压的升高，锅炉及汽轮机方面都会有一些必要的定压操作。对于锅炉方面，需要进行汽包水位计的冲洗、炉水品质化验和调整、锅炉各部位膨胀值检查、安全阀校验等；对于汽轮机方面，要根据汽压的变化，适时进行暖管、暖机，冲转，升速并接带负荷等。

2. 直流锅炉的启动

（1）直流锅炉启动特点。

1）设置专门的启动旁路系统。直流锅炉启动过程中的所有热水、湿蒸汽和不合格的过热蒸汽均不能进入汽轮机，因此直流锅炉必须配备专门的启动旁路系统。直流锅炉的启动旁路系统，主要是指启动分离器及与之相连的汽水管道、阀门等，另外还包括高、低压旁路系统。

2）冷态和热态清洗。由于直流锅炉没有汽包，不设置锅炉定期排污利用系统，因此，为控制蒸汽含盐量，直流锅炉除了对给水品质严格要求外，还应在启动过程中对受热面进行冷态和热态清洗。

冷态清洗是点火前用 80～100℃ 的除氧水进行循环清洗。为防止其他设备及管道内的污物进入炉内，清洗可分步进行：首先进行给水泵前低压系统的循环清洗，水质合格后再进行高压系统的循环清洗。

点火后，随着工质温度的上升，当水中含铁量超过规定时，应进行热态清洗。运行经验表明，铁的沉淀温度在 260～290℃ 之间，故锅炉升温过程中应在这一温度范围进行热态清洗，以避免水中铁的氧化物重新发生沉积现象。

3）建立一定的启动压力和流量。启动压力是指在启动过程中锅炉本体受热面内工质所具有的压力。直流锅炉为保证水动力的稳定性，防止汽水分层现象发生，在锅炉点火前要建立一定的启动压力。

启动流量是指启动过程中锅炉的给水流量。直流锅炉启动时，因为没有循环回路，所以直流锅炉从开始点火就必须不间断地向锅炉进水，以保证对受热面的冷却，因此在锅炉点火前要建立一定的启动流量。

4）启动中的工质膨胀。工质膨胀现象是指直流锅炉启动点火后，水冷壁内工质温度逐渐升高而达到饱和温度，水变成蒸汽时比体积急剧增大，使锅炉排出的汽水混合物量在一段时间内大大超过锅炉给水量，并使局部压力升高的现象。

直流锅炉工质产生膨胀的原因是在加热过程中，高热负荷区域内的工质首先汽化，体积突然增大，引起局部压力突然升高，猛烈地把后部工质推向锅炉出口，造成锅炉瞬时排出量大大增加。因此，工质膨胀现象产生的根本原因是蒸汽和水的比体积不同。

（2）直流锅炉的启动。

1）启动前的检查、准备、实验。直流锅炉启动前的检查与准备、实验工作与汽包锅炉基本一致。

2）建立启动流量和压力，进行冷态清洗。将温度符合要求的除氧水送入锅炉，建立一定的启动流量和压力，进行冷态清洗。冷态清洗包括低压系统清洗和高压系统清洗，清洗过程中不合格的水排至地沟，合格的水进入凝汽器或者除氧器。冷态清洗结束后，要保持锅炉的启动流量。

3）点火升压和热态清洗。点火操作与汽包锅炉相似。锅炉点火后，继续维持启动流量。随着工质吸热量的不断增加，工质发生膨胀，渡膨胀过程中要防止水冷壁及启动分离器超压，避免分离器安全阀起座。此时必须合理地控制燃料投入速度，不宜过快、过大。在膨胀到来前，应适当减少燃料量，以减小膨胀高峰时的膨胀值。在膨胀过程中应开大分离器进口阀和放水阀，以保持锅炉内压力和分离器水位的稳定。

当水中的含铁量超过规定时，应进行热态清洗。热态清洗时，水温较高，冲洗效果好。因为铁的氧化物在高温水中的溶解度很小，所以冲洗水温不能太高。通常要求水冷壁出口热态清洗水的温度为260～290℃。热态清洗期间，保持水温稳定，不合格的水排至地沟，少量蒸汽排至凝汽器或除氧器。直至水质合格，热态清洗结束。

蒸汽压力继续上升，根据压力大小，汽轮机进行相应操作，如暖管、暖机、冲转、升速、低负荷暖机等。

4）汽水分离器干、湿态转换。锅炉启动时，只要锅炉的产汽量小于某一值，一般为40%MCR左右，就会有剩余的饱和水通过汽水分离器排入除氧器或扩容器。也就是说，当负荷小于40%MCR时，汽水分离器处于有水位状态，即湿态运行状态，此时锅炉的控制方式为分离器水位控制及最小给水流量控制，其控制相当于汽包锅炉控制方式。当负荷上升至等于或大于40%MCR时，给水流量与锅炉产汽量相等，锅炉转为直流运行方式，汽水分离器内已无疏水，进入干态运行，汽水分离器变为蒸汽联箱用。此时，锅炉的控制方式转为温度控制及给水流量控制。

要平稳地实现锅炉控制方式的转换，必须首先增加燃料量，而保持给水流量不变，这样过热器入口焓值会随之上升。当过热器入口焓值上升到定值时，温度控制器参与调节使给水流量逐渐增加，从而使蒸汽温度达到与给水流量的平衡。

二、锅炉的停运

（一）概述

锅炉停运是指锅炉由运行状态过渡到停运状态的过程，实质上就是锅炉停投燃料的冷却过程。

对于单元制机组，锅炉的停运方式与整个机组的停运方式有关，分为正常停炉和事故停炉两种。正常停炉是指按照检修计划或调度的安排，锅炉从运行状态转为停运状态，即锅炉从运行状态逐渐减少燃料量直至停止燃烧、降温降压、冷却的过程。事故停炉是指由于锅炉或单元机组的其他部分发生故障，需停止锅炉运行的非计划内停炉。

单元机组的正常停运方式有额定参数停运和滑参数停运两种。当单元机组采用不同的停运方式时，锅炉停炉的操作也会有不同。

额定参数停运是指在机组停运过程中，维持汽轮机前蒸汽参数不变，通过逐步关小调节汽门，减少进汽量，逐步减负荷停机。锅炉也随之减负荷，逐渐降压冷却。采用额定参数停运，进入汽轮机的蒸汽温度较高，因而在停运后机组能维持较高的金属温度。对只需要短时停运，锅炉停运后转为短期热备用时，可采用该方式停运。

滑参数停运是指在汽轮机主汽门、调节汽门全开的情况下，通过调节锅炉燃烧，即改变锅炉投入的燃料量，改变蒸汽参数来逐渐降低机组的负荷，直至汽轮机停运、发电机解列、锅炉降压、冷却。采用滑参数停运时，由于在机组的减负荷和降温、降压过程中，蒸汽容积流量一直比较大，可使汽轮机各金属部件均匀冷却，缩短了停机时间，且能充分利用机组的余热发电，减少热损失。对以检修为目的，且需较长时间备用并希望金属快速冷却的机组，可采用该方式停运。

（二）汽包锅炉滑参数停运

汽包锅炉滑参数停运时，锅炉负荷和蒸汽参数的下降是根据汽轮发电机组的要求分阶段进行的，并且应严格按照滑参数停运曲线的要求进行。

1. 停运前的准备

停机前准备工作的好坏，是机组能否顺利停下来的关键。准备工作包括具体措施的拟定、停机前必要的检查试验项目。停运前首先要做好五清工作，即清原煤仓、清煤粉仓、清受热面（进行吹灰）、清理水冷壁下联箱排污、清炉底，并对锅炉本体、汽机本体、发电机、励磁系统以及机组辅助设备系统进行一次全面检查。还要对炉前燃油系统进行全面检查，确保油温、油压正常，油泵运行正常。同时按规定进行必要的试验，如投点火油枪的试验等，以便在停炉减负荷中用来稳燃。

2. 降压降负荷

机组在额定工况下运行时，一般先将机组的负荷降至某一较高负荷，一般为85%～90%额定负荷，之后逐渐开大汽轮机的调节汽门至全开，将蒸汽温度、压力降至允许值的下限，并在此条件下稳定一段时间。待金属各部件的温差减小后，开始继续滑降负荷和蒸汽参数。

在汽轮机调速汽门全开的条件下，锅炉降温降压，机组降负荷，同时打开汽轮机旁路平衡锅炉与汽轮机的蒸汽流量的矛盾。在负荷稳定的情况下，调节锅炉燃烧率，利用喷水减温，先降低主蒸汽温度，使之低于汽轮机金属温度30～50℃。为防止金属热应力过大，汽温的下降速度不超过1.5℃/min，金属温降速度不超过1℃/min。为避免汽轮机低压缸后部的蒸汽湿度过大，待金属温降速度减慢，主蒸汽的过热度接近50℃时，再降低主蒸汽压力，机组的负荷随蒸汽压力的降低成比例降低。稳定一段时间后，再以同样的方法进行滑降负荷和蒸汽参数。

锅炉根据机组减负荷的情况，逐渐减少运行燃烧器的数目。对中间储仓式制粉系统，首先通过降低给粉机转速来减少燃料量，当运行给粉机转速减小到一定程度时，停止给粉机运行。对直吹式制粉系统，随锅炉负荷的下降，通过降低给煤机转速逐渐减少各运行制粉系统的给煤量，当各组制粉系统的给煤量减少到一定程度时，则停止相应制粉系统运行。同时，调整各制粉系统的风量，保持合适的煤粉浓度。

在锅炉减负荷、停用制粉系统和燃烧器的过程中，应注意对磨煤机、给粉机和一次风管进行清扫。对停用的燃烧器，应保持少量通风进行冷却。当锅炉负荷降到较低负荷不能稳定燃烧时，应及时投油枪稳燃。

3. 机组解列、锅炉熄火

随着锅炉减负荷操作的进行，锅炉维持最低负荷燃烧，此后慢慢熄火。此时汽轮机调节汽门已经全开，利用余热发电。待负荷降至接近零时，发电机解列，汽轮机转子惰走，以便通流部分充分冷却。

锅炉熄火后，保持一侧送、引风机运行5min，对炉膛和烟道进行通风吹扫。对于回转式空气预热器，为防止转子冷却不均匀而变形，在送、引风机停运后，还应继续运转一段时间。待尾部烟温低于规定值时，再停止空气预热器运行。

4. 锅炉降压、冷却

锅炉熄火后即进入降压冷却阶段，这一阶段总的要求是控制降压和冷却速度，防止停炉过程中产生过大的热应力，保证设备的安全。最初的4～8h，关闭锅炉各处风门挡板，以免金属部件温度迅速下降；之后，开启引风机入口挡板及锅炉各人孔门、检查孔，进行自然通风冷却；停炉约18h后启动引风机进行通风冷却。当锅炉降压至零时可放掉锅水。需要快速冷却时，可加快进、放水速度，必要时可直接进行通风冷却。

（三）直流锅炉滑参数停运

直流锅炉的正常停炉应根据制造厂提供的正常停炉曲线要求进行。直流锅炉停炉一般应投入启动分离器，其停炉操作遵守下列程序：

（1）定压降负荷至规定值；

（2）过热器降压及投入启动分离器；

（3）发电机解列和汽轮机停机；

（4）锅炉熄火、降压、冷却。

直流锅炉在整个停炉过程中，应合理进行燃烧调整，将降温、降压速率控制在规定范围内。在定压降负荷过程中，应维持过热器压力不变，通过逐步减少燃料量与给水流最以及关小汽轮机调节汽阀进行降负荷，合理调整燃料与给水的比例，并利用减温水作为辅助调节，保证蒸汽温度满足汽轮机的要求。机组降负荷过程应呈阶梯形，降负荷速率一般为每分钟1%额定负荷。降负荷过程中，给水流量必须保证大于或等于启动流量的最低限度，直至锅炉熄火，以确保直流锅炉水动力工况的稳定。

过热器的降压为投启动分离器作准备，降压速率不大于每分钟 $0.2\sim0.3MPa$。在此过程中要保持合理的燃煤比，各项操作协调配合，以免造成蒸汽温度、蒸汽压力、给水流量的较大波动。当启动分离器达到投运条件，且低温过热器出口蒸汽参数符合要求时，投入启动分离器运行。锅炉从纯直流运行状态转变为强制流动。

启动分离器投入后，保持其压力、水位正常。机组负荷降至最低值时，发电机解列，汽轮机停机，锅炉熄火。

锅炉熄火后即进入降压冷却阶段，此阶段操作与汽包炉相似。

（四）事故停炉

事故停炉包括紧急停炉和申请停炉两种。锅炉的紧急停炉是指在机组发生重大事故，危及设备和人身安全时，立即停止锅炉机组运行的操作。锅炉紧急停炉和申请停炉的主要操作基本相同：锅炉停炉后，应检查全部燃料已切除，燃油阀关闭，两台一次风机跳闸，所有磨煤机、给煤机停止运行，给煤量为零；所有着火信号消失，所有减温水门关闭，停用其他MFT后应联动而未动作的设备。对于汽包炉停止定期排污，尽量维持锅炉汽包水位，若不能维持，则立即停止上水。关闭各级减温水，防止汽温骤降。维持30%额定风量，保持适当的炉膛负压，进行通风吹扫，吹扫时间一般不少于 5min。炉膛吹扫完毕复位跳闸设备。打开省煤器再循环门，保护省煤器。当锅炉发生尾部烟道二次燃烧时，应先灭火后再进行通风吹扫。

三、锅炉的运行调节

（一）汽包锅炉运行调节

锅炉的运行，应与外界负荷相适应。当锅炉负荷或炉内燃烧工况发生变动时，必须对锅炉进行一系列的调整操作，改变锅炉的燃料量、空气量和给水量等，以保持锅炉的汽温、汽压和水位在一定的允许范围内，使锅炉的蒸发量与外界负荷相适应。对运行锅炉进行监视和调节的主要任务如下：

（1）保证锅炉蒸发量，以满足外界负荷的需要；

（2）均衡给水，维持汽包的正常水位；

（3）保证蒸汽品质，保持正常的汽压、汽温；

（4）保持良好燃料燃烧，尽量减少各种热损失，提高锅炉效率；

（5）降低污染物的排放；

（6）及时进行正确的调节操作，消除各种异常、障碍和隐患，保证锅炉的安全运行。

1. 蒸汽压力的调节

蒸汽压力是锅炉安全和经济运行的重要监控参数之一。蒸汽压力的调节就是通过保持锅炉连续出力与汽轮机所需蒸汽量的平衡来实现的。

汽压过高将导致各承压部件内机械应力增大，危及机炉和蒸汽管道的安全运行，如安全门发生故障，还可能会导致爆炸，同时还会引起汽包水位发生较大的波动，影响蒸汽品质。汽压波动严重时会导致安全门经常动作，不但会排出大量蒸汽，造成排汽损失，影响经济性，而且安全门频繁动作也会发生磨损，待安全门回座时关闭不严，还会导致经常性漏汽，严重时甚至发生安全门无法回座而被迫停炉的后果。汽压降低，会减少蒸汽在汽轮机中膨胀做功的能力，使机组负荷不变时汽耗量增大，发电厂运行的经济性降低。汽压的大幅度波动，若调节不当或操作失误时，容易导致锅炉满水或缺水等水位事故；此外，还可能造成下降管入口带汽或循环倍率下降，影响锅炉水循环安全性。运行中汽压经常反复地变化，会使各承压部件受到交变的机械应力的作用，若此时再加上温度热应力的影响，则将容易导致受热面金属的疲劳损坏。

（1）影响蒸汽压力变化的因素。蒸汽压力的变化反映了锅炉的蒸发量与外界负荷所需蒸汽量之间的平衡关系。引起蒸汽压力变化的原因可以归纳为两个方面：一是锅炉外部的因素，称为外扰；二是锅炉内部的因素，称为内扰。

外扰是指非锅炉本身的设备或运行原因所造成的扰动。对于单元机组来说，主要是指机组外界负荷的正常增减及事故情况下的大幅度甩负荷，具体反映在汽轮机所需蒸汽量的变化上。例如，当外界负荷突然增加时，汽轮机调速汽门开大，进入汽轮机蒸汽量瞬间增加。若此时燃料量未能及时调节，或因锅炉本身的热惯性，将使锅炉的蒸发量小于汽轮机的蒸汽流量，汽压下降。此外，运行中若高压加热器因故障退出运行，将引起给水温度大幅度下降，从而使锅炉蒸发量减少。当锅炉蒸发量的降低与汽轮机抽汽量的减少不平衡时，也会引起汽压的变化。

内扰一般是指在外界负荷不变的情况下由锅炉本身设备或运行工况变化而引起的扰动，包括炉内燃烧工况的变动、给水流量变化及锅炉设备故障等。

当炉内燃烧工况稳定时，汽压的变化不大。当燃烧工况不稳定或失常时，将引起炉内换热量和蒸发受热面吸热量变化，从而引起汽压的变化。燃烧加强时，汽压升高；反之，汽压下降。对于煤粉锅炉，送入炉内的煤质、燃料量和煤粉细度变化、风煤配合不当、炉内受热面积灰和结渣、漏风等因素都会引起汽压的变化。

当锅炉负荷不变，而给水流量增加时，将导致锅炉蒸汽流量增加，汽压有所升高。

锅炉设备故障如安全门误动作、对空排汽阀误开、汽轮机旁路误开、过热器泄漏等都将导致锅炉出口汽压突降，进而使汽轮机前蒸汽压力突降。

（2）蒸汽压力的调节。蒸汽压力的控制和调节是以改变锅炉的蒸发量作为基本的调节手段的。而锅炉蒸发量的大小又取决于送入炉内燃料量的多少及燃料燃烧的放热情况，所以调节汽压实质上就是调节锅炉的燃烧。

在一般情况下，无论是外扰还是内扰引起汽压的变化，均可通过调节燃烧的办法进行调节。当汽压降低时，应增加燃料量和风量，强化燃烧；反之，则减弱燃烧。同时还要相应地改变给水量以维持正常汽包水位，改变减温水量维持汽温稳定。在异常情况下，当汽压急剧升高，只靠调节燃烧来不及时，则可开启过热器、再热器疏水门或向空排气门排汽，以尽快降压。另外，只有当锅炉蒸发量超限或锅炉出力受限时，才采用改变机组负荷的方法来调节蒸汽压力。

2. 蒸汽温度的调节

(1) 蒸汽温度调节的必要性。蒸汽温度是衡量蒸汽品质的重要指标之一，也是锅炉运行过程中监视和控制的主要参数之一。维持稳定的蒸汽温度是锅炉设计、运行的重要任务。

汽温越高，机组循环热效率越高，但过高的汽温会使锅炉受热面及蒸汽管道金属材料的蠕变速度加快，使用寿命缩短。若受热面严重超温，则会因材料强度的急剧下降而导致爆管。同时，当汽温过高，超过允许值时，还会使汽轮机的汽缸、主汽门、调节汽门、前几级喷嘴和叶片等部件的机械强度降低，部件温差、热应力、热变形增大，将导致设备的损坏或使用寿命的缩短。

汽温过低会引起机组循环热效率降低，汽耗率增大。同时，过低的汽温还会使汽轮机末几级叶片湿度增大，这不仅使汽轮机内效率降低，而且还会造成汽轮机末几级叶片的侵蚀加剧。汽温下降超过规定值时，需要限制机组的出力运行。汽温的大幅度快速下降会造成汽轮机金属部件产生过大的热应力、热变形，甚至会产生动静部分的摩擦，严重时可能会导致汽轮机的水击事故，造成通流部分、推力轴承损坏，严重影响机组的安全运行。

过热汽温和再热汽温变化幅度过大，除会使管材及有关部件产生蠕变和疲劳损坏外，还将引起汽轮机胀差的变化，甚至导致机组的强烈振动，危及机组的安全运行。

现代大型电站锅炉对过热蒸汽温度和再热蒸汽温度有严格的要求，通常规定蒸汽温度与额定汽温之间的偏差在−10～5℃范围内。在规定允许偏差值的同时还限制了锅炉在允许偏差值下的累计运行时间。为防止过快的蒸汽温度变化速率造成某些高温工作部件内产生较大热应力，对厚壁蒸汽管道和联箱还规定了允许的温度变化速率，一般限制在3℃/min内。

(2) 影响蒸汽温度变化的因素。实际运行中引起过热汽温和再热汽温变化的具体原因有很多，归纳起来，主要有以下几个方面。

1) 炉内燃烧工况的变化。运行中炉内燃烧工况的变化，如燃料特性、炉内过量空气系数和配风以及燃烧器运行方式的变化等，均会影响炉内的传热工况，导致汽温发生变化。

燃料特性的变化，主要是指煤中灰分、水分和挥发分的变化对汽温的影响。例如燃料灰分和水分增加，燃料发热量降低，如果要达到同样的负荷必须增加燃料量；同时水分蒸发也使烟气容积增大，导致流过受热面的烟气流速增加，对流换热加强；同时灰分和水分增加还会使炉膛温度降低，炉膛辐射传热量减少，炉膛出口烟温升高。这些因素将导致对流式过热器和再热器的传热系数增大，吸热量增加，从而使出口汽温升高。尽管辐射式过热器和再热器由于炉内辐射传热量减少而出口汽温降低，但因为一般锅炉的过热器和再热器系统以对流特性为主，所以最终的出口汽温还是升高了。

当炉膛送风量和漏风量增加时，炉内过量空气系数增加，炉膛整体温度降低，布置在炉膛四周的水冷壁和炉内的辐射式过热器和再热器等受热面吸热份额减少，从而使炉膛出口烟温升高；同时过量空气系数增大还会使燃烧生成的烟气量增多，烟气流速增大，对流换热加强。由于传热温压和传热系数的增加，使具有对流汽温特性的过热器和再热器系统出口汽温升高。

在进入锅炉的总风量保持不变的情况下，炉内配风情况的变化，会引起炉膛火焰中心位置的改变，从而影响汽温。如加大上二次风、减小下二次风，将使火焰中心下移，炉内辐射吸热比例增加，使呈对流特性的汽温降低。当燃烧器的运行方式改变时，也会引起火焰中心位置的变化，而使汽温变化。如投上排燃烧器、停下排燃烧器或燃烧器摆角上移，均会使火焰中心上移，炉内辐射吸热比例减少，从而使呈对流特性的汽温升高。

2) 给水温度的变化。当给水温度降低时，如果此时进入炉膛的燃料量不变，则蒸发量必然下降，而过热器和再热器吸热量基本不变，导致过热汽温和再热汽温升高。若要保持锅炉负荷不变，则必须增加进入炉膛的燃料量，从而使炉内烟气量和炉膛出口烟温都提高，对流式过热器和再热器出口蒸汽温度升高。对于一般锅炉，过热器和再热器系统总体呈对流汽温特性，因此给水温度降低会使汽温升高。

3) 受热面的清洁程度。运行中当炉膛水冷壁积灰、结渣或管内结垢时，将会使水冷壁吸热量减少，而使离开炉膛的烟温增加，过热器、再热器出口汽温随之增加。当过热器和再热器本身积灰、结渣或管内结垢时，则使其传热系数下降，吸热量减少，过热器和再热器出口汽温下降。

4) 锅炉负荷的变化。运行中的锅炉负荷是经常变化的。锅炉负荷发生变化时，炉内辐射传热量和对流传热量的分配比例将发生变化，从而导致汽温发生变化。汽温随锅炉负荷的变化关系已在第四章第三节中详细论述，这里不再说明。

5) 饱和蒸汽湿度的变化。从汽包引出的饱和蒸汽总含有少量水分。在锅炉正常运行时，进入过热器的饱和蒸汽湿度一般变化很小，饱和蒸汽的温度基本保持不变。但当锅炉运行工况变动时，尤其是负荷突增、汽包水位过高或锅水含盐浓度太大而发生汽水共腾时，将会使饱和蒸汽的湿度大大增加。这样，饱和蒸汽中增加的水分要在过热器中汽化吸热，在燃烧工况不变的情况下，用于过热蒸汽的热量将减少，过热汽温降低。若蒸汽大量带水，将引起汽温急剧下降。

6) 减温水温度及流量的变化。在烟气侧工况不变的情况下，当减温器中减温水温度和流量发生变化时，将引起蒸汽侧吸热量的改变，从而导致汽温发生变化。例如，当减温水温度降低或减温水量增加时，会使汽温降低；反之，会使汽温升高。

(3) 蒸汽温度的调节。由于汽温的变化是由蒸汽侧和烟气侧两方面的原因造成的，因此汽温的调节方式也可分为蒸汽侧调节和烟气侧调节两大类。有关内容已在第四章第三节中详细叙述，这里不再重复。

3. 燃烧调节

(1) 燃烧调节的目的。炉内燃烧过程是否稳定，直接关系到整个机组运行的可靠性。如果燃烧过程不稳定，不仅会引起蒸汽参数波动，影响负荷的稳定性，而且还会对锅炉本身、蒸汽管道和汽轮机金属带来热冲击。若发生炉膛灭火，后果则更为严重。

燃烧过程的好坏又影响着锅炉运行的经济性。这就要求燃烧调整保持合理的风粉配合（一、二次风配合和送、引风配合），还要求保持适当高的炉膛温度。合理的风粉配合可以保持最佳的炉膛过量空气系数；合理的一、二次风配合可以保证燃料着火迅速、稳定，燃烧完全；合理的送、引风配合可以保持适当的炉膛负压，减少锅炉漏风。当运行工况改变时，若这些配合调节得当，就可以减少燃烧损失，提高锅炉效率。

锅炉燃烧调节的目的是：在满足汽轮机对蒸汽流量和参数要求的前提下，调整燃烧器各层的煤粉分配，调整一、二次风的分配，以达到炉膛热负荷均匀、炉膛受热面不结渣、火焰不冲刷水冷壁，减少不完全燃烧损失，尽量减少污染物的生成，使锅炉在最安全、经济的条件下稳定运行。

（2）锅炉燃烧调节。

1）燃料量的调节。在机组正常运行中，根据负荷的变化调整燃烧的主要内容是锅炉给煤量的调节。为保证机组运行的经济性，调节的一般原则是：负荷增加时，先加大风量，后增加煤量；在负荷降低时，先减少煤量，后减小风量。

中间储仓式制粉系统的特点之一是制粉系统出力的变化与锅炉负荷的变化并不存在直接的关系。当负荷变化时，所需燃料量的调节可以通过改变给粉机的转速和燃烧器投入的数量来实现。当锅炉负荷变化不大时，改变给粉机转速就可改变进入炉膛的煤粉量，达到调节的目的。当锅炉负荷变化较大，已超出给粉机的转速调节范围时，应先以投、停给粉机作粗调节，再以改变给粉机转速作细调节。投停给粉机要尽量对称，以维持燃烧中心和空气动力场的稳定。在调节给粉机转速时，给粉量的增减应缓慢，幅度不宜过大，尽量减少燃烧大幅度波动，同时尽量使同层给粉机的下粉量一致，便于锅炉配风。

直吹式制粉系统的出力将直接影响锅炉蒸发量的大小。当锅炉负荷变化不大时，一般通过改变运行给煤机的转速来改变制粉系统的出力，即通过改变给煤量来实现调节。例如，当负荷增加时，应先开大磨煤机和一次风机的入口挡板，增加磨煤机的通风量，以利用磨煤机内的存煤量作为增加负荷的缓冲调节。然后再增加给煤量，同时开大相应二次风门。相反，当负荷降低时，则应先减少给煤量，再降低磨煤机通风量及相应二次风量。当锅炉负荷变化较大，超出给煤机的转速调节范围时，则需投、停整套制粉系统来完成给煤量的调节。在调节给煤机转速时，应注意均匀调节且调节范围不要太大。调节燃煤量的同时，还要注意调节风量。

2）风量的调节。风量的调节是维持炉内正常燃烧工况的重要手段。当锅炉负荷改变时，改变炉内燃料量的同时应及时调整送风机、引风机的风量，以维持正常的炉膛负压及最佳的炉膛出口过量空气系数。

锅炉送风量的调节，是以炉膛氧量值为依据，即保持炉内最佳过量空气系数，通过改变送风机的风量来实现的。一般过量空气系数随锅炉负荷的变化而变化，低负荷时过量空气系数较大，而高负荷时相对较小。在锅炉的风量调节中，除了改变总风量外，一、二次风的配合调节也是非常重要的。一、二次风的风量分配应根据它们所起的作用进行调节。一次风量应以能满足进入炉膛的风粉混合物挥发分燃烧及焦炭氧化需要为原则。二次风量不仅应能满足燃料燃烧的需要，而且还应能与进入炉膛的可燃物充分混合，这就需要有较高的二次风速，以便在高温火焰中起到扰动混合的作用，以强化燃烧。

送风量的调节因风机形式的不同而不同。对离心式风机，通常采用改变其进口导向挡板开度来调节风量；对于轴流式风机，其风量的调节是通过电动（或液动）执行机构改变其动叶安装角度的大小来调节的。现代大容量锅炉通常设置两台送风机。当两台送风机均运行，同时需要调节送风量时，应同时改变两台风机风量，以使烟道两侧的烟气流动工况均匀。

锅炉引风量的调节是保证合理炉膛压力的重要手段。炉膛压力是反映炉内燃烧工况是否正常的重要参数。炉内燃烧工况一旦发生变化，炉膛压力就将迅速发生相应的改变。当锅炉燃烧系统发生故障或出现异常情况时，最先反映出的是炉膛负压的变化，然后才是蒸汽参数的改变。因此，监视和控制炉膛压力，对于保证炉内燃烧工况的稳定具有极其重要的意义。炉膛负压过大，会增加炉膛和烟道漏风，引起燃烧恶化，甚至导致灭火。反之，若炉膛负压过小，则炉内高温火焰、炉灰会冒出炉外，不仅影响环境卫生，而且还可能危及人身和设备的安全。

炉膛负压的大小，取决于进、出炉膛介质流量的平衡，并与燃料是否着火有关。炉膛压力的大小通过改变运行引风机的出力进行调节。引风量的调节因风机形式的不同而不同，方法与上述送风量的调节方法基本相同。为避免炉膛出现正压，在增加负荷时应先增加引风量，然后再增加送风量和燃料量；减少负荷时，则先减少燃料量和送风量，然后再减少引风量。

4. 汽包水位调节

（1）维持汽包正常水位的重要性。维持汽包的正常水位，是保证汽包锅炉和汽轮机安全运行的重要条件之一。

汽包水位过高时，会使蒸汽空间高度减小，蒸汽带水增加，蒸汽品质恶化，容易导致在过热器管内沉积盐垢，使管子超温，金属强度降低而发生爆管，还会造成汽轮机通流部分结垢。汽包严重满水时，会造成蒸汽大量带水，除引起汽温急剧下降外，还会造成蒸汽管道和汽轮机内严重的水冲击，导致设备损坏。

汽包水位过低，会引起下降管带汽，破坏水循环，导致水冷壁超温爆管；当严重缺水时，如处理不当，还可能导致大面积爆管事故。另外，水位过低还会使强制循环锅炉的锅水循环泵入口汽化，引起泵组剧烈振动。

汽包锅炉的正常水位一般在汽包中心线以下 100～200mm，运行中通常将其水位波动范围控制在±50mm 内。

（2）影响水位变化的主要因素。锅炉运行中汽包水位是经常变化的，引起水位变化的根本原因有两方面：一是蒸发设备中的物质平衡被破坏，即给水量与蒸发量不一致；二是工质的状态发生变化，使蒸汽压力和饱和温度相应改变，从而引起水和蒸汽比体积及水容积中汽泡数量发生变化，导致汽包水位变化。

汽包水位是否稳定，首先取决于锅炉负荷即蒸发量的变动量及其变化速度。当机组负荷正常变化时，锅炉的燃烧和给水若能够及时调整，汽包水位变化是不明显的。但当负荷骤变时，若汽压有较大幅度的变化，则会引起汽包水位迅速波动。在水位的波动过程中，将产生虚假水位。在外界负荷和给水量不变的情况下，炉内燃烧工况的变化也将引起水位的变化。燃烧工况的变动多是由于煤质变化、燃料量变化、炉内结焦等因素造成。其他条件不发生变化时，给水压力变化将使给水流量发生变化，破坏给水量与蒸发量的平衡，从而引起汽包水位的变化。

此外，运行中引起汽包水位变化的原因还有很多，如当锅炉安全门动作、承压部件泄漏或者汽轮机调节门、旁路门、过热器及主蒸汽管疏水门开关时均会影响到蒸汽压力的变化，进而使工质饱和温度相应改变，导致汽包水位变化；当启动和停止给水泵时也会由于给水压力的变化，致使汽包水位改变；若发生高压加热器、水冷壁、省煤器等设备泄漏，则会破坏物质平衡，使汽包水位下降。

（3）汽包水位的调节。运行中锅炉汽包水位是通过水位计来监视的。现代电站锅炉为方便水位的监视，除在汽包上装有一次（就地）水位计外，还在中央集控室装有二次水位计或水位电视。运行中水位的监视应以一次水位计的指示为准，并及时核对一、二次水位计的指示情况。

水位调节的任务是使给水量适应锅炉的蒸发量，以维持汽包水位在允许的变化范围内。锅炉汽包水位的调节正常情况下通过改变给水调节阀的开度或改变给水泵的转速改变给水量而实现。目前，大容量单元机组均采用了较成熟的全程给水调节系统，即机组启动时，采用单冲量调节；正常运行时，为了消除虚假水位对给水调节的影响，采用三冲量给水调节系统。水位控制系统示意如图4-72所示。

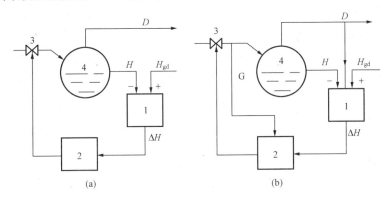

图4-72　水位控制系统示意
（a）单冲量系统；（b）三冲量系统
1—加法器；2—调节器；3—给水控制门；4—汽包

进行水位调节时要特别注意虚假水位的影响。在监视水位时要注意给水流量与蒸汽流量是否平衡，注意给水压力的变化。若在水位升高的同时，蒸汽流量增大，而压力却降低，说明水位的升高是暂时的。此时应稍稍等待水位升至高点后再加大给水量，但若有可能造成水位事故时，则可先稍减给水量，同时做好随时增大给水量的准备。

（二）直流锅炉的运行调节

直流锅炉蒸汽参数的稳定主要取决于两个平衡：一是汽轮机功率与锅炉蒸发量的平衡；二是燃料量与给水量的平衡。第一个平衡能稳定汽压，第二个平衡能稳定汽温。由于直流锅炉受热面的三个区段无固定分界线，使得汽压、汽温和蒸发量之间是紧密相联的，因此，直流炉汽压和汽温这两个参数的调节是密不可分的。

1. 过热汽温的调节

影响直流炉过热汽温的主要因素有煤水比、给水温度、过量空气系数、火焰中心高度以及受热面结渣等。

直流炉运行调节中，若要维持过热汽温稳定，必须要保持适当的煤水比。当燃料量不变时，给水温度、过量空气系数及火焰中心高度的变化都将使受热面的加热段、蒸发段及过热段的长度发生变化，从而导致过热汽温的改变。在燃料量、给水流量和减温水流量都保持不变的情况下，无论哪个受热面结渣，都会造成工质吸热量的减少，从而使过热汽温下降。正常运行中，对于直流锅炉，在水冷壁温度不超限的情况下，后四种影响过热汽温的因素都可以通过调整煤水比来消除。所以只要控制调节好煤水比，直流锅炉的过热汽温就可保持在额定值附近。

直流锅炉过热蒸汽温度的调节过程中，运行人员根据中间点温度作为前馈信号来及时调节煤水比，以消除中间点温度的偏差，从而维持过热汽温的稳定。调节中间点汽温的方法有两种：一种是使给水量不变，调节燃料量；另一种是保持燃料量不变，调节给水量。前者称以水为主的调节方法；后者称以燃料为主的调节方法。由于锅炉煤质随时都会发生变化，不易准确控制，通常采用以水为主的调节方法。考虑到其他原因对过热汽温的影响，在实际运行中要精确地保持煤水比是不易实现的。所以直流炉汽温的调节除了采用煤水比作为粗调手段外，还必须在汽水通道上装设喷水减温装置作为细调。例如，当汽温偏低时，首先应适当增加燃料量或减少给水量，使汽温升高，然后再以减温水来精确调节。

2. 再热汽温的调节

直流锅炉再热汽温的影响因素与汽包锅炉再热汽温的影响因素基本相同。因此，直流锅炉再热汽温调节也与汽包锅炉类似，即采用以烟气侧调节为主，事故喷水减温为辅的调温手段。

3. 过热蒸汽压力的调节

过热蒸汽压力调节的任务是保持锅炉蒸发量与汽轮机所需蒸汽量的平衡。对于直流锅炉，由于锅炉的蒸汽量等于进入的给水流量，炉内燃烧率的变化并不会引起蒸发量的改变，只有当给水流量改变时才会引起锅炉蒸发量的变化。因此，直流锅炉汽压的稳定，从根本上说是靠调节给水流量实现的。在调节过程中，如果只改变给水流量而不改变燃料量，则将造成过热汽温的变化。因此，直流炉在调压的同时必须调温，即燃料量必须随给水流量相应的变化，才能在调压的过程中维持汽温的稳定。根据直流锅炉参数调节的特性，运行人员总结出一条行之有效的操作经验，即给水调压、燃料配合给水调温、抓住中间点温度、喷水微调，以这种调节方法来实现直流锅炉蒸汽参数的稳定。

复 习 思 考 题

4-1　在火力发电厂的生产过程中能量是怎样转换的？简述电厂锅炉的作用及工作过程。

4-2　表明电厂锅炉基本特征的参数有哪些？举例说明电厂锅炉型号的表示方法。

4-3　电厂锅炉是如何进行分类的？

4-4　煤的元素分析成分有哪些？各种成分对煤燃烧及锅炉运行有何影响？

4-5　什么是挥发分？煤中挥发分含量对锅炉工作有何影响？

4-6　什么是标准煤？标准煤是否真的存在？

4-7　什么是灰的熔融性？灰的熔点如何确定？

4-8　我国电厂用煤分类依据是什么？分为哪几类？

4-9　什么是煤粉细度？如何确定煤粉的经济细度？

4-10　说明中速磨煤机的工作原理，电厂应用中有哪几种形式的中速磨煤机？

4-11　什么叫直吹式和中间储仓式制粉系统？各有什么优缺点？适用于什么场合？

4-12　制粉系统有哪些主要的辅助设备？各设备的作用是什么？

4-13　煤的燃烧过程可以分为哪几个阶段？为保证煤粉在炉膛内迅速完全燃烧应满足什么条件？

4-14　燃烧器的作用是什么？直流燃烧器有哪几种形式？不同形式在结构上有什么特点？

4-15　空气预热器的作用是什么？简述受热面回转式空气预热器的结构和工作过程。为什么现代大容量锅炉多采用回转式空气预热器？

4-16　风机的作用是什么？电厂用风机都有哪些？

4-17　自然循环锅炉、控制循环锅炉和直流锅炉的主要区别是什么？

4-18　水冷壁有哪几种形式？大型锅炉的水冷壁多采用什么形式？为什么？

4-19　什么是蒸汽品质？说明蒸汽污染的原因。

4-20　过热器和再热器的作用是什么？有哪几种形式？各类型过热器的结构和布置有哪些特点？

4-21　什么是热偏差？产生的原因及减轻措施有哪些？

4-22　为什么要调节蒸汽温度？汽温调节的方法有哪些？

4-23　省煤器的作用是什么？锅炉启动时如何保护省煤器？

4-24　什么是锅炉的热平衡？电厂锅炉有哪些输入热量和输出热量？

4-25　锅炉运行中有哪些热损失？各项热损失主要影响因素有哪些？

4-26　什么是锅炉的热效率？

4-27　火力发电厂的燃料运输系统主要由哪几部分组成？简述燃料运输系统的工作流程。

4-28　简述电除尘器的工作原理及除尘过程。

4-29　锅炉除灰除渣系统的作用是什么？气力除灰系统有何特点？

4-30　什么是燃烧后脱硫？

4-31　什么是滑参数启动？简述汽包炉的冷态滑参数启动过程。

4-32　什么是直流炉启动中的工质膨胀现象？产生的原因是什么？

4-33　影响汽包水位变化的因素有哪些？什么情况下容易出现虚假水位？

4-34　高压加热器故障切除后，锅炉的过热汽温如何变化？

4-35　引起锅炉汽压变化的因素有哪些？如何调节？

4-36　锅炉负荷变化时，燃料量、送风量、引风量应如何进行调节？

第五章　汽轮机设备及运行

 学习内容

1. 汽轮机概述。
2. 汽轮机本体结构。
3. 汽轮机的基本原理。
4. 汽轮机主要辅助设备与系统。
5. 汽轮机调节保护及供油系统。
6. 汽轮机运行基本知识。

 重点、难点

重点：汽轮机概念；汽轮机本体结构；汽轮机工作原理；汽轮机主要辅助设备作用、结构及工作原理；汽轮机调节原理；主要保护项目及油系统的工作过程。

难点：汽轮机工作原理；汽轮机本体结构；汽轮机调节原理。

 学习要求

了解：汽轮机分类和型号；汽轮机工作原理；汽轮机调节和保护。

掌握：汽轮机效率和功率；汽轮机本体结构；主要辅助设备作用及结构；汽轮机启、停的基本知识。

 内容提要

本章首先介绍汽轮机的一些基本概念，如分类、型号、级等；然后着重介绍汽轮机本体结构和工作原理，并定性讨论了汽轮机各项损失及效率问题，再介绍汽轮机主要辅助设备的作用、结构和工作原理；最后介绍汽轮机调节原理、保护项目及大型机组供油系统及其特点，以及汽轮机启、停和正常维护的简单知识。

第一节　汽 轮 机 概 述

汽轮机是将蒸汽热能转化为机械功的回转式原动机。它具有单机功率大、转速高、效率高、运转平稳和使用寿命长等优点，因而在现代工业中得到了广泛的应用。

汽轮机的主要用途是在热力发电厂中做驱动发电机的原动机。在以煤、石油和天然气为燃料的火力发电厂、核电站和地热电厂中，大多采用汽轮机作为原动机，汽轮机与发电机的组合称为汽轮发电机组，其发电量占总发电量的 80% 左右。在热电厂中，还可以用汽轮机的排汽或中间抽汽来满足生产和生活的供热需要，这种既供热又发电的热电联供汽轮机，在热能的综合利用方面具有较高的经济性。此外，汽轮机还能应用于其他工业部门，如直接驱动各种泵、风机、压缩机和船舶螺旋桨等。在生产过程中有余热、余能的各种工厂企业中，可以利用各种类型的工业汽轮机，使不同品位的热能得到合理有效的利用，从而提高企业的节能和经济效益。

汽轮机设备及系统包括汽轮机本体、调节保护系统、辅助设备及系统等（见图5-1）。汽轮机本体由转动部分和静止部分组成；调节保护系统包括主汽阀、调节汽阀、执行机构、计算机控制系统、安全保护装置等；辅助设备包括凝汽器，抽气器（或水环真空泵），高、低压加热器，除氧器，给水泵，凝结水泵，循环水泵等。汽轮机的主要系统包括主蒸汽及再热蒸汽系统、凝汽系统、给水回热系统、油系统等。

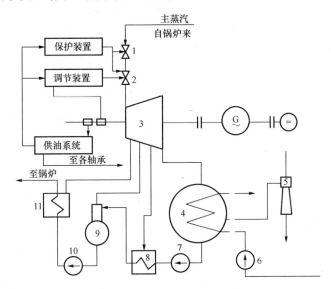

图5-1　汽轮机设备组合示意

1—主汽阀；2—调节汽阀；3—汽轮机本体；4—凝汽器；5—抽气器；6—循环水泵；7—凝结
水泵；8—低压加热器；9—除氧器；10—给水泵；11—高压加热器

一、汽轮机的分类

汽轮机的用途广泛，种类繁多，可以从不同的角度对汽轮机进行分类，一般常用的分类方式有以下几种。

1. 按工作原理分类

（1）冲动式汽轮机。主要由冲动级组成，蒸汽主要在喷嘴叶栅（静叶栅）中膨胀，在动叶栅中只有少量膨胀。

（2）反动式汽轮机。主要由反动级组成，蒸汽在静叶栅和动叶栅内均进行膨胀，且膨胀都程度相同。

2. 按热力特性分类

（1）凝汽式汽轮机。蒸汽在汽轮机中做功后，进入高度真空状态的凝汽器凝结成水。

（2）背压式汽轮机。汽轮机排汽压力高于大气压，排汽直接用于供热，无凝汽器。

（3）调整抽汽式汽轮机。在汽轮机某级后抽出一定压力的部分蒸汽向外供热，其余蒸汽在汽轮机中做完功后进入凝汽器。根据供热的需要，有一次调整抽汽和二次调整抽汽之分。

（4）中间再热式汽轮机。蒸汽在汽轮机内膨胀做功到某一压力后，被全部引出送往锅炉的再热器加热，再热后的蒸汽重新返回汽轮机继续膨胀做功。

　　3. 按主蒸汽压力分类

　　（1）低压汽轮机。主蒸汽压力小于 1.5MPa。

　　（2）中压汽轮机。主蒸汽压力为 2～4MPa。

　　（3）高压汽轮机。主蒸汽压力为 6～10MPa。

　　（4）超高压汽轮机。主蒸汽压力为 12～14MPa。

　　（5）亚临界压力汽轮机。主蒸汽压力为 16～18MPa。

　　（6）超临界压力汽轮机。主蒸汽压力大于 22.2MPa。

　　（7）超超临界压力汽轮机。主蒸汽压力大于或等于 25MPa，且温度大于或等于 580℃（我国规定）。

　　4. 按蒸汽在汽轮机内的流动方向分类

　　（1）轴流式汽轮机。蒸汽流动的总体方向大致与轴平行。

　　（2）辐流式汽轮机。蒸汽流动的总体方向大致与轴垂直。

　　此外，按汽缸数目分为单缸、双缸及多缸汽轮机；按机组转轴数目分为单轴和双轴汽轮机；按用途分类为发电用汽轮机、工业用汽轮机、船用汽轮机等。

二、汽轮机的型号

　　不同国家汽轮机产品型号的组成方式不同，但是一般都包含了汽轮机的功率、类型、新蒸汽参数和再热蒸汽参数等信息，供热汽轮机型号还包括供热蒸汽参数。因此，从汽轮机的型号可以基本判断出汽轮机的主要特征。

　　国产汽轮机的型号大多包含三部分信息，如图 5-2 所示。各部分含义如下：第一部分信息用汉语拼音符号表示汽轮机的热力特性或用途，其意义见表 5-1，汉语拼音符号后面的数字表示汽轮机的额定功率；第二部分信息用几组由斜线分隔的数字分别表示新蒸汽参数、再热蒸汽参数、供热蒸汽参数等（见表 5-2）；第三部分为厂家设计序号，原型设计不标明。

图 5-2　国产汽轮机型号示意

表 5-1　　　　　　　　　　　　汽轮机型号中的汉语拼音代号

代号	N	B	C	CC	CB	H	Y	HN
类型	凝汽式	背压式	一次调节抽汽式	二次调节抽汽式	抽汽背压式	船用	移动式	核电汽轮机

表 5-2　　　　　　　　　　　　汽轮机型号中蒸汽参数的表示方法

类　　型	参数表示方法	示　　例
凝汽式	主蒸汽压力/主蒸汽温度	N100-8.83/535
中间再热式	主蒸汽压力/主蒸汽温度/中间再热温度	N300-16.67/538/538
抽汽式	主蒸汽压力/高压抽汽压力/低压抽汽压力	CC50-8.83/0.98/0.118
背压式	主蒸汽压力/背压	B50-8.83/0.98
抽汽背压式	主蒸汽压力/抽汽压力/背压	CB25-8.83/0.98/0.118

　　注　功率单位为 MW，压力单位为 MPa，温度单位为℃。

例如：N100-8.83/535 表示凝汽式汽轮机，额定功率为 100MW，新蒸汽压力为 8.83MPa、温度为 535℃；CC25-8.83/0.98/0.118 表示二次调节抽汽式汽轮机，功率为 25MW，新蒸汽压力为 8.83MPa，第一次调节抽汽压力为 0.98MPa，第二次调节抽汽压力为 0.118MPa；N300-16.7/538/538，表示带有中间再热的凝汽式汽轮机，额定功率为 300MW，新蒸汽压力为 16.7MPa，新蒸汽及再热汽温度均为 538℃。

国外汽轮机的型号表示有所不同。例如：俄罗斯 K-800-23.5-5 型汽轮机型号中，K 表示凝汽式汽轮机，800 表示额定功率为 800MW，23.5 表示新蒸汽压力 23.5MPa，5 是变型设计次序；日本 TC4F-31 型汽轮机型号中，TC 表示单轴；4F 表示四排汽；31 表示末级叶片长度是 31in（787mm）；法国阿尔斯通（Alstom）T2A330-30-2F1044 型号中，T 表示汽轮机，2 表示二次过热，A 表示对称布置，330 表示额定功率为 330MW，30 表示转速为 3000r/min，2F 表示双排汽，1044 表示末级叶片长度，实际上为 1080mm，但仍标注 1044。

三、汽轮机的级

汽轮机的级是汽轮机做功的基本单元，结构上由一列喷嘴叶栅（即静叶栅）和与它相配合的一列动叶栅构成。蒸汽流过汽轮机级时，首先在喷嘴叶栅中将部分蒸汽的热能转变成为动能，然后在动叶栅中将其动能和热能转变为机械能。蒸汽在汽轮机中要从高参数膨胀到凝汽器的真空状态，比焓降很大，不可能一次全部转变成机械能，所以需要多次逐级转化。

根据喷嘴叶栅在圆周上的布置方式不同，级分为调节级和非调节级。若喷嘴叶栅沿圆周分组布置，每一组喷嘴叶栅的进汽都有相应的阀门来控制的级称为调节级；否则全周布置喷嘴叶栅的级称为非调节级。通常汽轮机第一级为调节级，其余各级为非调节级（也称压力级）。只有一个级的汽轮机称为单级汽轮机，具有多个级的汽轮机为多级汽轮机。

第二节 汽轮机本体结构

汽轮机本体由转动部分和静止部分组成。汽轮机转动部分又称转子，包括动叶栅、主轴和叶轮（反动式汽轮机为转鼓）、联轴器等；汽轮机静止部分又称静子，包括汽缸、喷嘴和隔板（反动式汽轮机为静叶环）、汽封、轴承等。

一、汽轮机静止部分

（一）汽缸

汽缸是汽轮机的外壳，其作用是将工作蒸汽与大气隔开，保证蒸汽在汽轮机内完成做功过程。汽缸的外形为圆筒形或圆锥形，通常制成具有水平接合面的对分形式，上半部叫上汽缸，下半部叫下汽缸。上、下汽缸之间用法兰螺栓连接在一起。为了减小汽缸应力，现代汽轮机也有采用无水平接合面汽缸的。汽缸内壁安装着隔板、静叶片、汽封环等零部件；外部与进汽管、抽汽管、排汽管、疏水管等相接。

由于大型汽轮机蒸汽参数高，级数多，通常根据工作压力的高低，将汽缸分成高压缸、中压缸和低压缸。汽轮机高、中压缸的布置方式有两种，一种是高中压合缸，即高中压外缸合并成一个汽缸；另一种是高中压缸分缸，即分成两个缸。分缸和合缸布置各有优缺点，所以目前采用合缸和分缸两种方式的厂家都有。图 5-3 是某 300MW 汽轮机的结构图，该汽轮机高、中压缸采用了合缸布置，并且通流部分反向布置，即高压缸蒸汽的流动方向与中压缸蒸汽流动方向相反，有利于平衡轴向推力。

从图 5-3 中不难看出，高、中压缸均采用了双层缸结构，具有高压内缸、高压外缸、中压内缸、中压外缸。采用双层缸结构的原因是：高参数大容量汽轮机高、中压汽缸所承受的压力和温度都很高，如果制成单层缸，则要求汽缸的缸壁适当加厚，这将导致机组在启动、停机等工况时出现较大的热应力，甚至汽缸变形、螺栓拉断。采用双层缸结构后，把单层缸承受的巨大蒸汽压力分摊给内外两层缸，这样就减小了每层缸的压差和温差，使缸壁和法兰相应减薄，在机组启停等工况时热应力减小，可缩短机组的启停时间和提高负荷的适应性。所以，近代高参数大容量汽轮机的高压缸包括中压缸都采用双层缸结构。

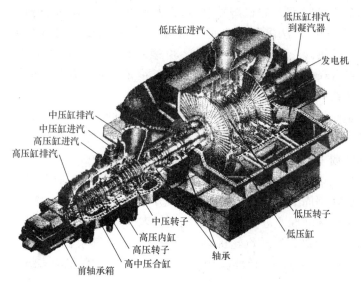

图 5-3　某 300MW 汽轮机的结构图

汽轮机运行时，从锅炉来的过热蒸汽通过控制阀门进入高压缸，逐级做功后排出，送入锅炉再热器；再热蒸汽通过中压控制阀门进入中压缸继续膨胀做功，然后从中压缸排出；中压缸排汽由连通管送到低压缸继续做功，最后一级的排汽进入凝汽器。

低压缸一般采用对称分流结构，中压缸的排汽经联通管进入低压缸中部，经导向板分左右两路均衡分流进入对称布置的低压缸，逐级做功后通过排汽口进入凝汽器。

由于低压缸的进汽压力低，蒸汽体积大，使得低压缸（尤其是排汽处）尺寸很大。另外，虽然流入低压缸蒸汽的温度不高，但进汽、排汽间的温差大（如引进型 300MW 汽轮机在额定工况下，低压缸进汽温度为 337℃，排汽温度为 32.5℃，两者温差为 304.5℃），为改善低压缸的热膨胀，低压缸仍然采用双层或三层结构，使尺寸较小的内缸承受温度变化，而外缸及庞大的排汽缸均处低温状态。图 5-3 中的低压缸采用双层结构。

低压缸外缸采用钢板焊接而成，其外缸从水平中分面处分成上缸和下缸，上缸在检修时可作为一个整体吊起。另外，在排汽区装有喷水减温装置，以便在启动或低负荷（小于 15％额定工况）时，因蒸汽流量过小，不足以将摩擦等损失变成的热量带走，致使排汽温度升高至 80℃以上时，自动投入喷水减温装置以降低排汽温度，保证设备的安全。

（二）喷嘴与隔板

1. 喷嘴（即静叶栅）

喷嘴是相邻两片静叶栅构成的蒸汽通道，是汽轮机通流部分的重要部件，用以完成蒸汽热能到动能的转换。压力级喷嘴（即静叶栅）是通过隔板固定在汽缸上的，但调节级有所不同，调节级的喷嘴通常根据调节汽阀的个数成组固定在喷嘴室上。

2. 隔板（反动式汽轮机称为静叶环）

隔板（静叶环）用于固定喷嘴，并将整个汽缸内部空间分隔成若干个汽室。冲动式汽轮机的隔板主要由喷嘴、隔板体和隔板外缘组成，主要形式有焊接式和铸造式两种。

焊接隔板是先将已成型的喷嘴叶片焊接在内、外围带之间，组成喷嘴弧，然后再焊上隔板外缘和隔板体，如图 5-4 所示。焊接隔板具有较高的强度和刚度、较好的汽密性，加工较方便，因此，广泛应用于中、高参数汽轮机的高、中压部分。

铸造隔板是先用铣制或冷拉、模压、爆炸成型等方法将喷嘴叶片做好，然后在浇铸隔板体时将叶片放入其中一体铸出，如图 5-5 所示。铸造隔板加工比较容易，成本低，但表面光洁度较差，使用温度也不能太高，一般小于 300℃，因此用于汽轮机的低压部分。

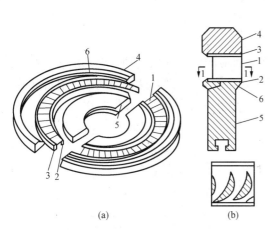

图 5-4 压力级焊接隔板

（a）焊接隔板组合情况；（b）焊接隔板剖面图

1—静叶片；2、3—内、外环；4—隔板外缘；

5—隔板本体；6—焊点

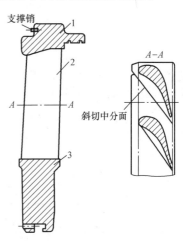

图 5-5 铸造隔板

1—外缘；2—静叶片；3—隔板体

反动式汽轮机的静叶环与隔板相似，只是没有了隔板体。

（三）汽封及轴封系统

1. 汽封

为保证汽轮机工作的安全，其动、静部分之间必须留有一定的间隙，避免相互碰撞或摩擦。由于间隙两侧一般都存在压差，这样，部分蒸汽就会在压力差的作用下从间隙中漏过，造成能量损失，使汽轮机效率降低。为了减小漏汽损失，在汽轮机的相应部位设置了汽封。

根据装设部位不同，汽封可分为隔板汽封和轴封。如图 5-6（a）所示，隔板内圆与转子之间的汽封称为隔板汽封，用来阻止蒸汽经隔板内圆绕过喷嘴流到隔板后而造成能量损失。如图 5-6（b）所示，转子穿出汽缸两端处的汽封叫轴端汽封，简称轴封。高压轴封用来减少蒸汽漏出汽缸而造成能量损失及恶化运行环境；低压轴封用来防止空气漏入汽缸使凝汽器的真空降低，影响机组的正常运行。

现代汽轮机中通常采用梳齿形汽封（也称迷宫式），即在汽封环上整体车出或镶嵌上梳齿，梳齿可为平齿或高低齿相间，如图 5-7 所示。汽封环周向分成 4～6 块，并通过 T 形根

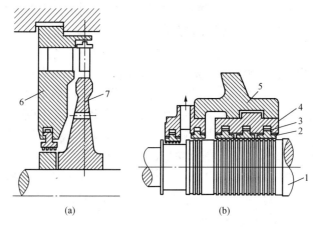

图 5-6 汽封图

(a) 隔板和通汽部分汽封；(b) 轴封

1—轴；2—汽封；3—弹簧片；4—轴封套；5—汽缸；6—隔板；7—叶轮

部装在静体上。对于高低齿相间的汽封环，在相对应的动体（如主轴）上车出环形凸台或套装上有凸环的汽封套，汽封高齿对着凹槽，低齿接近凸环顶部，这样便构成了有许多狭缝的多次曲折通道，对漏汽形成很大的阻力。蒸汽每流经一个狭缝，就经历一次节流，压力便降低些，漏汽的动力就小些。因此，串联的汽封阶数越多，阻汽效果越好。

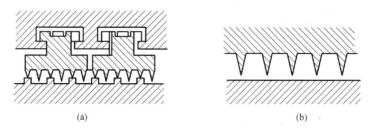

图 5-7 梳齿形汽封

(a) 高低齿梳齿形汽封；(b) 平齿梳齿形汽封

2. 轴封系统

为了有效地阻止蒸汽漏出和空气漏入，汽缸两端的轴封一般分成几段，相邻段间为汽室，汽室通过管路与汽封母管及轴封冷却器等设备相连，以形成轴封系统。

不同形式的汽轮机其轴封系统不尽相同，在此仅以单缸汽轮机的轴封蒸汽系统为例说明。如图 5-8 所示，高压端轴封有 6 段汽封和 5 个腔室组成，从汽缸漏出的蒸汽经过各段汽封时压力逐渐降低，将第 1、2、3 腔室中不同压力的蒸汽分别引入相应压力的回热加热器中用来加热给水和凝结水。稍高于大气压力的低压蒸汽由集汽箱进入高压轴封第 4 腔室和低压轴封第 1 腔室。这部分蒸汽在汽封中向汽缸外流动时封住了外部空气的流入，同时在高压端第 5 腔室和低压端第 2 腔室与漏入的空气一起被抽至轴封加热器，在轴封加热器中回收漏出蒸汽的热量及其凝结水。采用这种轴封系统后，蒸汽不会漏出汽缸，造成损失，空气也不会漏入汽缸，破坏真空。

（四）轴承

汽轮机轴承有支持轴承和推力轴承两种。

支持轴承又称为主轴承，位于转子的两端。它的作用是承受转子的质量并使转子在一定的径向位置稳定转动。汽轮机支持轴承主要有圆柱形轴承、椭圆形轴承、三油楔轴承和可倾瓦轴承等。下面介绍现代大型机组上使用较多的圆柱形轴承和可倾瓦轴承。图5-9为圆柱形支持轴承的结构，它由上、下两半个轴瓦组成，用螺栓连接成一个圆筒形，置于轴承座内。上轴瓦顶部有一块垫铁，下轴瓦外圆上有三块垫铁，它们用来调整转子的径向位置使之保持与汽缸同心。轴瓦用优质铸铁铸造，在轴瓦内壁上浇铸一层乌金，乌金为锡、锑、铜合金，又称巴氏合金，具有耐磨、质软、熔点低等优点。这类轴承一般用于支持小型汽轮机或大、中型汽轮机的低压转子。

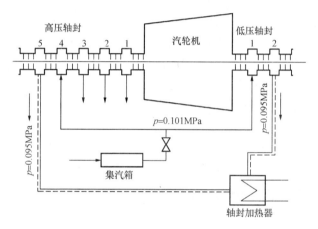

图5-8 轴封蒸汽系统

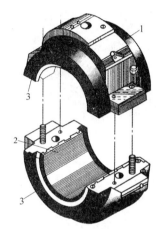

图5-9 圆柱形支持轴承
1—上轴瓦；2—下轴瓦；3—油挡

大型汽轮机的高、中压转子多采用可倾瓦支持轴承，它通常是在轴承壳内圆柱面上装有3～5块能在支点上自由倾斜的弧形瓦块。瓦块在工作时可以随着转速、载荷及轴承温度的不同而自由摆动，如图5-10所示。这样不仅在轴颈四周形成多油楔，避免油膜振荡的产生，而且具有减振性能好、承载能力大等优点。

汽轮机轴承属于滑动轴承，依靠液体摩擦原理工作。转子的轴颈在轴瓦内转动时不断通入润滑油，在轴颈轴瓦的乌金表面形成一层油膜，通过油膜，使金属表面之间固体摩擦变为液体摩擦，因而摩擦阻力很小。润滑油还起冷却轴承的作用，将轴承工作时产生的热量带走。

推力轴承的作用是承受汽轮机转子的轴向推力，并保持转子确定的轴向位置。蒸汽在汽轮机中流动时，不仅产生周向力推动转子旋转，而且产生自高压侧指向低压侧的轴向推力，在轴向推力作用下转子如有轴向窜动，将造成叶片与喷嘴之间、叶轮与隔板之间动、静部分的摩擦和碰撞，因此，汽轮机必须设有一个推力轴承。

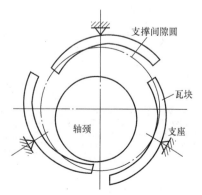

图5-10 可倾瓦支持轴承

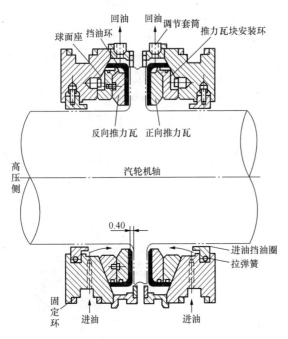

图 5-11 密切尔式推力轴承

通常应用最广泛的推力轴承是密切尔式轴承。其结构如图 5-11 所示，它分前后两部分，各由推力瓦块、安装环和球面支座等组成，转子的推力盘置于其间，数块推力瓦块均布于安装环上。当推力盘以推力瓦块为靠山旋转时，每一推力瓦块与转子的推力盘之间都形成楔形间隙，使油压产生，形成润滑油膜。

为了避免在低转速时油膜未建立就出现干摩擦损坏轴颈，除了在所有轴承的轴瓦或瓦块工作面上均浇铸有一层乌金外，还通过高压顶轴油泵，将高压油送入轴瓦，使轴颈抬高，实行强制润滑。

二、转动部分

（一）转子和动叶片

1. 转子

汽轮机的转动部分总称为转子，主要由主轴、叶轮（或轮毂）、动叶片及联轴器等组成，它是汽轮机最重要的部件之一，担负着工质能量转换及扭矩传递的任务。转子由主轴、叶轮、叶片、联轴器、轴封套（汽封套）等部件组成，有些转子还包括带动主油泵和调速器的附加轴。

汽轮机转子可分为轮式和鼓式两种形式。轮式转子有安装动叶栅的叶轮，鼓式转子没有叶轮，动叶栅直接装在转鼓上。冲动式汽轮机采用轮式转子，反动式汽轮机采用鼓式转子。

按照转轴上各部件组合方式不同，轮式转子可分为套装转子、整锻转子、焊接转子和组合转子四大类。

套装转子的叶轮和主轴是分别制造的，装配时将叶轮热套在主轴上。这种转子虽然具有加工方便，能合理地利用材料等优点，但在高温下叶轮容易松动，所以套装转子只适用低压部分。如国产 200MW 汽轮机的低压转子就采用这种结构。

整锻转子的结构如图 5-12 所示，它是由整体锻件加工而成，叶轮、联轴器、推力盘与主轴为一整体，不会产生叶轮松动的问题，而且结构紧凑，强度和刚度较高。虽然对生产设备和加工工艺要求较高，锻件尺寸大，贵重材料消耗量大，但依然广泛用于大容量汽轮机中，例如 600MW 机组的高、中、低压转子多数制造厂采用了整锻转子，而国产超超临界1000MW 机组转子都是整锻转子。

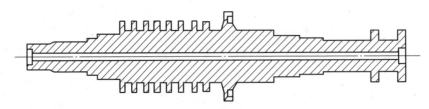

图 5-12 整锻转子的结构

焊接转子是由若干个实心轮盘和两个端轴拼焊而成，其结构如图 5-13 所示。这种转子的优点是强度高、相对质量轻、结构紧凑、刚度大，而且能适应低压部分需要大直径的要求，因而常用于大型汽轮机的低压转子，如国产 125、300MW 汽轮机的低压转子等。焊接转子要求材料有很好的焊接性能，对焊接工艺的要求也很高。但随着冶金和焊接技术的不断发展，焊接转子的应用必将日益广泛，如瑞士 ABB 公司生产的 600MW 汽轮机高、中、低压转子全部采用焊接结构。

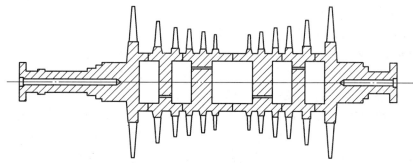

图 5-13　焊接转子

组合转子是指高压部分采用整锻式，中低压部分采用套装式，国产 50、100MW 汽轮机的高压转子和 200MW 汽轮机的中压转子均采用组合转子。

汽轮机转子按其工作转速是否高于它的第一阶临界转速，又可分为刚性转子和柔性转子。所谓临界转速，即为转子自振频率下的汽轮机转速。当转子转速等于临界转速时，就会发生共振，导致转子的强烈振动。因此，汽轮机转子不允许在临界转速附近工作。工作转速小于第一阶临界转速的转子称为刚性转子；工作转速大于第一阶临界转速的转子称为柔性转子。对于柔性转子，在启动或停机时，应尽快越过其临界转速，以免引起转子的强烈振动而损坏设备。

2. 动叶片

安装在叶轮（或轮毂）上的动叶片是汽轮机的重要工作部件之一，它承受着从喷嘴射出的高速汽流产生的冲击力和蒸汽在其中膨胀产生的反动力，推动转子旋转，把蒸汽的动能和热力势能转换成机械能。

动叶片由叶根、叶型（或称工作部分、通流部分）和连接件（围带或拉筋）组成。叶型是叶片的工作部分，相邻叶片的叶型部分构成汽流通道。按叶型沿叶高的变化规律，叶片可分为直叶片和扭曲叶片两种。高压级动叶片较短，所受到的离心力不大，故一般采用直叶片，如图 5-14（a）所示。末几级动叶片较长，所受到的离心力较大，且处于湿蒸汽区而不断受到水滴的冲击力等，因此为保证动叶强度及蒸汽沿叶高各处良好的流动，末几级叶片设计成扭曲叶片，如图 5-14（b）所示。

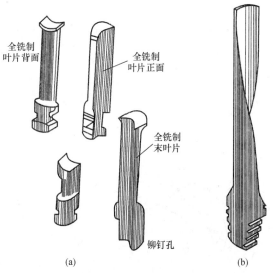

图 5-14　直叶片和扭曲叶片
（a）T 形叶根等截面直叶片；（b）枞树形叶根扭曲叶片

叶片通过叶根安装在叶轮轮缘上，叶根的形状决定了其连接的牢固程度。常用的叶根形式有T形叶根、叉形叶根和枞树形叶根。大功率汽轮机，其高压级叶片短，所受到的离心力不大，一般采用形状简单的T形叶根；而对于较长的中、低压级叶片，因受到的离心力较大，则采用形状复杂的其他叶根形式，如菌形叶根、叉形叶根和枞树形叶根等。如国产引进型300MW汽轮机、除高压缸压力级动叶片采用T形叶根周向装配在轮缘凹槽上外，其他级动叶片均采用枞树形叶根轴向装配在轮缘上。

围带或拉筋将一级的若干动叶片连接起来，形成叶片组，以增强叶片的刚度。因为围带是沿叶栅顶部周向装置的，故还可减少叶顶漏汽。

（二）联轴器及盘车装置

1. 联轴器

联轴器俗称靠背轮，其作用是连接汽轮机的高、中、低压转子及汽轮机与发电机转子。现代大功率汽轮机的各转子之间，一般采用刚性联轴器连接，即两转子轴端的联轴器法兰直接用螺栓连接。图5-15（a）所示为国产300MW汽轮机高、中压转子及低压转子的刚性联轴器，联轴器法兰与其转子为整体锻造结构，组成联轴器的两法兰用螺栓刚性连接。

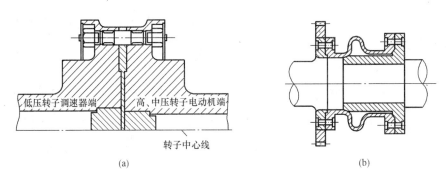

图 5-15 联轴器

（a）刚性联轴器；（b）半挠性联轴器

半挠性联轴器常用于连接汽轮机低压转子与发电机转子，如图5-15（b）所示。刚性联轴器与半挠性联轴器相比，具有结构简单、轴向尺寸紧凑、传递扭矩大、工作可靠等优点，并能传递轴向推力，使多个转子可共用一个推力轴承，机组结构简化。其缺点是对被连接转子的同心度要求严格，而且，某个转子振动会造成整个机组转子的振动，使得查明振动原因困难。

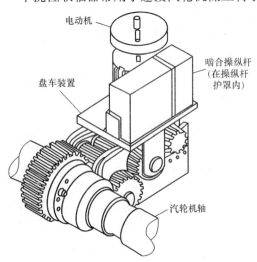

图 5-16 盘车装置

2. 盘车装置

在汽轮机不进蒸汽时拖动汽轮机转子转动的机构称为盘车装置。其作用是在汽轮机冲转前和停机后使转子以一定转速连续转动，以保证转子均匀受热和冷却，避免转子因受热或冷却不均而产生过大热弯曲。另外，盘车装置还可以在启动前检查汽轮机的动、静部件是否存在碰撞和摩擦，主轴弯曲度是否正常等。

盘车装置一般由交流电动机驱动，经过一整套的蜗轮螺杆和多级直齿轮减速后与盘车大齿轮啮合，如图 5-16 所示。

第三节　汽轮机的基本原理

一、汽轮机的冲动作用原理和反动作用原理

1. 冲动作用原理

由力学可知，当一运动的物体碰到另一静止的或运动速度较低的物体时，就会受到阻碍而改变其速度，同时给阻碍它的物体一个作用力，这个作用力叫做冲动力。冲动力的大小取决于运动物体的质量以及速度的变化。质量越大，冲动力越大；速度变化越大，冲动力也越大。图 5-17中，高速流动的蒸汽从喷嘴中流出，冲击在静止的小车上，这时蒸汽速度发生变化，就会有一个冲动力作用于小车，使小车向前运动。

在汽轮机中，如图 5-18 所示，具有一定压力和温度的蒸汽进入喷嘴膨胀，压力、温度降低，流速增加，将蒸汽的热能转变为动能。具有较高速度的蒸汽由喷嘴喷出，进入弯曲的动叶流道，因受阻而不断改

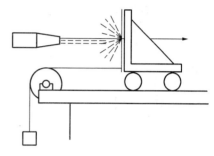

图 5-17　蒸汽的冲动力

变速度方向，给动叶片以冲动力作用，产生了使叶轮旋转的力矩，带动主轴旋转，输出机械功。这种做功原理称为汽轮机的冲动作用原理。

2. 反动作用原理

反动力的产生与上述冲动力产生的原因不同，反动力是由原来静止或运动速度较小的物体，在离开或通过另一物体时，骤然获得一个较大的速度增量而产生的。图 5-19 中，火箭内燃料燃烧而产生的高压气体以很高的速度从火箭尾部排出，这时从火箭尾部喷出的高速气流就给火箭一个与气流流动方向相反的作用力，在此力的推动下火箭就向上运动，这个反作用力称为反动力。

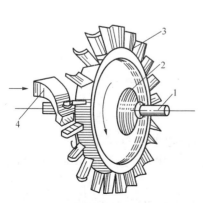

图 5-18　单级汽轮机工作原理图
1—轴；2—叶轮；3—动叶片；4—喷嘴

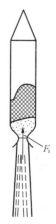

图 5-19　火箭
工作原理示意

在汽轮机中，当蒸汽在动叶片构成的汽道内膨胀加速时，汽流必然对动叶片作用一个反动力，推动叶片运动，做出机械功，这种做功原理称为汽轮机的反动作用原理。

二、汽轮机级的工作原理

如前所述，汽轮机的级是由一列喷嘴叶栅和紧随其后的一列动叶栅组成的汽轮机基本做功单元。因而我们如果了解了级的工作原理，也就掌握了汽轮机的工作原理。下面介绍汽轮机级的工作原理。

（一）级的反动度和级的类型

1. 级的反动度

现代汽轮机级中，蒸汽不仅在喷嘴中膨胀，而且在动叶流道中也膨胀。为了说明蒸汽在动叶流道内膨胀程度的大小，常用级的反动度 Ω_m 来表示。它等于蒸汽在动叶片中的理想比焓降 Δh_b 与整个级的滞止理想比焓降 Δh_t^* 之比，即

$$\Omega_m = \frac{\Delta h_b}{\Delta h_t^*} \approx \frac{\Delta h_b}{\Delta h_n^* + \Delta h_b} \tag{5-1}$$

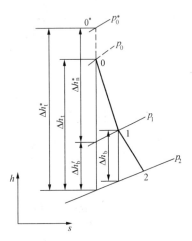

图 5-20 蒸汽在级中做功
时的热力过程

图 5-20 所示是级中蒸汽在喷嘴和动叶中都发生膨胀的热力过程线，图中 0 为级的入口状态点、0^* 为级的入口滞止状态点（所谓滞止状态就是假想级前初速度为 c_0 的汽流被等熵滞止到初速度等于零的状态，此状态下的参数被称为滞止参数），p_1、p_2 分别为喷嘴出口压力和动叶出口压力。蒸汽从滞止状态点 0^* 等熵膨胀到 p_2 时的比焓降 Δh_t^* 为级的滞止理想比焓降，Δh_n^* 为喷嘴中的滞止理想比焓降，$\Delta h_b'$ 为不考虑喷嘴损失时的动叶的理想比焓降，Δh_b 为考虑了喷嘴损失时动叶片的理想比焓降。显然，Δh_b 稍大于 $\Delta h_b'$，但大得不多，可认为 $\Delta h_b \approx \Delta h_b'$，故

$$\Delta h_t^* = \Delta h_n^* + \Delta h_b' \approx \Delta h_n^* + \Delta h_b \tag{5-2}$$

反动度的大小反映了蒸汽在动叶中的膨胀程度。反动度越大，蒸汽在动叶流道中膨胀得越多，反动力越大。

2. 级的类型

根据级的反动度的大小，可把级分为以下三种类型：

（1）纯冲动级。反动度 $\Omega_m = 0$ 的级称为纯冲动级。其工作特点是蒸汽只在喷嘴中膨胀，在动叶栅中不膨胀而只改变流动方向，即只有冲动力做功。

（2）反动级。反动度 $\Omega_m \approx 0.5$ 的级，称为反动级。其工作特点是蒸汽的膨胀约一半在喷嘴中进行，另一半在动叶栅中进行，即冲动力与反动力做功基本相等。

（3）带反动度的冲动级。反动度 $\Omega_m = 0.05 \sim 0.2$ 的级，称为带反动度的冲动级。其工作特点是蒸汽的膨胀大部分在喷嘴中进行，只有小部分在动叶栅中进行，即除了少量反动力做功外，其余都是冲动力做功。

国产冲动式汽轮机中，一般各级都有一定反动度以提高做功效率，而且反动度是逐级增大的，高压段各级 $\Omega_m = 0.05 \sim 0.2$，低压段最后几级 $\Omega_m = 0.3 \sim 0.5$。

现代直接引进汽轮机或引进技术在国内生产的 300MW 以上的大型汽轮机中较多地采用反动式汽轮机，各级 $\Omega_m \approx 0.5$。

（二）蒸汽在喷嘴内的流动

汽轮机的喷嘴是由两个相邻的静叶片构成的静止汽道。蒸汽流经喷嘴时发生膨胀，压力降低，流速增加，蒸汽的热能转变为动能。图 5-21 表示蒸汽在喷嘴中的热力过程。

1. 喷嘴出口的理想速度

根据能量守恒定律，对于稳定流动热力系统，输入系统的能量必须等于输出系统的能量。若忽略势能的变化，则系统的能量方程式可写成

$$h_0 + \frac{c_0^2}{2} + q = h_1 + \frac{c_1^2}{2} + w$$

$$(5-3)$$

应用于喷嘴时，由于喷嘴固定不动，不对外做功，即 $w=0$，并且可以认为蒸汽在喷嘴中流动时与外界无热量交换，即绝热过程，故 $q=0$。能量方程变成以下形式

$$h_0 + \frac{c_0^2}{2} = h_1 + \frac{c_1^2}{2} \qquad (5-4)$$

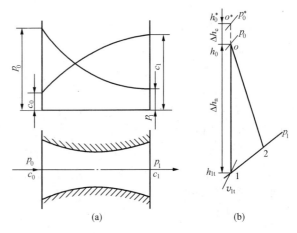

图 5-21　蒸汽在喷嘴中的流动
(a) 喷嘴中蒸汽压力和速度的变化；
(b) 蒸汽在喷嘴中的热力过程

式中：h_0 为蒸汽进入喷嘴时的初焓值，J/kg；h_1 为蒸汽离开喷嘴时的终焓值，J/kg；c_0 为蒸汽进入喷嘴时的流速，m/s；c_1 为蒸汽流出喷嘴时的流速，m/s。

若不考虑损失，蒸汽在喷嘴中的流动为等熵流动，式（5-4）可写成

$$h_0 + \frac{c_0^2}{2} = h_{1t} + \frac{c_{1t}^2}{2}$$

$$(5-5)$$

由此得出蒸汽离开喷嘴时的理想速度为

$$c_{1t} = \sqrt{2(h_0 - h_{1t}) + c_0^2} = \sqrt{2\Delta h_n + c_0^2}$$

$$(5-6)$$

式中：h_{1t} 为蒸汽离开喷嘴时的理想终焓值，J/kg；Δh_n 为喷嘴的理想焓降，$\Delta h_n = h_0 - h_{1t}$，J/kg。

为了便于计算和分析，引用了滞止参数，即设想汽流被等熵的滞止到初速度等于零的状态参数，那么滞止焓则为

$$h_0^* = h_0 + \frac{c_0^2}{2}$$

$$(5-7)$$

这样，喷嘴出口的理想速度可写成

$$c_{1t} = \sqrt{2(h_0^* - h_{1t})} = \sqrt{2\Delta h_n^*}$$

$$(5-8)$$

2. 蒸汽在喷嘴内有损失的流动

实际上，蒸汽是具有一定黏性的实际气体，当蒸汽流过喷嘴时，由于摩擦等各种损失的存在，使汽流获得的动能减小。因此，喷嘴出口实际汽流速度 c_1 低于理想速度 c_{1t}，这部分动能损失称为喷嘴损失。工程上一般用速度系数 $\varphi = c_1/c_{1t}$ 来反映喷嘴损失的大小。速度系

数 φ 值是实验数据，一般为 $0.92\sim0.98$。

考虑了损失后，喷嘴出口实际速度 c_1 为

$$c_1 = \varphi c_{1t} = 1.414\varphi\sqrt{\Delta h_n^*} \tag{5-9}$$

喷嘴损失用 $\Delta h_{n\xi}$ 表示，其值为

$$\Delta h_{n\xi} = \frac{1}{2}(c_{1t}^2 - c_1^2) = (1-\varphi^2)\Delta h_n^* \tag{5-10}$$

3. 通过喷嘴的流量

由连续性方程可以导出喷嘴的理想流量 G_t 为

$$G_t = A_n\frac{c_{1t}}{v_{1t}} \tag{5-11}$$

式中：c_{1t} 为喷嘴出口处的理想速度，m/s；v_{1t} 为喷嘴出口处的理想比体积，m^3/kg；A_n 为喷嘴出口处的截面积，m^2。

实际流动中，由于存在流动损失，不仅使喷嘴出口的汽流实际速度降低，也使通过喷嘴的实际流量 G_n 不等于理想流量 G_t，通常用流量系数 μ_n 来表示实际流量与理想流量之间的关系，它等于喷嘴的实际流量 G_n 与理想流量 G_t 之比，即

$$\mu_n = \frac{G_n}{G_t} \tag{5-12}$$

图 5-22 是根据试验数据绘制的喷管和动叶的流量系数曲线，从图中可知，当喷管工作在过热蒸汽区时，其流量系数一般小于 1，说明此时实际流量 G_n 小于理想流量 G_t；但当喷管在湿蒸汽区工作时，其流量系数有可能大于 1，如 $\mu_n=1.02$。说明喷管在湿蒸汽区工作时实际流量 G_n 可能大于理想流量 G_t。

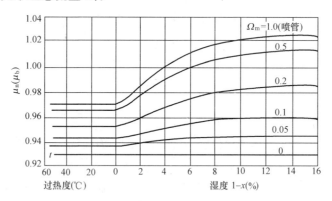

图 5-22　喷嘴和动叶的流量系数

（三）蒸汽在动叶流道内的流动

1. 动叶进出口速度三角形

当汽轮机工作时，喷嘴是固定不动的，而动叶是随叶轮一起旋转的，即动叶有一个圆周速度。动叶的圆周速度 u 常以其平均直径 d_m 及转速 n 表示，即

$$u = \frac{\pi d_m n}{60} \quad \text{m/s} \tag{5-13}$$

因为动叶以圆周速度 u 在旋转，所以从喷嘴中出来具有速度 c_1 的汽流，是以相对于动叶的速度，即相对速度 w_1 进入动叶流道的。同理，由于动叶以速度 u 在旋转，做功后的汽

流也是以相对速度 w_2 离开动叶流道的。动叶
进、出口处的绝对速度 c_1 及 c_2、相对速度 w_1
及 w_2 与圆周速度 u 之间的向量关系图，称为动
叶进、出口速度三角形，如图 5-23 所示。左
边三角形为动叶进口速度三角形，右边三角形
为动叶出口速度三角形。运用速度三角形，可
在已知喷嘴出口速度 c_1 和圆周速度 u 的条件下，

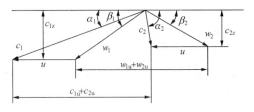

图 5-23　动叶出口速度三角形

求出蒸汽进入动叶的速度 w_1，或在已知动叶出口相对速度 w_2 和圆周速度 u 的条件下，求出
动叶出口绝对速度 c_2，并可探讨级的功率和效率。

2. 动叶内的流动损失

与喷嘴一样，蒸汽流经动叶流道时，也会产生摩擦等损失，称之为动叶损失 $\Delta h_{b\xi}$。如
果不考虑动叶损失，动叶出口相对速度便是理想相对速度 w_{2t}，其值比实际相对速度 w_2 大，
所以，动叶损失的大小为

$$\Delta h_{b\xi} = \frac{1}{2}(w_{2t}^2 - w_2^2) \qquad (5-14)$$

式中：w_{2t}、w_2 为动叶出口的理想相对速度和实际相对速度。

该损失使动叶出口相对速度降低，因而，也采用动叶速度系数 Ψ 来表示速度损失的程
度，即

$$\Psi = \frac{w_2}{w_{2t}} \qquad (5-15)$$

动叶速度系数 Ψ 与多种因素有关，如叶高、进出口角、叶型、反动度及叶片表面粗糙
度等，通常 $\Psi = 0.85 \sim 0.95$。

3. 余速损失

当蒸汽以速度 c_2 离开本级时，带走的动能 $c_2^2/2$ 没有被这级所利用，形成的损失称为该
级的余速损失，用 Δh_{c2} 表示，其值为

$$\Delta h_{c2} = \frac{c_2^2}{2} \qquad (5-16)$$

（四）蒸汽作用在动叶上的力和轮周功率

1. 蒸汽对动叶片的作用力

对于一个具有反动度的冲动式动叶片，它不仅受蒸汽冲动力 F_c 的作用，而且受蒸汽在
动叶片内膨胀加速所产生的反动力 F_f 的作用，这两个力的合力 F 作用于动叶片上，使叶轮
旋转。在汽轮机计算中，通常把该力 F 分解成
一个周向力 F_u 和一个轴向力 F_z，如图 5-24 所
示。依据做功原理，轴向力 F_z 与运动方向相垂
直，因而 F_z 不做功，只引起轴向推力；而周向
力 F_u 与运动方向相同，是真正做功的力。

2. 级的轮周功率与轮周效率

周向力 F_u 在动叶片上每秒钟所做的功叫级
的轮周功率 P_u，它等于周向力 F_u 与圆周速度 u
之乘积，即

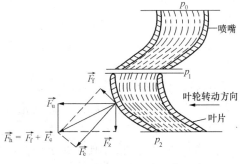

图 5-24　蒸汽对动叶片的作用力

$$P_u = F_u u \qquad (5 \text{-} 17)$$

从能量平衡角度来看，式（5-17）所表示的轮周功率在数值上还等于

$$P_u = G \Delta h_u \qquad (5 \text{-} 18)$$

式中：G 为单位时间内通过该级的蒸汽的质量流量，kg/s；Δh_u 为级的轮周比焓降，$\Delta h_u = \Delta h_t^* - \Delta h_{n\zeta} - \Delta h_{b\zeta} - \Delta h_{c2}$，kJ/kg。

人们把 1kg 的蒸汽通过汽轮机某级所做轮周功 w_u 与其在该级的理想焓降之比称为轮周效率，即

$$\eta_u = \frac{w_u}{\Delta h_t^*} \qquad (5 \text{-} 19)$$

轮周效率的大小直接反映了蒸汽在级中热能转换为机械能的程度。

三、多级汽轮机

现代发电用汽轮机初参数高、功率大，单级汽轮机已无法满足这些要求，因此都设计成多级汽轮机。多级汽轮机是由若干个级，按压力高低顺序依次排列组成。图 5-25 为一台四级冲动式汽轮机结构示意。它由顺序排列的四级组成，其中第一级喷嘴叶栅分段装在汽缸上为调节级，该级在机组负荷变化时，是通过改变进汽段数来调节汽轮机负荷的。其他各级统称为非调节级或压力级。

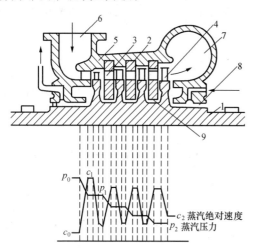

图 5-25　冲动式多级汽轮机结构示意
1—转子；2—隔板；3—喷嘴；4—动叶片；5—汽缸；6—蒸汽室；7—排汽管；8—轴封；9—隔板汽封

新蒸汽由蒸汽室 6，进入第一级喷嘴并在其中进行膨胀，压力由 p_0 降至 p_1，速度由 c_0 增至 c_1。随后进入第一级动叶片做功，汽流速度降至 c_2，而压力保持不变。第二级喷嘴叶栅分别装在上、下两半组成的隔板 2 上，上、下两半隔板又分别装在上、下汽缸中。蒸汽在第二级中的做功过程与第一级的相同。随后蒸汽进入第三级、第四级，最后进入凝汽器。多级汽轮机的功率等于各级功率的总和，所以，多级汽轮机的功率可以作得很大。

在多级汽轮机中由于蒸汽压力逐级下降，比体积逐级增大，故蒸汽体积流量也逐渐增大。为使蒸汽能顺利地流过汽轮机，各级的通流面积也应逐级增大，因此喷嘴叶栅和动叶片的高度逐级增高，如图 5-25 所示。此外，由于隔板两侧有压力差存在，为防止隔板与轴之间的间隙漏汽，隔板上装有隔板汽封 9。同样，为了防止高压端汽缸与轴之间的间隙向外漏蒸汽和通过低压端汽缸与轴之间的间隙向汽缸内漏入空气，在轴的高、低压端分别装有轴封 8。

反动式多级汽轮机由若干个反动级串联构成，其结构特点是喷嘴直接固定在汽缸上，动叶直接固定在转鼓上，如图 5-26 所示。反动式多级汽轮机工作过程与冲动式多级汽轮机基本相同，只是反动力作用份额相对大一些。另外，由于叶片前后存在压差，将产生一个从高压端向低压端方向的轴向推力，故装设有平衡活塞。我国于 20 世纪 80 年代引进美国西屋公司 300、600MW 机组技术，开始生产反动式汽轮机，并于 1987 年正式投入使用。

多级汽轮机的特点：

（1）整机总的理想焓降大，适用于高参数、大容量。

（2）蒸汽在许多级中膨胀，每级压降较小，级内汽流速度较低，损失小，效率高。

（3）多级汽轮机的前一级蒸汽余速能被下一级部分利用，能提高效率，经济性好。

（4）多级汽轮机的轴向推力是各级轴向推力之和，这个推力有几吨至几十吨甚至更高，必须采取措施平衡轴向推力，如采用平衡活塞及设置推力轴承等方法。

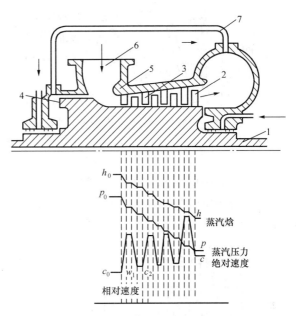

图 5-26　多级反动式汽轮机示意
1—鼓形转子；2—动叶片；3—喷嘴；4—平衡活塞；
5—汽缸；6—蒸汽室；7—连接管

四、汽轮机的损失及效率

（一）汽轮机的损失

汽轮机损失分为外部损失和内部损失两种，对蒸汽的热力过程和状态不发生影响的损失叫外部损失；对蒸汽的热力过程和状态发生影响的损失叫内部损失。

1. 汽轮机的内部损失

汽轮机的内部损失包括进汽机构的节流损失、排汽管压力损失和级内损失三部分。

（1）进汽机构的节流损失。蒸汽通过主汽阀和调节汽阀时，受阀门的节流作用，压力由 p_0 降至 p_0'，如图 5-27 所示。节流前后虽焓值基本不变，但汽轮机理想焓降由 ΔH_t 变为 $\Delta H_t'$，造成损失，这种损失称作进汽机构的节流损失。通常设计中 $\Delta p = (0.03 \sim 0.05)p_0$。

（2）排汽管压力损失。汽轮机内做完功的乏汽从最末级动叶片排出后，经排汽管引至凝汽器。排汽在排汽管中流动时，会因摩擦和涡流而造成压力降低，$\Delta p_{c0} = p_c' - p_c$（见图 5-27），这部分压力降 Δp_{c0} 用于克服排汽管的阻力而没有做功，故称作排汽管的压力损失。

（3）汽轮机的级内损失。在汽轮机级内除了会产生喷嘴损失、动叶损失和余速损失之外，还会产生以下这些损失。

1）扇形损失。由于叶片沿轮缘成环形布置，使流道截面呈扇形，如图 5-28 所示，因而沿叶高方向各处的节距 t、圆周速度、进汽角都不同于叶片平均直径处的数值，将引起附加流动损失，这些损失称为扇形损失。减小扇形损失的有效办法是采用扭曲叶片。

2）叶轮摩擦损失。高速转动的叶轮与其四周的蒸汽相互摩擦，带动这些蒸汽旋转将消耗一部分叶轮有用功。此外，附贴在叶轮表面的蒸汽受离心力的作用被甩向叶轮外

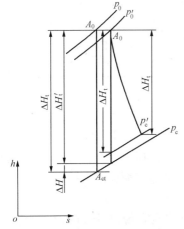

图 5-27　考虑进、排汽损失后的热力过程图

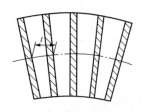

图 5-28 叶栅流道断面形状示意

缘，靠近喷嘴或隔板的汽流则向叶轮中心移动，形成涡流，如图 5-29 所示，从而增加了叶轮的有用功消耗。这两种损失统称叶轮摩擦损失。对于反动级，由于其没有叶轮，故不存在叶轮摩擦损失。

3）部分进汽损失。若喷嘴连续布满隔板（或汽缸）的整个圆周，则称为全周进汽，若喷嘴只布置在某个弧段内，其余部分不装喷嘴，则为部分进汽，如图 5-30 所示。在实际汽轮机运行中，通过调节汽阀控制某一段或几段喷嘴的进汽，造成部分进汽。由部分进汽引起的损失叫部分进汽损失，所以对于全周进汽的级，这项损失为零。部分进汽损失由动叶经过不装喷嘴弧段时发生的鼓风损失和动叶由非工作弧段进入喷嘴的工作弧段时发生的斥汽损失组成。

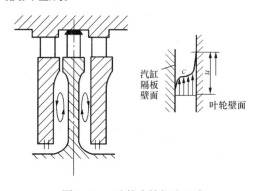

图 5-29 叶轮摩擦损失示意

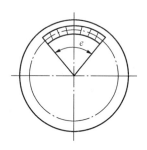

图 5-30 部分进汽示意

4）漏汽损失。由于喷嘴和动叶（带反动度的级）前后存在压差，则会有一部分蒸汽不经喷嘴和动叶的流道，而经过各种间隙绕过隔板和动叶流走，不参与主流做功，由此形成的能量损失称漏汽损失，如图 5-31 所示。绕过隔板产生的损失称为隔板漏汽损失；绕过动叶片产生的损失称为通流部分损失。

5）湿汽损失。在湿蒸汽区工作的级，湿汽的水滴不能在喷嘴中膨胀加速，不仅减少了做功的蒸汽量，而且消耗携带它的汽流的动能；此外，汽流从喷嘴流出来时，水滴的速度比蒸汽流速小，因而进入动叶时，它将打在叶片入口的背弧上（见图 5-32），不仅对叶片产生制动作用，而且冲蚀叶片，这些损失称为湿汽损失。在设计上采用提高排汽干度、增加去湿装置等措施来减少湿汽损失。

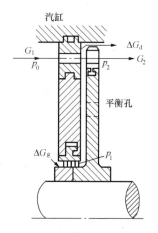

图 5-31 漏汽损失示意

2. 汽轮机的外部损失

外部损失包括机械损失和外部漏汽损失两种。

（1）机械损失。汽轮机运行时，要克服支持轴承和推力轴承的摩擦阻力，以及带动主油泵、调速器等，都将消

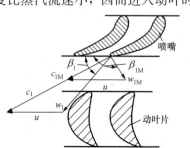

图 5-32 湿汽损失示意

耗一部分有用功而造成损失，这种损失称为机械损失，以 ΔP_m 表示。它是汽轮机内部功率 P_i 与汽轮机轴端功率 P_e 之差，$\Delta P_m = p_i - p_e$。对于大容量汽轮机，ΔP_m 约占机组额定功率的 1% 左右。

（2）外部漏汽损失。汽轮机的主轴在穿出汽缸两端时，为了防止动、静部分摩擦，总要留有一定的间隙，虽然装上轴端汽封后这个间隙很小，但由于压差的存在，在高压端总有部分蒸汽向外漏出。在汽轮机低压汽封处，由于机内压力低于大气压，为防止空气漏入机内，均向低压汽封处通入蒸汽密封，这部分蒸汽大部分漏入汽缸，也有少量漏入大气。漏出的蒸汽不做功，其所造成的损失叫做外部漏汽损失。

（二）汽轮机的效率和功率

汽轮机的功率有内功率、有效功率，还有与发电机联在一起的汽轮发电机组的电功率，这些功率概念中最重要的是内功率。内功率乘以机械效率就可得到汽轮机轴上输出的有效功率（即轴端功率），再乘以发电机效率就可得到机组的电功率。

1. 汽轮机内功率 P_i、内效率 η_{ri}

汽轮机在进行能量转换的过程中，由于存在各种损失，其理想比焓降不能全部变为有用功，所以变为有用功的有效比焓降 ΔH_i 总是小于理想比焓降 ΔH_t，两者之比称为汽轮机的相对内效率或简称内效率，即

$$\eta_{ri} = \frac{\Delta H_i}{\Delta H_t} = \frac{G\Delta H_i}{G\Delta H_t} = \frac{P_i}{P_t} \qquad (5-20)$$

式中：G 为汽轮机的蒸汽流量，kg/s；P_t 为汽轮机理想功率，$P_t = G\Delta H_t$。

汽轮机的相对内效率是衡量汽轮机内能量转换完善程度的重要指标，一般汽轮机的相对内效率为 78%～90%，目前，国产大功率汽轮机的相对内效率已达 87% 以上。

当汽轮机的蒸汽流量用 D_0（kg/h）表示时，无回热抽汽汽轮机内功率为

$$P_i = \frac{D_0\Delta H_i}{3600} = \frac{D_0\Delta H_t\eta_{ri}}{3600} \qquad (5-21)$$

2. 有效功率（轴端功率）P_e、机械效率 η_m

由于机械损失，存在机械效率 η_m

$$\eta_m = \frac{P_e}{P_i} = 1 - \frac{\Delta P_m}{P_j} \qquad (5-22)$$

现代大功率机组，机械损失相对较小，机械效率一般在 98%～99%。

无回热抽汽汽轮机的轴端功率 P_e 为

$$P_e = P_i\eta_m = \frac{D_0\Delta H_t\eta_{ri}\eta_m}{3600} \qquad (5-23)$$

3. 发电机电功率 P_{el}、发电机效率 η_g

以轴端功率带动发电机时，还要考虑发电机的机械损失和电气损失，即发电机效率 η_g

$$\eta_g = \frac{P_{el}}{P_e} \qquad (5-24)$$

发电机效率与发电机所采用的冷却方式及机组容量有关系，大功率机组采用氢冷或水冷却，发电机效率在 98% 以上。

故发电机出线端电功率 P_{el} 为

$$P_{el} = P_e \eta_g = \frac{D_0 \Delta H_t \eta_{ri} \eta_m \eta_g}{3600}$$

(5 - 25)

第四节　汽轮机的主要辅助设备

汽轮机主要辅助设备有凝汽器，抽气器（或水环真空泵），高、低压加热器，除氧器，给水泵，凝结水泵，循环水泵等。

一、凝汽器

凝汽设备是凝汽式汽轮机装置的一个重要组成部分，它由凝汽器、抽气器、凝结水泵、循环水泵以及这些部件之间的连接管道和附件组成。凝汽设备的作用有两个：一是在汽轮机排汽口建立并保持规定的真空，以提高循环热效率；二是将汽轮机排汽凝结成洁净的凝结水作为锅炉给水，重新送回锅炉。

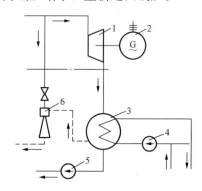

图 5 - 33　凝汽设备的原则性系统图
1—汽轮机；2—发电机；3—凝汽器；
4—循环水泵；5—凝结水泵；6—抽气器

图 5 - 33 是凝汽设备的原则性热力系统图。汽轮机排汽进入凝汽器 3，在其中凝结成水并流入凝汽器底部的热水井，排汽凝结时放出的热量，由循环水泵 4 不断打入的冷却水（也称循环水）带走，凝结水由凝结水泵 5 抽出，经过加热器、除氧器打入锅炉循环使用。因为凝汽设备是在高度真空下工作，所以空气会从不严密处漏入凝汽器汽空间，为了避免不凝结的空气在凝汽器中越积越多，使凝汽器压力升高、真空降低，所以设置了抽气器 6（或真空泵），及时地把空气抽出，以维持凝汽器的真空。

现代汽轮机的凝汽器都采用表面式凝汽器。在表面式凝汽器中，蒸汽与冷却工质通过金属隔开互不接触。根据所用的冷却工质不同，又分为空气冷却和水冷却两种，分别被称为空冷式凝汽器和水冷式凝汽器。水冷式凝汽器是最常用的一种，由于水作冷却工质时，凝汽器的传热系数高，能获得并保持高真空，因此，它是现代汽轮机装置中采用的主要形式，只有在严重缺水的地区，才采用空冷式凝汽器。水冷式凝汽器外壳的形状有圆筒形、椭圆形、矩形和方柱形等，现代大型机组通常采用方柱形外壳。

如图 5 - 34 所示，方柱形凝汽器主要由方柱形外壳、管板、端盖、冷却水管、冷却水进口、冷却水出口、热井、除氧装置、空气冷却区、抽气口等组成。冷却水从进水口引入进水室，经管板流入冷却水管，沿箭头所示方向流动，经管板到出水室，从冷却水出口流出。汽轮机的排汽由乏汽进口进入凝汽器，蒸汽和冷却水管的外壁接触凝结成水并聚集于热井中，由凝结水泵抽出。不凝结的气体经空气冷却区冷却后，从抽气口抽出。在热井水位上方还安装有除氧装置，对凝结水进行初步除氧，防止低压设备和管道的氧腐蚀。

凝汽器按其汽侧压力分为单压式凝汽器和多压凝汽器。所谓单压式就是汽轮机的排汽口（不论有几个排汽口）都在一个相同的凝汽器压力下运行，如图 5 - 35（a）所示。中小容量汽轮机组较多采用单压式凝汽器。

随着单机容量的增加，汽轮机的排汽口也相应地增多。为了提高凝汽器的效率，对应着

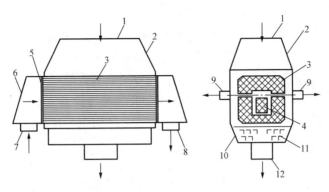

图5-34　方柱形凝汽器结构示意

1—排汽进口；2—外壳；3—冷却水管；4—空气冷却区；5—管板；6—端盖；

7—冷却水进口；8—冷却水出口；9—抽气口；10—热井；11—除氧装置；

12—出水箱

各排汽口，将凝汽器汽侧分隔成两个或两个以上的互不相通的汽室，冷却水串行通过各汽室的管束，因为各汽室的冷却水温度不同，所形成的压力也不同，故把具有两个或两个以上压力的凝汽器叫做双压或多压凝汽器，如图5-35（b）所示。

双压式凝汽器与单压式凝汽器相比较，由于每个汽室的吸热和放热的平均温度较接近，热负荷较均匀，能有效地利用冷却面积。在一定条件下（尤其在冷却水稀少且气温较高的地区），

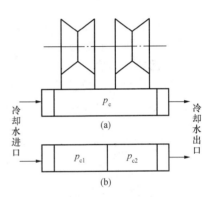

图5-35　单压、多压凝汽器示意

（a）单压式；（b）双压式

采用多压式凝汽器的平均背压可以低于单压凝汽器的背压，还可以使凝结水温度高于单压凝汽器的凝结水温，提高设备的热经济性。

哈尔滨汽轮机厂生产的与600MW汽轮机配套使用的水冷表面式凝汽器就是双压式凝汽器。

二、抽气器

抽气器的任务是在机组启动时使凝汽器内建立真空；在正常运行时不断抽出漏入凝汽器的空气，以保持凝汽器的真空。抽气器可分为射流式和水环式真空泵两类。射流式抽气器有射水式和射汽式两种类型。

图5-36为射水抽气器结构示意。由射水泵来的工作水，经喷管将压力能转变为速度能，以一定速度喷出，使混合室中形成高度真空，将凝汽器中的蒸汽、空气混合物吸入，混合后进入扩压管，经扩压后在略高于大气压力的情况排出。当水泵发生故障时，止回阀自动关闭，以防止

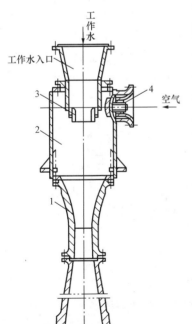

图5-36　射水抽气器结构

1—扩压管；2—混合室；3—喷管；

4—止回阀

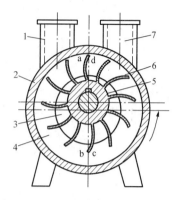

图5-37 水环式真空泵的结构原理图
1—吸气管；2—泵壳；3—空腔；4—水环；
5—叶轮；6—叶片；7—排气管

水和空气倒流入凝汽器。

射汽式抽气器与射水式抽气器的工作原理相似，区别仅在于工作介质不是水而是蒸汽。

水环式真空泵具有性能稳定、效率高等优点，广泛用于大型汽轮机的凝汽设备上。图5-37为水环式真空泵的结构原理图，叶轮偏心地安装在圆筒形泵壳内。叶轮旋转时，离心力作用使工作水形成旋转水环，水环近似与泵壳同心。水环、叶片与叶轮两端的侧板构成若干个小的密闭空腔。侧板上有吸入气体和压出气体的槽，故侧板又称分配器。在前半转，即由图5-36中a处转到b处时，在水活塞的作用下空腔增大、压力降低，此时通过分配器吸入气体，在后半转，即从c处转到d处时，空腔减小，压力升高，通过分配器将气体排出。随气体排出的有一小部分水，经过分离后，这些水又送回泵内。另外，为了保持恒定的水环，运行中需向泵内补充少量的水。

三、回热加热器

将汽轮机中间级后做过部分功的蒸汽引来加热凝结水或给水，叫做回热加热。实现回热加热的设备叫做回热加热器。回热加热的目的是减少排汽在凝汽器中的冷源损失，提高循环的热效率。

目前火力发电厂的回热加热设备有低压加热器、高压加热器和除氧器（见图5-38），其中除了一台除氧器是混合式加热器外，其余的均为表面式加热器。低压加热器位于除氧器之前，它承受凝结水泵的出口压力；高压加热器位于除氧器之后，它承受给水泵的出口压力，给水泵出口压力远远高于凝结水泵出口压力。300MW以上的机组一般采用八级回热，即三台高压加热器、四台低压加热器和一台除氧器，简称三高、四低、一除氧。

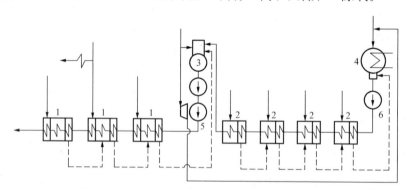

图5-38 回热加热系统示意
1—高压加热器；2—低压加热器；3—除氧器；4—凝汽器；5—给水泵；6—凝结水泵

1. 低压加热器

加热器有立式和卧式两种布置，前者是国内中小型机组的传统布置方式，近年来的大型机组绝大多数采用卧式加热器。卧式低压加热器的结构如图5-39所示，主要由水室、U形管束和壳体构成。由铜管或不锈钢管制成的U形管束焊接在左端的管板上，沿管束长度有若干块分隔板，以防止管束在运行中振动。

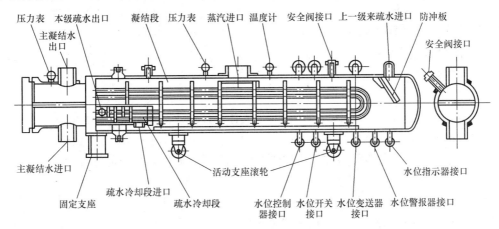

图 5-39 卧式低压加热器的结构

由凝汽器或前一级低压加热器来的主凝结水，经左端的下水室进入 U 形管束在管内流动，沿程受到蒸汽的加热后，从上水室流出。汽轮机中间级的抽汽由蒸汽进口进入加热器的汽侧放热，汽侧分为蒸汽凝结段和疏水冷却段。蒸汽在凝结段放热后变成凝结水（称为疏水），疏水与前一级（汽侧压力较高级）加热器的疏水一起进入疏水冷却段继续被冷却。因疏水冷却段处于主凝结水的进口段，凝结水的温度最低，故可使疏水温度低于本级抽汽压力下的饱和温度，这样，当疏水排入下一级汽侧压力较低级的加热器时，可减少对低压抽汽的排挤，使冷源损失减少。疏水在疏水冷却段经中间折流板呈左右蛇形流动，最后经疏水出口引入下一级低压加热器或凝汽器热井。

需要指出的是，并不是所有的低压加热器都设有疏水冷却段。例如，有的 600MW 机组的最后两个低压加热器只有凝结段，不设疏水冷却段。这是因为此处的抽汽压力已经较低，其疏水的温度与主凝结水的温度差已比较小，设置疏水冷却段的意义不大。

2. 高压加热器

高压加热器的结构也主要是由水室、不锈钢管制成的 U 形管束、管板、中间分隔板、壳体等构成的，为卧式结构，如图 5-40 所示。与低压加热器所不同的是，因为抽汽的过热

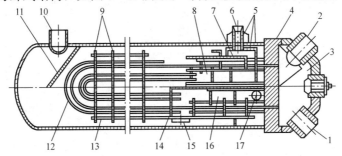

图 5-40 卧式管板 U 形管式高压加热器

1、2—给水进、出口；3—水室；4—管板；5—遮热板；6—蒸汽进口；7—防冲板；8—过热蒸汽冷却段；9—隔板；10—上级疏水进口；11—防冲板；12—U 形管；13—拉杆和定距管；14—疏水冷却段板；15—疏水冷却段进口；16—疏水冷却段；17—疏水出口

度较高，故在汽侧比低压加热器多分出了一块过热蒸汽冷却段，以有效地利用蒸汽的过热，使给水的出口温度提高。这样，蒸汽自其进口先进入过热冷却段放热，然后相继进入蒸汽凝结段及右端主凝结水进口端的疏水冷却段放热，最后和前一级的疏水一起经疏水出口流入下一级高压加热器或除氧器。

四、除氧器

1. 除氧器作用

除氧器的作用是除去给水中的氧气和其他气体，使给水品质良好。因为由主凝结水和化学补充水所构成的锅炉给水中含有溶解的氧气及其他气体，这些气体不仅会影响传热效果，而且在较高温度下，会使设备金属发生腐蚀，降低热力设备的工作可靠性和经济性。

2. 给水除氧原理

给水除氧有化学除氧和热力除氧两种方式，但实际电厂普遍采用热力除氧方式，即在回热系统中设置除氧器，利用抽汽加热给水至沸点来除去给水中的氧气等气体。因此除氧器兼有对给水回热加热和除氧的双重功能。

热力除氧原理是建立在亨利定理和道尔顿分压定律基础上的。按照亨利定律，当液体水与水面上的气体处于平衡状态时，单位体积水中溶有的某种气体量与液面上该气体的分压力呈正比。据此，如果保持水面上总压力不变而加热给水，水面上水蒸气的分压力就会不断增大，其他气体的分压力则相应减小。当把水加热到沸点时，蒸汽的分压力就会接近或等于水面上的总压力，而水面上其他气体的分压力将趋于零。这样，溶解于水中的其他气体就会全部逸出而被除掉。

3. 除氧器的结构

除氧器由除氧塔和给水箱两部分组成。按除氧塔的结构不同，除氧器有喷雾淋水盘式和喷雾填料式两种，但后者居多，且一般采用卧式布置。

卧式布置的喷雾填料除氧器结构如图5-41所示，在除氧塔的圆筒形外壳内，设置有进汽管、恒速喷雾喷嘴、淋水盘和填料层等装置，它们均用不锈钢等耐腐蚀材料制成。

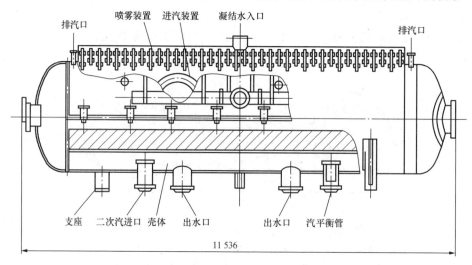

图5-41　卧式布置的喷雾填料除氧器结构

除氧器内水的除氧分为上部的初步除氧和下部的深度除氧两个阶段。在初步除氧阶段，由低压加热器来的主凝结水经上端的一系列喷嘴喷成雾状。雾化的目的是增大水的表面积，有利于对水的充分加热和气体的逸出；作为加热介质的抽汽由其进口管进入沿塔身全长布置的蒸汽管（又称一次加热蒸汽管），管的上半部有很多小孔，蒸汽沿小孔均匀地流出，与向上流动的雾状水接触，形成逆流传热。水被蒸汽混合加热到工作压力下的饱和温度时，水中的绝大部分氧气等不凝结气体析出，并通过排气管排出除氧器。经过初步除氧的主凝结水及蒸汽凝结水与高压加热器来的疏水，一起经过多孔的淋水盘，均匀地淋到下部的填料层。填料层由上、下多孔板及中间 Ω 形元件组成，Ω 形元件可以增大水的表面积，有利于对水的充分加热及氧气的逸出。淋下来的水在 Ω 形填料层中通过与下面进入的二次加热蒸汽充分接触，再次被加热，使水中残余的氧气等不凝结气体逸出并被除去，完成深度除氧过程。除过氧的水下落入给水箱，然后通过给水泵不断抽走。

除氧器水箱是凝结水泵与给水泵之间的缓冲容器，其作用是储备一定量的水，保证在系统故障或除氧器进水中断等异常情况下，能不间断向锅炉供水 5~10min。

五、电厂常用水泵

电厂的水泵很多，主要有给水泵、凝结水泵和循环水泵等。这些泵按其工作原理可分为离心式和轴流式两大类。

（一）泵的工作原理

1. 离心式水泵

离心式水泵的结构原理如图 5-42 所示。这是一个单级离心水泵，主要由吸入口、叶轮、泵外壳和排出口等组成。其工作原理是：当叶轮 2 内充满水并高速旋转时，叶轮带动水一起旋转，迫使水在离心力作用下甩向泵外壳 3 的内壁，流过断面逐渐扩大的蜗形泵壳，速度降低而压力升高，最后从排出口 4 向外排出。叶轮中心形成负压而产生一定的吸力，连续地把低压进水吸入泵内。

因为离心式水泵的叶轮直径和转速都不可能太大，随着高参数、大容量的机组普遍使用，故电厂水泵（尤其是给水泵）必须使用由若干级单级离心泵串联而成的多级离心泵，水的压力在多级离心泵中逐级得到提高。

离心式水泵具有流量大、压头高、效率高等特点，多用于电厂给水泵和凝结水泵。

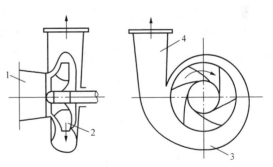

图 5-42　离心式水泵的结构原理
1—吸入口；2—叶轮；3—泵外壳；4—排出口

2. 轴流式水泵

轴流式水泵的工作原理与上述相类似，区别在于离心泵是轴向进水、径向出水，而轴流泵则是轴向进水、轴向出水。图 5-43 所示是轴流式水泵装置简图，它由叶轮、导流叶片、转轴及泵壳等组成。叶轮旋转时对流体产生轴向推力，促使流体沿轴向流动。叶轮不断旋转，流体不断地被吸入和压出。

这种泵构造简单，流量大，压头低，多用于火电厂的循环水泵。

（二）电厂常用水泵

1. 给水泵

给水泵安装在除氧器给水箱的下方，其作用是将给水箱内的水加压引出，使其经各级高

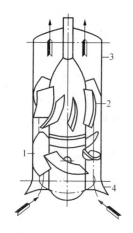

图 5-43　轴流式水泵
装置简图
1—叶轮；2—导叶；3—泵壳；
4—喇叭管

压加热器、锅炉省煤器后送到汽包。因此给水泵的特点是出口水压应为汽包压力（即出水压力高）。给水泵为多级离心式水泵。

给水泵按其原动机的类型又分为电动给水泵和汽动给水泵。电动给水泵由电动机带动。汽动给水泵由给水泵汽轮机拖动，给水泵汽轮机的进汽为大汽轮机的中间抽汽。与电动泵相比较，汽动给水泵由于采用中间抽汽，故可相对节省厂用电，热经济性较高，并且调节特性较好。电动给水泵启动迅速、系统简单、设备投资少。我国 300MW 以上的大型机组一般采用两台汽动给水泵运行，一台电动给水泵事故备用。

2. 凝结水泵

凝结水泵的作用是将凝汽器热井的主凝结水引出、升压，经各级低压加热器后送往除氧器，故凝结水泵的出口水压应为除氧器压力（即出水压力低）。凝结水泵有卧式多级和立式多级离心泵两种，前者广泛应用于中小型机组，大型机组多采用立式多级离心凝结水泵。

3. 循环水泵

循环水泵的任务是不断地把大量的冷却水加压输送入凝汽器中，去冷却汽轮机的乏汽。循环水泵的特点是冷却水量大、扬程低、水温低，故一般采用多级轴流泵。但在 300MW 以上的大型机组中，有采用运行热效率较高、工作特性介于离心泵和轴流泵之间的斜流泵的趋向。

给水泵和凝结水泵因其入口前的水接近于饱和状态，为了防止水泵汽蚀，均应安装在远低于储水箱布置高度的位置上，以保证水泵进口处有一定的水柱静压。所谓汽蚀是指泵内压力最低处的水，其压力低于水温所对应的饱和压力时，水就会汽化，两相的水会在泵内产生强烈的水冲击，造成对泵叶的冲蚀现象。为防止汽蚀，除了在布置高度上主要外，还采用泵出口水的再循环及加装前置泵等措施，以确保水泵的安全运行。

六、发电厂的供水系统

发电厂供水系统的作用有三个：一是供给汽轮机的凝汽器、冷油器、风机的轴承等处冷却用水；二是供应补充水以补充全厂汽、水损失；三是供给水力除灰、厂用消防所需要的水。

常用的供水系统有开式直流供水和闭式循环供水两种。

1. 开式直流供水系统

图 5-44 所示为开式直流供水系统。在河流的上游取水，水经循环水泵打入发电厂的凝汽器使用。从凝汽器出来的温度较高的水经明渠排入河流的下游。

开式供水系统简单，投资较小，冷却水的进水温度较低，能使凝汽器内保持较高的真空，有利于机组经济运行。

2. 闭式循环供水系统

图 5-45 所示为具有冷水塔的闭式循环供水系统。如果电厂附近天然水源的水量不足，可以采用闭式供水系统。闭式供水系统是由凝汽器中出来的温度升高后的冷却水经冷水塔的配水装置，由上向下流动；冷空气由塔下部进入，水被冷却后送到储水池，再用循环水泵送

回凝汽器重复使用。

闭式循环供水系统占地少，冷却效果较好，受自然条件的影响比较小，运行比较稳定，不足之处是双曲线冷水塔的造价昂贵。但对于远离水源的发电厂来说，目前仍多采用这种闭式供水系统。

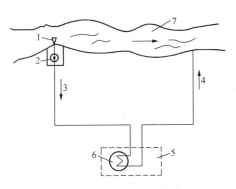

图 5-44 开式直流供水系统

1—取水口；2—循环水泵；3—进水；4—排水；
5—汽机房；6—凝汽器；7—河流

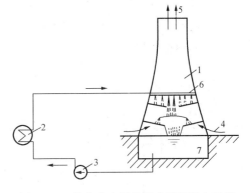

图 5-45 具有冷水塔的闭式循环供水系统

1—冷水塔；2—凝汽器；3—循环水泵；4—冷空气入口；
5—热空气出口；6—淋水设备；7—储水池

第五节 汽轮机调节保护及供油系统

一、汽轮机调节系统

（一）调节系统的任务

因为电能不能大量储存，而用户的用电量随时都在变化，故要求汽轮发电机组能随时根据用户用电量的变化调整机组功率，以保证供电数量的要求，同时必须保证供电质量。衡量供电质量好坏的标准是电压和频率，两者均与转速有关。但电压除与机组转速有关外，还可通过发电机励磁电流的大小来调节，而供电频率则只取决于机组转速。为此，在运行中必须控制转速为额定值，以保证供电质量要求。

转子的转速在其他条件都确定的情况下，取决于作用于其上的力矩。分析在运转中的汽轮机，作用在其转子上的力矩共有三项：一是蒸汽作用于动叶栅上的驱动力矩 M_t；二是转子旋转时的机械摩擦力矩 M_f；三是发电机定子与其转子之间产生的电磁阻力力矩 M_g。设驱动力矩 M_t 为正，则摩擦力矩与电磁阻力力矩皆为制动力矩，因而为负。若不考虑摩擦阻力影响，则转子的运动方程为

$$M_t - M_g = I \frac{\mathrm{d}\omega}{\mathrm{d}\tau} \tag{5-26}$$

式中：I 为汽轮发电机转子的转动惯量；$\frac{\mathrm{d}\omega}{\mathrm{d}\tau}$ 为转子的机械角加速度。

式（5-26）说明，只有当蒸汽主动力矩和发电机电磁阻力力矩相平衡，即 $M_t - M_g = 0$ 时，角加速度 $\frac{\mathrm{d}\omega}{\mathrm{d}\tau} = 0$，转子的转速才能维持不变。而 M_t 和 M_g 分别取决于进汽量和电负荷，因此，汽轮机调节的任务具体表现为，根据电负荷的大小自动改变进汽量，使蒸汽主动力矩随时与发电机的电磁阻力力矩相平衡，以满足外界电负荷的需要，并维持转子在额定转速下稳定运行。

（二）汽轮机调节系统的基本原理

1. 调节系统的基本原理

当汽轮发电机组在某一负荷下稳定运行时，如果遇到外界干扰，比如外界电负荷增大或减小，则上述平衡状态被破坏，机组转速随之减小或增大。这一转速变化信号会及时传给调节系统的转速感受（或测量）部件，进而导致调节系统其他构件的一系列连锁反应，最终改变进汽量，使蒸汽主动力矩与反抗力矩达到新的平衡，即机组在新的负荷下稳定运行，这就是调节系统的基本原理。

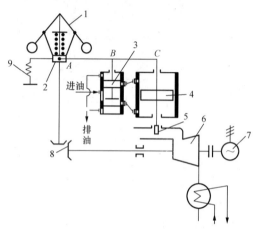

图 5-46　汽轮机调速系统简图

1—调速器；2—滑环；3—滑阀；4—油动机；5—调节阀；
6—汽轮机；7—发电机；8—传动齿轮；9—同步器

虽然不同的汽轮机具有不同的调节系统，但它们的基本原理是相同的。现以图 5-46 所示简单调节系统来说明汽轮机的调节原理。

当外界负荷发生变化，例如负荷增加时，机组转速随之下降，转速感受元件飞锤受到的离心力相应减小，带动滑环下移，滑环的位移量 A 代表了转速变化的大小。随着滑环的下移，杠杆 ABC 以 C 点为支点逆时针偏转，B 点下移，从而带动错油门的滑阀下移，打开通往油动机的两个油口。压力油经下油口进入油动机活塞的下腔室，而油动机活塞的上腔室此时与错油门的上油口（即泄油口）相连通。在上、下油压差的作用下，油动机活塞向上移动，开大调节汽阀，汽轮机的进汽量增加，蒸汽主动力矩 M_t 增大。

在油动机活塞上移的同时，反馈杠杆 BC 带动滑阀向上移动，使滑阀复位回到原来的中间位置。切断去油动机的压力油通路，油动机活塞便停止移动，这时调节系统稳定在一个新的平衡位置，汽轮发电机组在新的电负荷和与其相适应进汽量的平衡工况下运行。这种使错油门滑阀复位的现象称为反馈，反馈的作用是使调节系统稳定在新的平衡工况，并具备再次调节的能力。

2. 调节系统的静态特性与一次调频

对于机组确定的调节系统，上述一次调节后新平衡工况下的转速与原平衡工况（或其他平衡工况）下的转速并不相同，分别对应于各自平衡工况下的机组负荷 P。这种不同稳定工况下转速 n 与机组负荷 P 之间的单值对应关系，如图 5-47 中的 AB 线所示，称为调节系统的静态特性。这种平衡工况下转速发生变化的调节称为有差调节。

汽轮机调节系统均属有差调节，但不同的汽轮机，在同样大的功率变化时，其转速变化并不相同，即调节系统静态特性线的斜率不同。这一特点用速度变动率表明。速度变动率是指汽轮机由满负荷减至零负荷时的转速改变值与额定转速 n_0 的比值，用 δ 表示，即

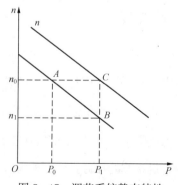

图 5-47　调节系统静态特性

$$\delta = \frac{n_{\max} - n_{\min}}{n_0} \times 100\% \tag{5-27}$$

显然，δ 值较大时，其静态特性线较陡，δ 值较小时，静态特性线较平缓。

速度变动率 δ 的大小决定了并网机组的一次调频能力。所谓一次调频，是指电网中并列运行的各机组在电网负荷变化引起电网频率改变时，各机组按其静态特性线自动承担一定的负荷变化的调节过程。图 5-48 所示为并网运行的 1 号和 2 号两机组，分别带负荷 P_1 及 P_2 在额定转速 n_0 下运行时的调频情况。当外界负荷增加 ΔP 时，两机组各自完成一次调频，分别增加负荷 ΔP_1 和 ΔP_2，且 $\Delta P_1 + \Delta P_2 = \Delta P$，均稳定在 n'（$<n_0$）转速下（工况点为 B）运行。可见，速度变动率 δ 大的 1 号机组所承担的负荷变化小，这种机组一般在电网内带基本负荷。速度变动率 δ 小的 2 号机组承担负荷变化大，即一次调频的能力大，这种机组常在电网内作调峰机组。

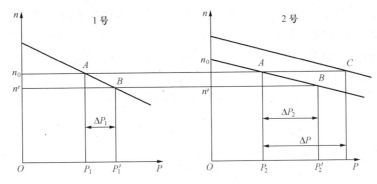

图 5-48 并网机组的一次调频和二次调频

3. 同步器与二次调频

因为汽轮机为有差调节，故机组在一次调频后的转速不能维持在额定值 n_0。为满足供电质量及其他运行要求，在调节系统中均设有使静态特性线上、下平移的附加装置——同步器，用以改善调节系统的静态特性。同步器的具体作用如下：

(1) 对单机运行的机组，当外界负荷变化导致转速改变时，通过动作同步器可调整其转速回复到额定值 n_0，如图 5-47 所示，在 P_1 负荷下，工况点由 B 移到 C。

(2) 对并网运行机组，如图 5-48 所示，当电网负荷变化而各机组进行一次调频后，若电网频率改变超过允许范围，则按要求操作调峰机组（2 号）的同步器，向上平移其静态特性线，使网内频率恢复到正常值，而承担基本负荷的机组（1 号）则回到原基本负荷下工作，同时调峰机组（2 号）功率进一步提高，承担全部电网负荷的增加量，这一过程称为二次调频。

(3) 在机组启动时，通过同步器调节其空转转速，使其与电网同步。

(三) 功频电液调节系统及 DEH 控制系统简介

1. 功频电液调节系统

汽轮机调节系统的类型很多，但任何调节系统都是由测速机构、信号放大机构、执行机构及反馈机构组成的。在图 5-47 所示的机械调节系统中，上述几种机构相应为调速器飞锤、错油门、油动机和反馈杠杆。如果将测速机构由调速器飞锤改为调速泵或电子测速元件，而放大执行机构仍为错油门和油动机，则相应称为液压调节系统和电液调节系统。这些系统是随着机组容量增大以及运行调节要求的提高而相继出现的。当然，这些调节系统要比图 5-47 所示的复杂得多。

在电液调节系统中，测取的信号除了机械（或液压）调节系统所测的转速信号外，还增加了测功信号，即测量发电机的有功功率，故又称为功频电液调节系统。

图 5-49 为功频电液调节系统的基本工作原理图。系统可分为电调和液动放大两部分，其中电调部分包括测频、测功和校正单元（PID）；液动放大部分包括滑阀和油动机。两部分之间用电液转换器相连。测频单元相当于原来调节系统的调速器，用来感受转速变化并输出一相当的直流电压信号。测功单元用来测取发电机的有功功率，并成比例地输出一直流电压信号，来作为系统的负反馈信号，以保持转速偏差与功率变化之间的固定比例关系（即静态特性反映的关系）。校正单元（PID）是一个具有比例、微分和积分作用的调节器，其功用是将测频、测功及给定信号进行比较，并进行微分和积分运算，同时加以放大后输出。电液转换器是将 PID 输出的电信号转换成滑阀及油动机所能接受的液压控制信号，它是电调和液动放大两部分之间的联络部件。在机组启动和停机过程中，图 5-49 中只有转速回路起作用，此时转速定值器相当于原来调节系统的同步器，由它给出电压信号去人为地控制调节系统。液动控制部分的滑阀和油动机仍然属于调节系统的执行机构。

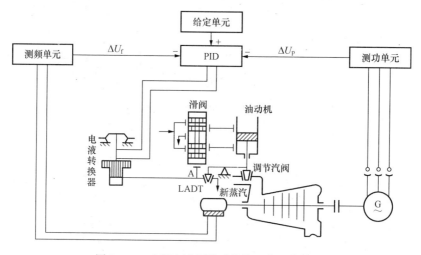

图 5-49　功频电液调节系统的基本工作原理

该系统在外界负荷变化时的调节过程为：当机组转速随外界负荷增大而下降时，测频单元感受到这一转速偏差，并输出一个经过处理、与之成正比例的正直流电压信号，输入 PID 校正单元，经 PID 处理后输入电液转换器，在电液转换器中转换成的油压信号使滑阀下移，油动机活塞则上行开大调节阀门，使进汽量与外界负荷相适应。在机组电功率增大后，测功单元感受到这一变化，便输出一负的直流电压信号，此信号输入 PID。如若这一负电压信号与测频单元输出的正电压信号相等，则其代数和为零，说明机组的实发功率等于外界负荷，这时 PID 的输出值保持不变，调节过程结束。外界负荷减小时的调节过程与上述相反。

采用测功单元后还可以消除新汽压力变化对功率的影响，其动作过程是：由于新蒸汽压力降低，在同样的阀门开度下，机组的实发功率减小，这时测功单元输出的电压信号减小，因此在 PID 入口仍有正电压信号存在，使 PID 输出继续增大，调节阀开度继续开大，直到测功单元输出的电压信号增大到与测频单元输出的电压信号完全抵消，即 PID 入口信号代数和为零时才停止动作。上述动作过程保证了频率偏差与功率的对应关系，即保证了一次调频能力不变，这是仅有调频功能的调节系统无法满足的。

另外，利用测功单元和 PID 调节器的特性还可补偿中间再热机组的功率滞后。对于中间再热汽轮机来说，因为存在再热器及连接管道这一庞大的中间再热蒸汽容积，所以高压调节阀开度随频率偏差变化后，占全机功率 2/3 或更多的中、低压缸功率要滞后一段时间，造成一次调频能力变差。增加了测功单元后，如当外界负荷增加、机组转速下降时，测频单元输出的正电压信号作用于 PID，调节阀开大，使高压缸功率增加，此时由于中、低压缸功率的滞后，测功单元的输出信号很小，不足以抵消测频单元输出的正电压信号，这时高压调节阀继续开大，即产生过开。高压缸因调节阀过开而产生的过剩功率刚好补偿中、低压缸所滞后的功率。当中、低压缸功率滞后消失时，测功单元的作用使高压调节阀关小，回复到与外界负荷相适应的开度设计值，调节过程结束。这样就保证了机组的一次调频能力不变。

2. 数字电液控制系统（DEH）

随着数字计算机技术的发展及其在电厂热工自动控制领域中的应用，以数字计算机为基础的数字电液控制系统（DEH）得到广泛应用。目前 300MW 以上的大型机组已普遍采用数字电液控制系统。该种系统与功频电液调节系统的主要区别是用数字计算机代替 PID 调节器，调节算法程序存于计算机中。当转速、功率及给定信号等（该系统的输入信号除了频率、发电机功率外，还有调节级级后压力，此压力与汽轮机功率成正比）输入计算机后，计算机按程序计算结果，其输出信号经过某些中间环节处理后输入电液伺服阀（或称电液转换器），进而通过油动机控制主汽门及调节阀（包括再热主汽门及调节阀）。每个阀门均由单独的油动机控制。

DEH 由于采用数字控制，即控制以软件实现，因此系统硬件电路简化，且控制灵活。它除了完成一般汽轮机的转速调节、负荷调节外，还可按不同工况根据汽轮机的热应力及其他辅助要求进行自动升速、并网、加负荷等，使汽轮机的启停达到自动化、最优化；并能对机组的主辅运行参数进行巡测、监视、报警和记录，确保汽轮机长期安全经济运行，为实现整个电厂的全盘自动化创造了条件。

二、汽轮机的保安系统

汽轮机是高速旋转的精密设备，运行中任何异常情况的发生，都将导致设备的破坏。因此，在汽轮机的调节系统中均配有危急保安控制系统，其作用是对汽轮机的转速、轴向位移、排汽口真空、润滑油压和抗燃油压（调节系统用油）等参数进行测量、监视、限值判断。当任何一项测量值超出允许范围时，通过中间转换及执行机构使汽轮机的所有进汽阀关闭，迫使汽轮机停机，以保证设备的安全。

DEH 中的危急保安控制一般又分为如下三个系统。

（一）机械超速保护及手动脱扣保护系统

机械超速保护系统由飞锤式（或飞环式）危急遮断器、危急遮断滑阀及与其相配合的油路所构成。飞锤径向安装在主轴内，如图 5 - 50 所示。飞锤的重心 O_1 与主轴中心 O 之间存在一偏心距 e，当飞锤随同主轴高速旋转时，离心力使飞锤欲往外飞出。若调节系统失灵或机组突然甩负荷，使转子转速达到 $1.10 \sim 1.12 n_0$（n_0 为额定转速）时，飞锤的离心力大于其锁紧弹簧的约束力，飞锤末端迅速飞出，撞击在危急遮断滑阀的脱扣碰钩上，使机械超速

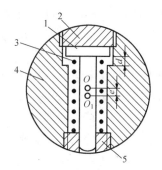

图 5 - 50　飞锤式危急保安器
1—飞锤；2—固定螺母；3—锁紧弹簧；4—汽轮机主轴；5—调整螺母

保护及手动脱扣母管的油压释放，打开常闭隔膜阀，使危急油路泄压，主汽阀、调节汽阀及抽汽止回阀同时关闭，汽轮机紧急停机，达到了保护设备的目的。

手动脱扣装置通常装在机头轴承箱上。根据紧急停机或正常停机的需要，通过现场手动操作使机械脱扣母管油压快速下跌，继而引起所有主汽阀、调节汽阀及抽汽止回阀关闭，达到停机的目的。

（二）电气信号危急跳闸保护系统

使该系统动作的信号有超速 $11\% \ n_0$、凝汽器低真空、轴向位移大使推力轴承轴瓦磨损、低润滑油压、低抗燃油压、电厂遥控跳闸等。上述信号均通过电气元件测量输出。当其中任何一参数超过规定范围时，其电气信号作用于危急跳闸油路的电磁阀上，使危急跳闸油路的高压抗燃油泄压，各主汽阀、调节阀关闭，强迫汽轮机停机。

（三）超速防护系统（OPC）

当系统测量的超速电气信号超过规定值而使超速防护油路的电磁阀动作时，仅暂时关闭高、中压调节阀，待电网故障消除后，高、中压调节阀仍继续开启。这种当超速是由电网部分故障、机组负荷大幅度下降而造成的时，为避免机组从电网解列后再重新并网的困难以及机组解列后电网不稳定，该系统才动作。

超速保护是汽轮机最重要的保护，故采取上述多通道保护措施，以确保汽轮机的安全。

三、汽轮机油系统

供油系统的主要作用有以下几个方面：

（1）供给轴承润滑系统用油。在轴承的轴瓦与转子的轴颈之间形成油膜，起润滑作用，并通过油流带走由摩擦产生的热量和由高温转子传来的热量。

（2）供给调节系统与危急遮断保护系统用油。

供油系统的可靠工作对汽轮机的安全运行具有十分重要的意义。一旦供油中断，就会引起轴颈烧毁重大事故。

供油系统按工作介质可分为采用汽轮机油的供油系统和采用抗燃油的供油系统。

（一）用汽轮机油的供油系统

目前运行的仍然采用液压调节系统的小型机组（和部分大型机组），它的系统一般采用如图 5 - 51 所示的具有离心式主油泵的供油系统。该系统主要由主油泵、油箱、注油器、高压交流油泵、交直流润滑油泵、冷油器、滤油器等组成，各设备作用如下：

（1）离心式主油泵。离心式主油泵在机组正常运行时向调节系统、保安系统和注油器供应一定数量高压油。离心式主油泵由汽轮机主轴直接驱动。因离心式主油泵自吸能力差，为避免吸入空气，由注油器向其提供正压油。

（2）油箱。油箱的作用是储油和分离油中水分、沉淀物等。

（3）注油器。注油器将主油泵来的高压油经过喷嘴进行加速，流速增加，压力减低，将油箱内的净油吸入，再经扩压管扩压后，动能转化为压力势能，压力升高后供油。注油器 1 为主油泵入口提供正压油，注油器 2 向轴承等提供润滑用油。

（4）高压交流油泵。在启动时，因转速低主油泵不能正常使用时代替主油泵供油。

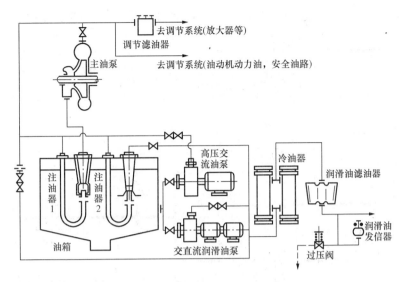

图 5 - 51 典型的离心泵供油系统

（5）交直流润滑油泵。分别由交流电动机和直流电动机带动，当系统的润滑油压下降到某一限定值时，低油压发信器发出信号，自启动交流电动机；当润滑油压下降到另一个更低的限定值时自动启动直流电动机，从而保证润滑油系统不断油。另外，低压交流油泵也在停机后及启动前使用。

（6）冷油器。冷油器是一个热交换器，用来降低润滑系统用油的油温，利于轴承的冷却。它以水作冷却剂，水在管内流动，油在管外流过。为防止水渗进油中，一般使油压大于水压。图 5 - 52 所示为冷油器构造示意。

为了过滤油中的杂质，在油箱中设有滤网，油管上设有滤油器。有的供油系统还外设有净油装置。

（二）采用抗燃油的供油系统（EH 油系统）

现代汽轮机必须有快速的负荷控制能力，以满足电网的需求并保证自身运行稳定和安全，这就要求汽轮机调节保护系统提高其工作油压。但是，油压的提高会增加漏油和爆管的可能。发电厂中高温设备很多，漏油将带来火灾的风险，为了解决这个问题，现代汽轮机调节保护油一般不再采用汽轮机油，而采用燃点高，不易引起火灾的抗燃油。目前广泛使用的是磷酸酯类抗燃油。

高压抗燃油系统也称为 EH 油系统，其任务是向调节保安系统提供高压控制油，为油动机提供动力。由于抗燃油系统不参与润滑，可设计成封闭式系统。目前采用磷酸酯型抗燃油的供油系统，其组成一般如图 5 - 53 所示。由交流电动机驱动的高压叶片泵将油箱中的抗燃油吸入，油泵出口的油经滤油器、止回阀

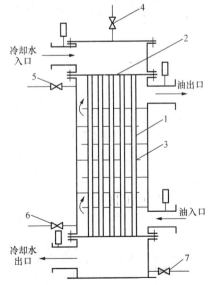

图 5 - 52 冷油器构造示意

1—铜管；2—管板；3—隔板；4、5—放气门；
6—放油门；7—放水门

后流入蓄能器。与蓄能器相连的高压供油母管将高压抗燃油送至调节、保护系统。

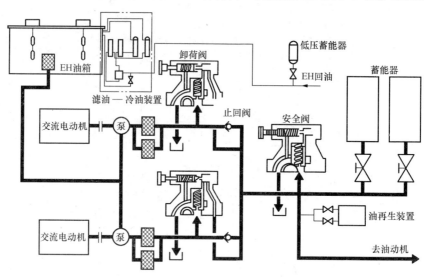

图 5-53　汽轮机 EH 油系统

以国产优化引进型 300MW 汽轮机为例，当高压供油系统的压力达到上限值 14.484MPa 时，卸载阀动作，使油泵至止回阀之间的压力油经卸载阀流回油箱，油泵处在空载运行状态；当高压供油母管降到下限里 12.42MPa 时，卸载阀复位，从而使油泵再次向蓄能器充油。高压叶片泵在承载和卸载的交互方式下运行，可减少能量损失和油温的升高，保证了泵有较长的寿命及较高的工作效率。安全阀是当高压供油母管压升到 15.86 ～16.21MPa 时打开通向油箱的回路，起到过油压保护作用。因为抗燃油价格较高，所以抗燃油再生使用很有必要。一般在再生装置中使用吸附剂来使抗燃油获生。再生的目的是使油酸碱度保持中性，并去除油中水分。通常采用的吸附剂是硅藻土和波纹纤维。

为了提高供油系统的可靠性，采用了双泵系统，一台泵运行，另一台泵备用，两泵可交替使用。

第六节　汽轮机运行的基本知识

汽轮机运行人员的任务是严格遵守操作规程，在保证设备安全的前提下，尽可能提高设备运行的经济性。汽轮机运行包括启动、停机、正常运行和事故处理等工作。

一、汽轮机启动

汽轮机转子由静止或盘车状态加速到额定转速，并将负荷由零逐步加至额定负荷的过程，称为汽轮机的启动。汽轮机的启动方式大致按以下方式分类：

1. 按启动过程中主蒸汽参数分

（1）额定参数启动。在整个启动过程中，电动主汽阀前的主蒸汽参数始终保持额定值。

（2）滑参数启动。在启动过程中，电动主汽阀前的主蒸汽参数随机组转速或负荷的变化而滑升。

2. 按启动前汽轮机金属温度（内缸或转子表面）水平分

（1）冷态启动。金属温度低于 150～180℃者称为冷态启动。

（2）温态启动。金属温度在 180～350℃之间者称为温态启动。

（3）热态启动。金属温度在 350℃以上者称为热态启动。有时热态又分为热态（350～450℃）和极热态（450℃以上）。

有的国家按停机的时间的长短来划分，停机一周为冷态；48h 为温态；8h 为热态，2h 为极热态。

3. 按冲转时汽轮机的进汽方式分

（1）高中压缸启动。冲转时高中压缸同时进汽，对高中压合缸的机组，这种方式可以使分缸处均匀加热，减少热应力，并能缩短启动时间。

（2）中压缸启动。冲转时高压缸不进汽，只有中压缸进汽冲动转子，待转速升至2300～2500r/min 后或并网后，高压缸才进汽。

4. 按控制汽轮机进汽流量的阀门分

（1）调节阀启动。汽轮机冲转前，电动主汽阀和自动主汽阀全开，进入汽轮机的蒸汽流量由调节阀控制。

（2）自动主汽阀或电动主汽阀启动。启动前调节阀全开，由自动主汽阀或电动主汽阀控制进汽。

汽轮机启动过程实质上是将转子和静子温度由启动前的状态加热到额定负荷所对应的温度水平的加热过程。显然，从减小启动损耗考虑，应尽量缩短启动时间，但从设备的安全出发，则应慢些为妥。为此，应正确组织启动工作，合理地控制各种温差，使汽轮机的热应力、热变形、胀差和振动等不超过允许值，做到既安全又经济。

二、正常运行

汽轮机启动过程结束后，就进入了正常运行状态。汽轮机的正常运行管理工作包括两个方面，即正常运行监视和变负荷运行。

1. 正常运行监视

汽轮机带负荷（额定负荷或指定负荷）正常运行，是机组在工作状态下持续时间最长的运行方式。在该方式下，运行人员的主要职责是做好汽轮机的监视和某些调整，以维持汽轮机的安全运行。

大型汽轮机正常运行中主要的监视项目有主蒸汽及再热蒸汽压力和温度、高压缸排汽压力和温度、各汽缸的胀差、轴向位移、振动、应力裕度、频率、负荷，其他如润滑油压力和温度、轴承金属温度、除氧器水位、各辅机运行电流等。

2. 变负荷运行

根据电网需求的变化，通过某种手段调整汽轮机的出力，以及时满足负荷需求的操作过程，叫做汽轮机组的变负荷运行，是机组（尤其是调峰机组）在正常运行中所经常遇到的操作方式。

要使汽轮机的出力适应电网负荷变化的需求，传统的方法是通过改变新蒸汽流量达到调整机组出力的目的。而改变新蒸汽流量的一般方法是采用喷嘴调节（调节阀顺序开启）或节流调节（单阀式），这两种方法的共同特点是负荷变化时，新蒸汽的压力和温度都保持不变，因此统称为定压运行方式。

与定压运行方式相对应，国内近年来发展了变压运行（或称滑压运行）方式。所谓变压运行，是指汽轮机在负荷变动时，保持调节阀全开（或固定于某一位置不变），而采用改变炉膛内的燃烧强度来改变主汽门前的新蒸汽压力，以达到调节机组出力的目的。但在整个调整过程中，新蒸汽温度始终保持额定值不变。

与定压运行方式相比，变压运行主要具有下述优点：能够适应负荷的迅速变化和快速启停要求，提高了机组的热经济性；使汽缸均匀加热或冷却，减小了温差和热应力；延长了主蒸汽管道的使用寿命等。

三、汽轮机停机

汽轮机的停机过程是指机组由带负荷运行状态到卸去全部负荷、发电机从电网中解列，汽轮发电机转子由转动到静止的过程。停机过程是启动过程的逆过程，一般经历降负荷、解列、惰走（降速）、停机后的处理等4个阶段。

机组的停机分为正常停机和事故停机两种。

正常停机是根据电网或机组的需要主动进行的停机。正常停机又分为调峰停机和维修停机。调峰停机是指在电网低负荷时按需要进行的短时停机，当电网负荷增加时，机组很快再启动带负荷。为实现调峰机组快速再启动，多采用滑压停机。滑压停机是在停机过程中逐步降低进汽压力，尽可能维持蒸汽温度不变，以使机组金属温度在停机后保持较高的水平。维修停机是机组需进行大修或小修而进行的停机，多采用滑参数停机。滑参数停机是指在停机过程中逐步降低进汽压力和温度，以尽量降低汽轮机高温部件的金属温度，使机组尽快冷却，以便缩短检修的等待时间。

事故停机是指机组监视参数超限，保护装置动作或手动打闸，机组从运行负荷瞬间降至零负荷，发电机与电网解列，汽轮机转子进入惰走阶段的停机过程。事故停机根据事故的严重程度又分为一般事故停机和紧急事故停机，其主要区别在于机组解列时是否立即打开真空破坏阀。紧急事故停机在停机信号发出后立即破坏真空。

汽轮机的停机过程是机组从热态到冷态，从额定转速到零转速的动态过程。在这个过程中，如果运行操作不当，就会造成设备的损坏，所以必须给予足够的重视。在停机过程中，应严密监视机组的各种参数，如蒸汽参数、转子的胀差（转子与汽缸的膨胀差）、轴向位移、振动和热应力、轴承金属温度和油温、油压等。不同的停机过程停机的操作也不同。汽轮机停机后，汽缸和转子的金属温度还较高，需要一个逐渐冷却的过程，此时必须保持盘车装置连续运行，一直到金属温度冷却到120～150℃后才允许停盘车。盘车运行时，润滑油系统和顶轴油泵必须维持运行。

复 习 思 考 题

5-1　说明下列汽轮机型号的含义：N600-16.7/537/537，B25-8.83/0.98。

5-2　汽轮机是如何分类的？大型机组中一般采用何种类型的汽轮机？

5-3　什么是汽轮机的级？级有哪几种类型？

5-4　汽轮机本体主要由哪些零部件组成？各零部件的结构特点及作用是什么？

5-5　何谓汽轮机的临界转速？刚性转子和柔性转子的区别是什么？

5-6　汽轮机级内能量转换过程分哪两步？分别在什么部件中完成？

5-7　级内存在哪些能量损失？级内损失与级的理想焓降及有效焓降之间的关系如何？级效率的意义是什么？

5-8 何谓汽轮机的内部损失? 试述汽轮机的相对内效率所表明的意义。如何计算汽轮机的内功率?

5-9 汽轮机有哪些辅助设备? 各辅助设备的作用、类型、结构特点及工作原理是什么?

5-10 汽轮机调节系统的主要任务是什么? 何谓调节系统的静态特性? 同步器有何作用?

5-11 简述数字电液调节系统(DEH)的功能。

5-12 汽轮机一般设有哪些保护装置? 超速保护装置是如何起到保护作用的?

5-13 简述汽轮机供油系统的作用及类型。

5-14 汽轮机的启动方式有哪些? 是如何分类的?

5-15 何谓汽轮机的变压运行? 变压运行有哪些优点?

5-16 汽轮机正常运行维护的内容有哪些?

第六章 凝汽式发电厂的热力系统及主要经济指标

 学习内容

1. 凝汽式发电厂的主要热力系统。
2. 凝汽式发电厂主要经济指标。

 重点、难点

凝汽式发电厂的主要热力系统和主要经济指标。

 学习要求

了解：凝汽式发电厂的主蒸汽系统、旁路系统、主给水管道系统、主凝结水系统、回热抽汽系统及疏水系统等。

掌握：凝汽式发电厂的主要经济指标。

 内容提要

本章首先介绍原则性和全面性热力系统的概念；然后重点介绍几个局部热力系统，并举例说明原则性热力系统；最后介绍凝汽式发电厂的主要经济指标和各指标所表明的意义。

第一节 凝汽式发电厂的热力系统

火力发电厂的任务是将燃料的化学能转变成电能，这种转变是由一系列热力设备来完成的。将发电厂主、辅热力设备按照热力循环顺序用管道和附件连接起来所构成的系统称为发电厂热力系统。发电厂热力系统按其应用的目的和编制方法不同，分为原则性热力系统和全面性热力系统。

在热力设备中，工质按热力循环顺序流动的系统称为发电厂原则性热力系统，其实质是用以表明工质的能量转换及其热量利用的过程，反映出电厂能量转换过程的技术完善程度和热经济性的高低等。

原则性热力系统只表示出工质流动过程发生压力和温度变化时所必需的各种热力设备。同类型、同参数的设备只表示一个，备用的设备和管道不予绘出，附件一般均不表示。

发电厂全面性热力系统是全厂的所有热力设备及其汽水管道和附件连接的总系统，是发电厂进行设计、施工及运行工作的指导性系统之一。全面性热力系统明确地反映了电厂在各种工况及事故时的运行方式。它既要按设备的实有数量表示出全部主要热力设备和辅助设备，还必须表示出管道系统中的一切操作部件及保护部件，如阀门、减温装置、流量测量孔板等，从而了解全厂热力设备的配置情况和各种工况的运行方式。限于专业范围和篇幅，以下仅讨论构成发电厂全面性热力系统的某些局部热力系统。

一、局部热力系统

局部热力系统表示火电厂某一个热力设备同其他设备之间或几个热力设备相互之间的特定联系，主要有主蒸汽系统及再热蒸汽系统、汽轮机旁路系统、主给水管道系统、回热加热器系统、主凝结水系统等。

（一）主蒸汽系统及再热蒸汽系统

主蒸汽系统是指锅炉与汽轮机之间的连接管路。目前，发电厂常用的主蒸汽系统有单元制和母管制两种。

1. 母管制系统

母管制系统是指所有锅炉生产的蒸汽全部送入母管，再由母管送至各汽轮机，如图 6-1 所示。这种连接方式的主要优点是机炉可交叉运行，增加了运行的灵活性。对热电厂来说，这种交叉方式可提高供热的可靠性。目前，母管制主要应用于热电厂中。

2. 单元制系统

单元制系统是指每台锅炉和相对应的汽轮机组成一个运行单元，各单元之间无横向联系，如图 6-2 所示。随着机组容量的增大，特别是再热机组的使用，使得母管制连接已成为不可能，大容量中间再热机组都采用单元制主蒸汽系统。

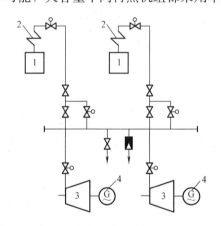

图 6-1 切换母管制系统
1—锅炉；2—过热器；3—汽轮机；4—发电机

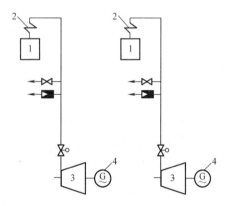

图 6-2 单元制主蒸汽系统
1—锅炉；2—过热器；3—汽轮机；4—发电机

对中间再热机组来说，还存在再热蒸汽管道系统。如图 6-3 所示，汽轮机高压缸排汽经过再热器升温后送到中压缸中压联合汽阀前的所有蒸汽管道系统称为再热蒸汽管道系统。其中，高压缸排汽至锅炉再热器进口的管道称为再热冷段管道；从再热器出口至汽轮机中压联合汽阀之间的管道称为再热热段管道。显然，再热蒸汽管道系统也是单元制系统。

（二）汽轮机旁路系统

中间再热机组一般设有汽轮机旁路系统。汽轮机旁路系统是指高参数蒸汽在某些特定情况下，不进入汽轮机做功，而是经过与汽轮机并列的减温减压器后，进入参数较低的蒸汽管道或凝汽器。从锅炉来的新蒸汽绕过汽轮机高压缸的，称为高压旁路（或Ⅰ级旁路）；再热后的蒸汽绕过汽轮机中、低压缸的，称为低压旁路（或Ⅱ级旁路）；新蒸汽绕过整个汽轮机直接排入凝汽器的，称为整机旁路（或大旁路）。

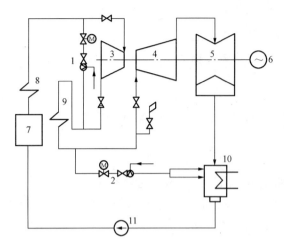

图 6-3　两级串联旁路系统

1—高压旁路；2—低压旁路；3—高压缸；4—中压缸；

5—低压缸；6—发电机；7—锅炉；8—过热器；

9—再热器；10—凝汽器；11—给水泵

1. 再热机组的旁路系统的作用

（1）保护不允许干烧的再热器。正常工况时，汽轮机高压缸的排汽通过再热器将蒸汽再热至额定温度，并使再热器得以冷却保护。在机组启停、停机不停炉、电网事故甩负荷等工况时，汽轮机高压缸没有排汽冷却再热器，则由旁路将降压减温后的蒸汽引入再热器使其得以保护。

（2）加快启动速度，改善启动条件。单元机组常采用滑参数启停方式，因此必须在整个过程中不断地调整锅炉的汽压、汽温、蒸汽量，以满足汽轮机启动过程中冲转、升速、带负荷、增负荷等阶段的不同要求。这些要求只靠调整锅炉的燃料量或蒸汽压力是难以实现的，在热态启动时尤为困难。采用了旁路系统，就可迅速地调整新汽温度，以适应汽缸温度的要求，从而加快启动速度，缩短并网时间，这既可多发电，节省运行费用，也容易适应调峰需要。

（3）回收工质、降低噪声。机组在启停过程中，锅炉的蒸发量大于汽轮机的汽耗量，因而会有大量多余的蒸汽，若直接将这些蒸汽排入大气，不仅会造成大量工质和热量的损失，而且产生严重的排汽噪声，污染环境，这都是不允许的。设置旁路系统既可回收其工质入凝汽器，又可降低其排汽噪声。在甩负荷时，有旁路系统可及时排走多余蒸汽，减少安全阀的启跳次数，有助于保证安全阀的严密性，延长其使用寿命。

2. 再热机组旁路系统的形式

（1）两级串联旁路系统。图 6-3 为两级串联旁路系统，由锅炉来的新蒸汽绕过汽轮机高压缸，经高压旁路减温减压后进入锅炉再热器，由再热器出来的再热蒸汽绕过汽轮机中、低压缸，经低压旁路减温减压后进入凝汽器。

两级串联旁路系统功能齐全，既适应于基本负荷机组，也能适应于调峰机组，广泛用于国产 125～1000MW 等级各种容量的再热机组。

（2）整机旁路系统。当新蒸汽绕过整个汽轮机，经减温减压后直接排入凝汽器，称为整机旁路（或大旁路）。这种系统较为简单，操作方便，但不能保护再热器，只适应于不需要保护再热器的机组上。

（3）三级旁路系统。这种旁路系统是由两级串联旁路系统和整机旁路系统组成。具有系统复杂、设备附件多等缺点，现已很少采用。

（三）主给水管道系统

主给水系统是指除氧器与锅炉省煤器之间的设备、管道及附件等。其主要作用是在机组各种工况下，对主给水进行除氧、升压和加热，为锅炉省煤器提供数量和质量都满足要求的给水。

图 6-4 为国产 600MW 机组配套的主给水系统，系统包括一台除氧器、3 台前置泵、

3 台给水泵和 3 台高压加热器以及给水泵的再循环管道、各种用途的减温水管道和管道附件等。

从图 6-4 可看出主给水系统的主要流程：经过除氧器加热、除氧的给水，经前置泵和给水泵升压后，进入 3 号高压加热器加热，3 号高压加热器加热后的给水进入 2 号高压加热器加热，2 号高压加热器加热后的给水再进入 1 号高压加热器加热，1 号高压加热器加热后的给水送至锅炉省煤器。此外，给水系统还向高压旁路等提供减温水。

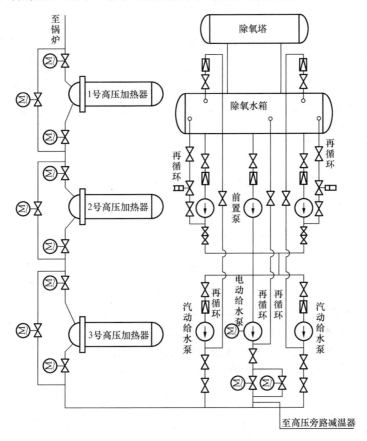

图 6-4　国产 600MW 机组单元制主给水系统

（四）回热抽汽系统及疏水系统

回热抽汽系统是指汽轮机各级抽汽口至相对应的各高、低压加热器之间的连接管道和阀门。汽轮机采用回热循环的主要目的是提高锅炉的给水温度，以提机组的热经济性。

图 6-5 为国产某 600MW 机组配套的回热抽汽系统。该机组具有 8 段不调整抽汽。1 段抽汽从高压缸的 1 段抽汽口抽出，引至 J1 高压加热器；2 段抽汽从再热蒸汽冷段引出，进入 J2 高压加热器供汽；3 段抽汽从中压缸 3 段抽汽口抽出，供给 J3 号高压加热器；4 段抽汽从中压缸 4 段抽汽口至抽汽总管，然后再由总管引出分别供给 J4 除氧器和给水泵驱动汽轮机；5、6、7、8 段抽汽分别供汽至 J5～J8 台低压加热器。

疏水系统是指各级高、低压加热器之间的抽汽凝结水管道连接系统。疏水系统的作用是：回收加热器内抽汽的凝结水即疏水，保持加热器中水位在正常范围，防止汽轮机进水。国产 300MW 以上的机组，其回热加热疏水系统的连接特点是：高、低压加热器的疏水全部

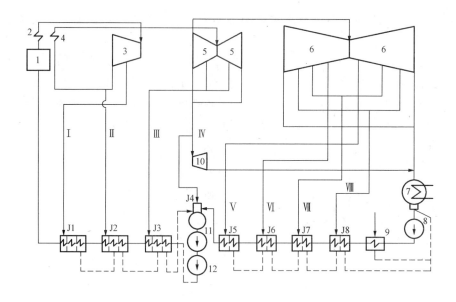

图 6-5 国产某 600MW 机组原则性热力系统

1—锅炉；2—过热器；3—汽轮机高压缸；4—再热器；5—中压缸；6—低压缸；7—凝汽器；8—凝结水泵；9—轴封冷却器；10—给水泵汽轮机；11—前置泵；12—给水泵；J1、J2、J3—高压加热器；J4—除氧器；J5、J6、J7、J8—低压加热器

利用相邻加热器之间的汽侧压力差逐级自流。如图 6-5 所示，J1 高压加热器疏水至 J2 高压加热器，J2 高压加热器疏水至 J3 高压加热器，J3 高压加热器疏水至 J4 除氧器。J5 低压加热器疏水至 J6 低压加热器，J6 低压加热器疏水至 J7 低压加热器，J7 低压加热器疏水至 J8 低压加热器，J8 低压加热器疏水至凝汽器。疏水方式除了以上这种疏水自流方式外，还有将疏水用疏水泵打入本级加热器的出水管内的方式，如图 6-6 所示，其中 8 号低压加热器的疏水用疏水泵打入该级出口的主凝结水管中。

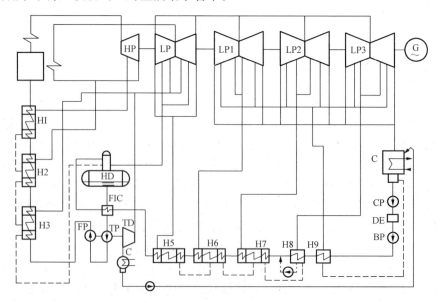

图 6-6 引进 N1000-26.15/605/602 超超临界压力再热式机组的原则性热力系统

（五）主凝结水系统

主凝结水系统是指从凝汽器至除氧器之间的设备和管道连接系统。主凝结水系统的主要作用是加热凝结水，并将凝结水从凝汽器热井送至除氧器。由于亚临界和超临界压力以上的机组，对锅炉给水的品质要求很高，因此，主凝结水系统还要对凝结水进行除盐净化。

图 6-7 为某大型机组主凝结水系统，系统包括双压凝汽器、2 台凝结水泵、一台除盐装置、一台轴封冷却器、4 台低压加热器（末两级低压加热器分别置于凝汽器颈部）。

主凝结水的流程是：主凝结水由高压凝汽器的热井经一根总管引出，然后分两路接至两台凝结水泵，经除盐装置后相继进入轴封冷却器和各级低压加热器，最后送至除氧器。

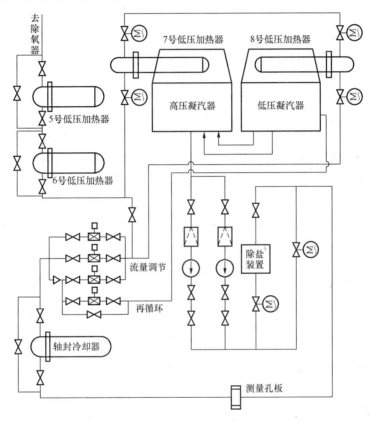

图 6-7　主凝结水系统

二、原则性热力系统举例

1. N600-16.7/537/537 型机组的发电厂原则性热力系统

图 6-8 为引进美国技术国产的 N600-16.7/537/537 型机组，配 HG-2008/186M 强制循环汽包炉的发电厂原则性热力系统图。其汽轮机组为单轴、四缸、四排汽、反动式汽轮机。该机组有八级不可调整抽汽，回热系统为三高、四低、一除氧，除氧器为滑压运行（范围是 0.147～0.882MPa）。高、低压加热器均有内置式疏水冷却段，高压加热器还均设置了内置式蒸汽冷却段。系统采用疏水逐级自流方式，有除盐装置 DE、一台轴封冷却器 SG，配有前置泵 TP 的给水泵 FP。给水泵汽轮机 TD 为凝汽式，正常运行其汽源取自主汽轮机的第四级抽汽（中压缸排汽），其排汽引入主凝汽器。最末两级低压加热器 H7、H8 位于凝汽器颈部。补充水引入凝汽器。该机组额定工况时的热耗率为 8024.03kJ/kWh。

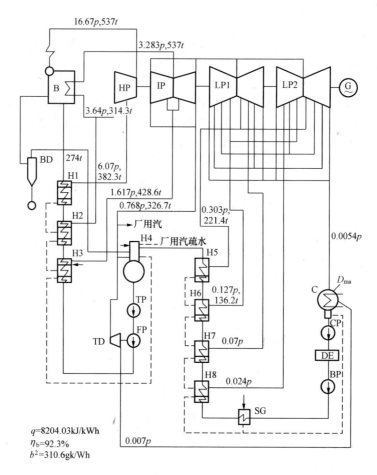

图 6 - 8　N600-16.7/537/537 型机组的发电厂原则性热力系统图

2. 引进型 N1000-26.15/605/602 超超临界压力再热式机组的原则性热力系统

图 6 - 8 为引进型 N1000-26.15/605/602 超超临界压力再热式机组的原则性热力系统。该机组配用超超临界压力蒸发量为 3030t/h 的变压运行的直流锅炉，锅炉设计效率为 93.8％。汽轮机为单轴、五缸六排汽、冲动凝汽式汽轮机。该机组有九级不调整抽汽，回热系统为三高、五低、一除氧。由锅炉过热器送来的 26.15MPa、605℃的蒸汽，进入高压缸膨胀做功。高压缸排汽（参数为 4.52MPa、308℃）送到再热器，经过再热器加热温度升到 602℃的过热蒸汽，再送到分流式中压缸膨胀做功。中压缸做功后的蒸汽进入分流式低压缸做功，乏汽排入凝汽器凝结成水。凝汽器中的凝结水，经凝结水泵 CP 和除盐设备 DE，再由凝结水升压泵 BP 送至低压加热器 H9、H8、H7、H6 和 H5，经高压除氧器 HD 充分除氧后由汽动给水泵依次打入 H3、H2、H1 高压加热器进行加热，将给水温度提高到 287℃，再送回到锅炉省煤器。

高压加热器疏水逐级自流入除氧器，低压加热器 H5、H6、H7 的疏水逐级自流入低压加热器 H8，然后用疏水泵打入该级出口的主凝结水管中，低压加热器 H9 的疏水自流入凝汽器的热井。

第二节　凝汽式发电厂的主要经济指标

火力发电厂运行的技术经济指标的高低，能说明电厂生产状况的优劣。分析研究各项技术经济指标，可以找到提高运行经济性的措施。运行时的技术经济指标也是衡量发电厂技术装备好坏以及管理水平高低的标志。下面只介绍几项主要指标。

一、汽轮发电机组的汽耗率

汽轮发电机每发出 1kWh 电能所消耗的蒸汽量，称为汽轮发电机组的汽耗率，用 d 表示，即

$$d = \frac{D}{P_{el}} \quad \text{kg/kWh} \tag{6-1}$$

式中：D 为汽轮机每小时消耗的蒸汽量，kg/h；P_{el} 为发电机所发出的电功率，kW。

因为纯凝汽式汽轮发电机所发出的电功率为

$$P_{el} = G \Delta H_t \eta_{ri} \eta_m \eta_g$$

故

$$G = \frac{p_{el}}{\Delta H_t \eta_{ri} \eta_m \eta_g} \quad \text{kg/s} \tag{6-2}$$

每小时的汽耗量为

$$D = \frac{3600 P_{el}}{\Delta H_t \eta_{ri} \eta_m \eta_g} \quad \text{kg/h} \tag{6-3}$$

将式（6-3）代入式（6-1）得

$$d = \frac{D}{P_{el}} = \frac{3600}{\Delta H_t \eta_{ri} \eta_g \eta_m} \quad \text{kg/kWh} \tag{6-4}$$

式中：ΔH_t 为汽轮机的理想焓降，kJ/kg；η_{ri} 为汽轮机相对内效率，％；η_m 为汽轮机机械效率，％；η_g 为发电机效率，％。

300～600MW 的亚临界压力机组的汽耗率一般为 3～3.2kg/kWh；600MW 及以上的超临界压力机组的汽耗率一般小于 3kg/kWh。汽轮发电机组的汽耗率是一项反映汽轮机生产质量的综合性技术经济指标。在进行发电厂热力系统的汽水平衡或进行相同型号机组间的经济性评价时，都必须列出此项指标。不同型号的机组一般不用汽耗率 d 来比较其经济性，而是采用能反映机组经济性的另一指标。

二、汽轮发电机组的热耗率

汽轮发电机组每生产 1kWh 的电能所消耗的热量，称为汽轮发电机组的热耗率，用 q 表示，即

$$q = d(h_0 - h_{fw}) \tag{6-5}$$

式中：h_0 为新蒸汽的焓，kJ/kg；h_{fw} 为给水的焓，kJ/kg。

300～600MW 的亚临界压力机组的热耗率一般为 8219～7829kJ/kWh；600MW 及以上的超临界压力机组的热耗率一般小于 7704kJ/kWh。由式（6-5）可知，汽轮发电机组的热耗率 q 与锅炉给水温度有关，而给水温度又与给水回热加热系统的运行情况有关。所以，汽轮发电机组的热耗率用来衡量汽轮发电机组热力系统和有关辅助设备的运行质量，是汽轮机的一项主要生产质量指标。

应当指出，采用回热循环的机组在各级回热加热器投入运行时，在同样的电功率下，所需的汽耗量增大，所以汽耗率增加，但由于给水温度相应的提高很多，1kg 蒸汽在锅炉中吸热量大为减小，使整个循环热效率提高而热耗率明显减小，因此，热耗率比汽耗率更能确切地反映机组的运行经济性。

三、发电厂的总效率

发电厂的总效率是发电厂发出的电能与所消耗的燃料总能量之比，即

$$\eta_{pL} = \frac{3600 P_{el}}{B Q_{ar,net}} \tag{6-6}$$

式中：η_{pL} 为发电厂的总效率，即发电厂的全厂效率，%；P_{el} 为发电厂全厂各运行机组发出的电功率总和，kW；B 为发电厂全厂总燃料消耗量，kg/h；$Q_{ar,net}$ 为燃料的收到基低位发热量，kJ/kg。

对于凝汽式发电厂的总效率，主要与汽轮机的进汽初参数、排汽压力、单机容量、加热系统以及运行操作水平等因素有关。

四、发电厂的发电煤耗率

1. 原煤煤耗率 b

发电厂每生产 1kWh 的电能所消耗的原煤质量，用符号 b 表示，计算式为

$$b = \frac{B}{P_{el}} \quad \text{kg 原煤 /kWh} \tag{6-7}$$

2. 标准煤耗率

标准煤耗率指发电厂或机组每生产 1kWh 的电能所消耗的标准煤量，用符号 b_b 表示，计算式为

$$b_b = \frac{B_b}{P_{el}} \quad \text{kg 原煤 /kWh} \tag{6-8}$$

式中：B_b 为每小时所消耗的标准煤量，即 kg 标准煤/h。

式（6-8）除以式（6-7）可得

$$b_b = b \frac{B_b}{B} \quad \text{kg 原煤 /kWh} \tag{6-9}$$

将式（4-9）代入式（6-9），可得

$$b_b = b \frac{Q_{ar,net}}{29\,310} \quad \text{g 标准煤 /kWh} \tag{6-10}$$

由式（6-6）和式（6-7），可得

$$b_b = b \frac{Q_{ar,net}}{29\,310} = \frac{3600}{29\,310 \eta_{pL}} = \frac{123}{\eta_{pL}} \quad \text{kg 原煤 /kWh} \tag{6-11}$$

标准煤耗率是表征火力发电厂生产技术的完善程度和经济效果的一项最常用的技术经济指标。我国火力发电厂标准煤耗逐年降低，目前在 250～400g 标准煤/kWh 范围之内。降低发电标准煤耗率，节约能量消耗对发电厂来说特别重要。这就要求电厂工作人员努力钻研技术，提高管理水平，不断降低煤耗以提高经济效益。

五、发电厂的厂用电率

发电厂的厂用电率是发电厂的厂用电量占该发电厂总发电量的百分比，即

$$K = \frac{W_{od}}{W_{eL}} \times 100\% \tag{6-12}$$

式中：W_{eL} 为发电厂各运行机组发电量的总和，kWh；W_{od} 为发电厂的厂用电量，kWh。

发电厂的厂用电量是指各种辅助设备及供应厂房照明所消耗的电能，发电厂的辅助设备是指燃料运输设备、磨煤机、送风机、引风机、排粉风机、给水泵、凝结水泵、循环水泵及灰渣泵等。

厂用电率的高低与诸多因素有关。大型凝汽式发电厂的厂用电率一般在 5%～10% 范围之内。每个发电厂都应当想方设法降低自己的厂用电率，以提高发电厂的经济性。

六、全厂供电标准煤耗率

火力发电厂在考核煤耗时，使用供电标准煤耗率这个重要的技术经济指标。它是发电厂每输出 1kWh 的电能所消耗的标准煤量，若以 b_g 表示，则

$$b_g = \frac{b_b}{1 - k/100} \quad \text{g标准煤}/kWh \tag{6-13}$$

式中：b_b 为标准煤耗率，g标准煤/kWh；k 为厂用电率，%。

从式（6-13）可以看出，供电标准煤耗率不仅随着厂用电率增大而增大，还随着发电厂标准煤耗率增大而增大。它既反映了厂用电率，也反映了煤耗率，计算起来又很方便，因此供电标准煤耗率是考核火力发电厂技术经济状况的一个重要指标。

七、发电设备年利用小时数

发电设备年利用小时数是指发电机组在 1 年内平均的满负荷下运行的时间，常以 T 表示，T 值是一个恒小于 $24 \times 365 = 8760$ 的数值。T 值过低时，表明电厂设备未充分利用，存在浪费；而 T 值过高，表明全厂年内安排的大小修时间太短，会降低机组运行的可靠性。我国多数电厂的发电设备年利用小时数在 5500～7500h 之间。

复习思考题

6-1　何谓发电厂的原则性和全面性热力系统？两者的区别何在？

6-2　凝汽式火电厂热力系统主要包含哪些局部热力系统？各局部热力系统的设备组成及主要作用是什么？

6-3　凝汽式火力发电厂从燃料化学能转变为电能的整个过程中，可以分为哪些环节？各环节分别在什么设备中完成的？评价各环节能量传递或转换过程完善程度的热经济指标分别是什么？

6-4　凝汽式发电厂的热经济指标包括哪些？各指标所表明的意义是什么？

6-5　供电标准煤耗率和发电标准煤耗率的区别是什么？全厂热效率的高低对煤耗率的影响是怎样的？

第七章 核电动力部分

 学习内容

1. 核能基础知识。
2. 压水堆核电站基本工作原理。

 重点、难点

核能发电基本原理、压水堆核电站工作原理。

 学习要求

了解：核能基本知识；核反应堆类型。
掌握：压水堆核电站工作原理。

 内容提要

本章首先介绍核能发电基础知识，如核裂变、核聚变、反应堆、慢化剂等；然后介绍核反应堆的类型。重点介绍压水堆核电站的基本工作过程及其主要设备以及压水堆核电站的厂房布置。

第一节 核能发电站概述

核能发电（Nuclear Electric Power Generation）是利用原子结构发生变化所释放出的热能进行发电的方式。

核能发电的历史与动力堆的发展历史密切相关，动力堆的发展最初是出于军事需要。1954 年，苏联建成世界上第一座装机容量为 5MW 的奥布宁斯克核电站，英国、美国等国也相继建成各种类型的核电站。到 1960 年，有 5 个国家建成 20 座核电站，装机容量1279MW。由于核浓缩技术的发展，到 1966 年，核能发电的成本已低于火力发电的成本。核能发电真正迈入实用阶段。1978 年，全世界 22 个国家和地区正在运行的 30MW 以上的核电站反应堆已达 200 多座，总装机容量已达 107 776MW。20 世纪 80 年代因化石能源短缺日益突出，核能发电的发展更快。在 30 个已经具有核发电能力的国家中，法国核电发电装机容量比重最大，高达 78%，而我国的核电装机容量仅占全国总装机的 2%。

一、核能基础知识

1. 核裂变反应

较重的原子核（一般指铀或钍）分裂为两个或多个较轻原子核的反应就是核裂变。因为不同质量数的原子核的平均结合能不同，所以当一个较重的原子核，裂变为两个质量数中等的较轻原子核以后，生成的两个较轻的原子核的结合能之和大于原来原子核的结合能，多出的部分即为核裂变反应放出的能量，称为裂变能。核裂变之后，裂变产物的质量总数略少于裂变之前原子核质量，亏损的质量转化为裂变能。

目前核电站使用的核燃料主要是铀-235。铀-235的原子核吸收一个中子后产生核反应，使这个重原子核分裂成两个较轻的原子核，同时释放出2～3个中子，还有β、γ射线和中子，并产生出巨大的能量，这一过程称为核裂变。在裂变中，铀原子核释放出的中子可以继续撞击其他的铀原子来延续裂变的过程，如此不断地进行下去，就形成了所谓的链式反应，如图7-1所示。这种链式反应若不依靠外界的作用而持续进行下去就称为自持链式反应。维持自持链式反应的条件是当一个可裂变铀核吸收一个中子产生裂变后，新产生的裂变中子，至少要有一个中子能引起另外一个可裂变铀核的裂变。虽然每次裂变只会产生少量的能量，但在1s内会发生几百万次这样的反应，就可以产生足够的热能来用于发电。

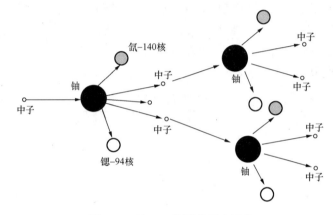

图7-1 铀-235的裂变反应示意

链式裂变反应能产生巨大的能量，所以1kg铀的发电量远远大于同等质量的煤。1kg铀的发电量相当于2800kg煤的发电量。

在自然界中存在的裂变材料只有铀-235，另外两种裂变材料是铀-233和钚-239，它们分别是由自然界中存在的元素钍-232和铀-238吸收中子后衰变生成的。

实现自持链式反应是核能发电的前提，然而要用反应堆产生核能，需要解决以下问题：①为核裂变链式反应提供必要的条件，使之得以自持进行；②链式反应必须能由人通过一定装置进行控制，失去控制的裂变能不仅不能用于发电，还会酿成灾害；③裂变反应产生的能量要能从反应堆中安全取出；④裂变反应中产生的中子和放射性物质对人体危害很大，必须设法避免它们对核电站工作人员和附近居民的伤害。

2. 核聚变

两个轻核聚合成重核的反应就是核聚变。如两个氘核结合成稳定的氦核的过程，较重的原子核的结合能大于原来两个轻核的结合能之和，多出的部分即为核聚变放出的能量。结合能是和质量亏损相对应的，在裂变反应和聚变反应中，都有净的质量减少，减少的质量转化为能量。

从核能利用的角度来看，核聚变反应具有很多优点，但要实现可利用的受控核聚变，还需要解决很多技术难题。核聚变产生的能量无法用于发电主要是由于目前不易实现聚变的控制。聚变反应堆一旦成功，则可能向人类提供最清洁而又取之不尽的能源。目前，核能利用指的是核裂变能的利用，通常所说的核能是指可控核裂变链式反应产生的能量，而且核裂变离不开铀、钍和钚这三种元素，它们被称为核燃料，其中，铀和钍是自然界中存在的天然放射性元素，钚在自然界中并不存在，而是通过核反应生产出来的人工放射性元素。实际上，目前核能发电基本上都是利用铀来进行的。

3. 慢化剂

铀-235 核裂变时放出的中子与别的铀-235 原子核发生作用的机会少，不易引起核裂变。为了降低快中子的速度，可以用某些物质的原子核与快中子碰撞，减慢其速度，使快中子变成慢中子。这种使快中子速度减慢的过程称为慢化。能使中子能量降低，速度减慢的材料称为慢化剂。好的慢化剂应该具有慢化能力强、吸收中子以及能经受得起大量中子和其他射线长期作用等优点。常用的慢化剂有轻水、重水和石墨等。在几种常用的慢化剂中轻水的慢化能力最强，用轻水作慢化剂的反应堆芯体积较小。但轻水的吸收截面较大慢化比小，所以轻水堆必须用浓缩铀作燃料。重水堆和石墨堆都可以用天然铀作燃料。但是这两种物质的慢化能力比轻水小得多，所以用重水堆和石墨堆的堆芯体积比轻水堆的大得多。

几种材料的慢化特性见表 7 - 1。

表 7 - 1 　　　　　　　　　　　　　几种材料的慢化特性

材料	ξ	碰撞次数	慢化能力	慢化比
轻水(H_2O)	0.927	19	1.425	62
重水(D_2O)	0.51	35	0.177	4830
氦气(He)	0.427	42	9×10^{-6}	51
铍(Be)	0.207	86	0.154	126
硼(B)	0.171	105	0.092	0.000 86
石墨(C)	0.158	114	0.083	216

4. 冷却剂

在核电厂工作时，反应堆中核燃料裂变时放出的能量将转化为大量的热量，这些热量可以用来发电。要利用这些热量，就要设法把它从堆内运载出来。当用液体或气体流过反应堆，将热量由堆内运载出来时，这些液体或气体称为载热剂或冷却剂。

常用的冷却剂有水、重水、氦气、二氧化碳气以及钠钾合金和液态金属钠等。

水既可作慢化剂又可作冷却剂。水的比热容大，传热性能好，但沸点低，在动力堆中用作冷却剂时，必须加压才能达到所需的温度，这样的堆壳使受压部件制造复杂化了。

二氧化碳作冷却剂时，必须用石墨作慢化剂。虽然二氧化碳的化学稳定性和辐照稳定性都好，价格也便宜，但二氧化碳的比热容小，传热性能差需加压，要用巨大的鼓风机，消耗较大的动力。

5. 核反应堆的热功率

铀-235 放出来的 200MeV 能量中，最终可以利用的能量有 190MeV。因此 1kW 的热能相当于 3.3×10^{13} 次核裂变释放的能量。核反应发生时，为定量地表示该反应堆发生的比例，通常用反应截面积的概念来表示。按原子核截面积的大小，$10^{-24} cm^2$ 作为一个单位，称为 1bam（靶）。铀-235 的原子核反应截面积是 2.715bam。核裂变截面积用 α_f 表示，若 $1cm^2$ 内含有 N 个原子，则实际中截面积为

$$\sum f^{[\sigma n - 1]} = \alpha_f \times N$$

现设堆芯中每单位体积的功率密度为，裂变截面积为 $\sum f$，堆芯最大功率密度 ρ_{max} 与平均功率密度之比叫功率峰值系数（$f = \rho_{max} / \rho_{av}$）。若再设堆芯内体积为 V（单位为 cm^3），则反应堆中的热功率 P（单位为 kW）为

$$P = \rho_{max} V = \rho_{max} f$$

目前轻水堆燃料的热功率为 1000～3400MW，热效率可达 33%～35%。

6. 核电站的功率

核电站的功率通常是指其发电机组发出的电功率的总和，或核电站的总装机容量。

目前，核电站的功率大都在 100 万 kW 左右。如我国自行设计和建造的第一座核电站——秦山核电站的功率已达 290 万 kW。大亚湾核电站有两台机组，单机装机容量为 90 万 kW，电站功率为 180 万 kW。

二、核电反应堆类型

通常可根据中子慢化剂和冷却剂把不同的反应堆分成多种类型。反应堆是核电站的关键设备，链式裂变反应就在其中进行。目前世界上核电站常用的反应堆有轻水堆（包括压水堆、沸水堆）、重水堆和改进型气冷堆以及快堆等。轻水堆是目前核能发电站采用最多的堆型。根据统计，在已运行的核电站中，轻水堆装机容量占全部核电站装机容量的 78%，其中压水堆为 49%（据统计全世界已有 500 多座压水堆核电站）；在新建的核电站中，轻水堆所占的比例约为 90%，其中沸水堆约为 29%；其次是其他类型反应堆型，如重水堆、石墨气冷堆等。

（一）轻水堆

轻水堆（Light Water Reactor，LWR）以用低浓二氧化铀（含 2%～4% 的铀-235）作核燃料，以轻水（即经过净化的普通水 H_2O）作慢化剂，使高速中子减速，并作为冷却剂。

轻水堆结构简单，运行较方便，尺寸小，造价低，具有良好的安全性、可靠性和经济性。轻水堆用水作慢化剂，水不会燃烧，不像石墨堆那样有着火的危险。从结构上，轻水堆给核燃料芯块穿上具有阻止放射性物质外逸的特别外衣，即在核燃料芯块外面刷上三四层热解碳和碳化硅涂料，可让 99% 的放射性物质不外逸。除了燃料芯块的自我封闭外，压水型反应堆还设置三道屏障阻挡放射性物质外泄：第 1 道，在芯块重叠而成的燃料棒外套有耐高温、耐腐蚀的锆合金密封管，它能把从燃料芯块逃逸出来的不到 1% 的放射性物质包覆住；第 2 道，由锆合金燃料棒群体组成的堆芯，被放在直径约 5m、壁厚达 20cm，形似热水瓶胆的低合金钢的容器内，这个坚固的金属容器可以封住一旦破裂锆合金密封管而泄漏出来的放射性物质；第 3 道，瓶胆式金属大容器和带有放射性的有关设备都密封在直径几十米、壁厚达 1m 的钢筋混凝土安全壳内，可有效地把事故释放的放射性物质密封，不危害环境。

目前的核电站中，大多数使用的是轻水堆。轻水反应堆分为轻水压水堆（Pressurized Water Reactor，PWR）和轻水沸水堆（Boiling Water Reactor，BWR）两类。

1. 压水堆

压水反应堆的核心是一个圆柱形高压反应容器。容器内设有实现核裂变反应堆的堆芯和堆芯支承结构，顶部装有控制裂变反应的控制棒驱动机构，随时调节和控制堆芯中控制棒的插入深度。堆芯是原子核反应堆的心脏，链式裂变反应就在这里进行。它由核燃料组件、控制棒组件和既作中子慢化剂又作为冷却剂的水组成。堆内铀-235 核裂变时释放的核能迅速

转化为热量，热量传递到燃料棒表面，然后将热量传递给快速流动的冷却水，使水温升高，从而由冷却水将热量带出反应堆，再通过一套动力回路将热能转变为电能。

压水堆的优点是结构紧凑，体积小，单位功率大，平均燃耗较深，建造周期短，造价便宜；采用多道屏障密封，且具有水的温度反应负效应，故比较安全可靠。但水的沸点较低，提高（热）工质参数受到一定限制，热效率较低；压力容器制造质量要求高，需以低浓度铀作燃料。

2. 沸水堆

沸水堆又叫轻水堆，是以沸腾轻水为慢化剂和冷却剂并在反应堆压力容器内直接产生饱和蒸汽的动力堆。以沸水堆为热源的核电站，即沸水堆核电站。冷却剂（水）从堆芯下部向上流动，从燃料棒那里得到了热量，使冷却剂变成了汽水混合物，经过汽水分离器和蒸汽干燥器，将分离出的蒸汽来推动汽轮发电机组发电。

沸水堆是由压力容器及其燃料元件、控制棒和汽水分离器等组成。汽水分离器在堆芯的上部，其作用是把蒸汽和水滴分开，防止水进入汽轮机，造成汽轮机叶片损坏。沸水堆所用的燃料和燃料组件与压水堆相同。沸腾水既作慢化剂又作冷却剂。

沸水堆与压水堆不同之处在于冷却水保持在较低的压力下，水通过堆芯变成约285℃的蒸汽，并直接被引入汽轮机。沸水堆只有一个回路，省去了容易发生泄漏的蒸汽发生器。

沸水堆与压水堆同属轻水堆，均用低富集铀作燃料，有结构紧凑、安全可靠、建造费用低和负荷跟随能力强等优点。

总之，轻水堆核电站的最大优点是结构和运行都比较简单，尺寸较小，造价也低廉，燃料也比较经济，具有良好的安全性、可靠性与经济性。它的缺点是必须使用低浓铀。此外，轻水堆对天然铀的利用率低。如果系列地发展轻水堆要比系列地发展重水堆多用天然铀50％以上。从维修来看，压水堆因为一回路和蒸汽系统分开，汽轮机未受放射性的玷污，所以容易维修。而沸水堆是堆内产生的蒸汽直接进入汽轮机，汽轮机会受到放射性的玷污，所以在这方面的设计与维修都比压水堆要麻烦一些。

（二）重水堆

重水堆（Heavy Water Reactor，HWR）以重水作慢化剂的反应堆，可以直接利用天然铀作为核燃料。秦山核电站是我国建成的第一座重水堆核电站，设计寿命40年。

重水是一种弱中子吸收体的慢化剂，因此，重水堆从停堆状态到功率运行，反应性降低很少，连续换料可避免反应性随燃耗变化。重水堆的特点是：①可采用天然铀作燃料，不需浓缩，燃料循环简单；②建造成本比轻水低。

在重水堆中，可以把重水冷却剂和重水慢化剂分开，形成两套独立的回路，称为坎杜（压力管）型反应堆。反应堆采用卧式，装有燃料棒的锆合金压力管，这种结构易于在堆运行中装卸燃料。

重水堆按其结构形式可分为压力壳式和压力管式两种。

1. 压力壳式重水堆

压力壳式的冷却剂只用重水，它的内部结构材料比压力管式少，经济性好，生成新燃料钚-239的净产量比较高。这种堆一般用天然铀作燃料，结构类似压水堆，但因栅格节距大，压力壳比同样功率的压水堆要大得多，因此单堆功率最大只能做到30万kW。

图7-2所示为压力管式重水堆反应堆本体结构组成图。

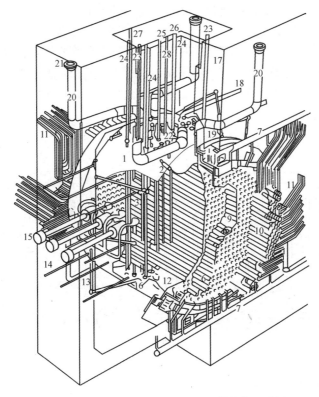

图 7-2 压力管式重水堆反应堆本体结构组成图

1—排管容器；2—排管容器外壳；3—容器管；4—嵌入环；5—换料机侧管板；6—端屏蔽延伸管；7—墙
屏蔽冷却管；8—进出口过滤器；9—钢球屏蔽；10—端部件；11—进水管；12—慢化剂出口；13—慢化
剂入口；14—通量监测器和毒物注入；15—电离室；16—抗振阻尼器；17—堆窒壁；18—堆窒冷却水管；
19—慢化剂溢流管；20—泄压管；21—爆破膜；22—反应性控制棒管嘴；23—观测口；24—停堆棒；
25—调节棒；26—控制吸收棒；27—区域控制棒；28—垂直通量监测器

2. 压力管式重水堆

压力管式重水堆的冷却剂不受限制，可用重水、轻水、气体或有机化合物。它的尺寸也
不受限制，虽然压力管带来了伴生吸收中子损失，但由于堆芯大，可使中子的泄漏损失减
小。此外，这种堆便于实行不停堆装卸和连续换料，可省去补偿燃耗的控制棒。

压力管式重水堆主要包括重水慢化重水冷却和重水慢化沸腾轻水冷却两种反应堆，这两
种堆的结构大致相同。

（三）气冷堆

石墨气冷堆（Gas Cooled Graphite Moderated Reactor）采用石墨作中子慢化剂，气体
作冷却剂。由于采用气体作为冷却剂，气冷堆的冷却剂温度可以较高，提高了热力循环的热
效率。目前，气冷堆核电厂机组的热效率可以达到 40%，相比之下，水冷堆核电厂机组的
热效率只有 33%～34%。

石墨气冷堆又可分为天然铀气冷堆、改进型气冷堆和高温气冷堆三种。天然铀气冷堆以
二氧化碳做冷却剂，冷却剂压力为 2～3MPa，加热到 400℃左右。优点是可采用天然铀作燃
料，缺点是功率密度低、尺寸大、造价高、经济性差。改进型气冷堆（AGR）是天然铀气

冷堆的改进型，其功率密度、运行温度、热效率等有所提高，体积也有所减小。但该种堆型天然铀需求量大，现场施工量大，目前在运行的改进型气冷堆都在英国。高温气冷堆采用氦气作冷却剂，温度可高达 $800\sim1300℃$。采用低浓缩铀或高浓缩铀加钍作燃料。其特点是温度高、燃耗深、功率密度高、发电效率也较高。如果直接推动氦气轮机，热效率更可高达50%以上，并使系统简化。但技术复杂，目前尚不成熟，是国际上重点研发的堆型之一。

气冷堆核电站原理流程如图 7-3 所示。

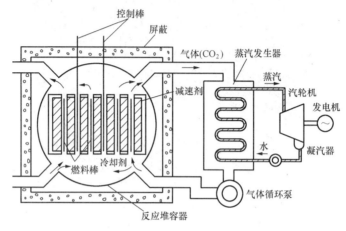

图 7-3　气冷堆核电站原理流程图

（四）快堆

快堆（Fast Neutron Reactor 或 Fast Reactor）也称为快中子增殖堆（Fast Breeder Reactors）。这种反应堆不用慢化剂，而主要使用快中子引发核裂变反应。由于快中子增殖堆不用慢化剂，堆芯体积小、功率大，要求传热性能好又不慢化中子的冷却剂。目前主要采用液态金属钠和高温高速氦气两种冷却剂。由于快中子引发裂变时新生成的中子数更多，可用于核燃料的转换和增殖。但相对于热堆，快堆需要使用高度浓缩的铀或钚作为核燃料。

快堆是当今唯一现实的增殖堆型。快中子增殖反应堆是一种以快中子引起易裂变核铀-235或钚-239等裂变链式反应的堆型。快堆的一个重要特点是：运行时既消耗裂变燃料（铀-235 或钚-239 等），同时又生产出裂变燃料（钚-239 等），而且产大于耗，真正消耗的是在热中子反应堆中不大能利用的且在天然铀中占 99.2%以上的铀-238，铀-238 吸收中子后变成钚-239。在快堆中，裂变燃料越烧越多，得到了增殖，故快堆的全名为快中子增殖反应堆。快中子增殖堆核电站原理流程如图 7-4 所示。

增殖堆具有以下的特性：①增殖堆能够使铀资源得到充分利用，还能处理热堆核电站生产的长寿命放射性废弃物；②增殖堆可防止外来物体的侵犯，如枪击，甚至飞机坠毁、冲撞等意外事故；③在同等数量铀燃料的情况下，增殖堆比轻水堆可获得多几十倍的能量，快中子堆在理论上可以利用全部铀资源，但实际上由于各种损失，约可利用铀资源达到60%以上；④增殖堆与轻水堆最主要的区别是冷却剂不用水而用液态钠。

三、核能发电的特点

和常规火电相比，核电厂的突出特点是使用核燃料，因此核电的发展必然要建立在核燃料开采、加工的基础上。而核燃料裂变后会产生大量的强放射性产物，辐射防护和反射性废

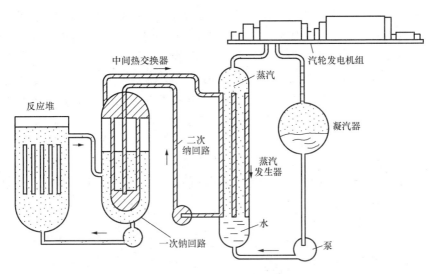

图 7 - 4　快中子增殖堆核电站原理流程图

物的收集处理是核电厂的重要特点。

核能发电有以下优点：①核能发电不像化石燃料发电那样排放巨量的污染物质到大气中，因此不会造成空气污染；②核能发电所使用的铀燃料，除了发电外，没有其他的用途；③核能发电不会产生加重地球温室效应的二氧化碳；④核能电厂所使用的燃料体积小，运输与储存都很方便，一座 100 万 kW 的核能电厂一年只需 30t 的铀燃料，一航次的飞机就可以完成运送，而火电厂要 300 万～400 万 t 煤；⑤核能发电的成本中，燃料费用所占的比例较低，核能发电的成本较不易受到国际经济形势影响，故发电成本较其他发电方法为稳定。

核能发电有以下缺点：①核能电厂会产生高低阶放射性废料，或者是使用过之核燃料，虽然所占体积不大，但因具有放射线，故必须慎重处理；②核能发电厂热效率较低，因而比一般化石燃料电厂排放更多废热到环境里，故核能电厂的热污染较严重；③核能电厂投资成本太大，电力公司的财务风险较高；④核能电厂较不适宜做尖峰、离峰的随载运转；⑤兴建核电厂较易引发政治歧见纷争；⑥核电厂的反应器内有大量的放射性物质，如果在事故中释放到外界环境，会对生态及民众造成伤害。

第二节　压水堆核电站的基本工作原理

一、压水堆核电厂的基本原理

在现代原子科学技术的发展中，最早的反应堆是用石墨砖堆砌而成的，故取名为堆，实际上它是原子反应器的俗称。反应堆是一种利用核燃料的可控链式裂变反应，将核能转变为热能的装置。反应堆有许多种形式，按用途不同可将反应堆分为动力堆（用来产生动力的反应堆）、生产堆（用来生产燃料的反应堆）和试验堆（用于科学技术实验研究的反应堆）。动力堆主要是用来发电的，用反应堆发电的电厂叫做核电厂。目前，核电厂中压水堆采用较多，本节作一些简单介绍。

图 7 - 5 是典型压水堆核电厂的原则性热力系统图。压水堆核电厂有三个回路系统：一回路是闭式循环，冷却剂水从反应堆中吸入热量，再将热量传给二回路的工质（水）；二回

路是闭式循环，将加热的蒸汽送入汽轮机做膨胀功，经凝汽器、凝结水泵、高低温预热器、
给水泵等后再进入蒸汽发生器被加热；三回路是循环冷却水在凝汽器将汽轮机排出的乏汽凝
结成水后。在反应堆通常使用的燃料是浓缩铀，核燃料铀-235通过链式反应不断地释放出
热量，这些热量由载热剂引出堆外。而载热剂通过热交换器把热量传递给动力装置中的工
质。水在堆中既是慢化剂，也是载热剂。高温的载热剂和动力工质分别是液态水和水蒸气
时，在一回路中若采用压力是15.5MPa的水，流出反应堆时被加热到315℃左右，并未达
到上述压力下的饱和温度345℃，所以水在堆内不会发生沸腾，这种反应堆叫做压水堆。二
回路中给水在热交换器——蒸汽发生器中受载热剂加热后，形成5～6MPa的饱和蒸汽（或
压力为6～7MPa、温度为300℃左右的微过热蒸汽），由主蒸汽管引入汽轮机中膨胀做功，
汽轮机带动发电机发出电能。

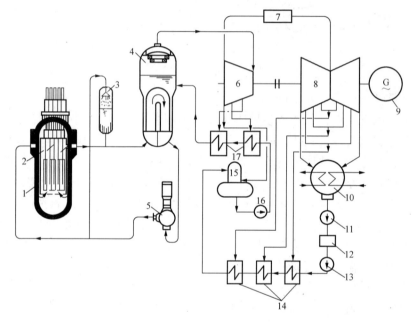

图7-5　典型压水堆核电厂的原则性热力系统

1—压力壳；2—反应堆；3—稳压器；4—蒸汽发生器；5—主冷却剂泵；6—汽轮机高压
缸；7—汽水分离再热器；8—汽轮机的分流式低压缸；9—发电机；10—凝汽器；11—凝
结水泵；12—深度除盐设备；13—主凝结水升压泵；14—低压加热器；15—除氧器；
16—给水泵；17—高压加热器

二、压水堆核电厂的主要设备

压水堆核电厂主要由核岛部分、常规岛部分和电厂配套设施组成，如图7-6所示。

1. 核岛部分

核岛（Nuclear Island）是核电站安全壳内的核反应堆及与反应堆有关的各个系统的统
称。有蒸汽供应系统、安全喷淋系统和辅助系统。由压水堆本体和一回路系统设备组成。其
总体功能与火电厂的锅炉设备相同。它包括一回路系统的压力壳、主冷却剂泵、稳压器（稳
压罐）、蒸汽发射器。

（1）压力壳。图7-7是压水堆核电厂压力壳构造示意。在压力壳内装有核燃料元件组
成的堆芯、控制棒及慢化剂。而冷却剂（水）从压力壳侧引入，经过堆芯后，温度升高从堆

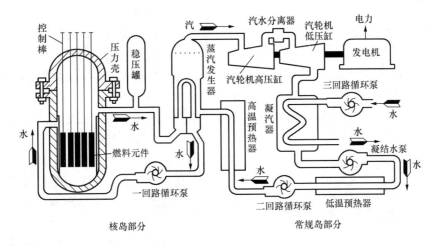

图 7-6 压水堆核电厂主要设备示意

芯上部流出压力壳。压力壳的材质一般用碳钢，在壳内表面覆盖一层不锈钢。压力壳的壁较厚，通常在 $200 \sim 300 \mathrm{mm}$ 左右。

高温水从压力壳上部离开反应堆后，进入蒸汽发生器。如果说整个压力堆是一台锅炉，那么压力壳的反应堆就是炉，而蒸汽发生器相当于锅，通过一回路把锅与炉连在一起。故压力壳是压水堆核电厂中最关键的设备。

（2）稳压器，又称压力调节器。从压力壳高温载热剂水的出口至蒸汽发生器之间装有保持反应堆内冷却水的压力稳定的稳压器。作用是维持一回路冷却剂所需的压力，防止一回路超压，限制冷却剂由于热胀冷缩而引起的压力变化。稳压器是一个高大的空心圆柱体。下部装水，利用电加热器加热而产生蒸汽。由于在圆柱体内上部蒸汽是可压缩的，保持了堆内即冷却剂压力的稳定。

（3）蒸汽发生器。一回路冷却剂在蒸汽发生器把热量传递给二回路，以产生蒸汽。蒸汽发生器是分隔并连接一、二回路的关键设备。是压水堆核电厂主要设备中故障最多的设备。制造工艺难度大，生产周期长。一、二回路的水在互不接触的情况下，通过管壁进行热交换。通常管内是一回路的水，管外是二回路的水。二回路的水受热变成压力为 $5 \sim 6 \mathrm{MPa}$ 的饱和蒸汽（或 $6 \sim 7 \mathrm{MPa}$ 的微过热蒸汽），送往汽轮机膨胀做功。

蒸汽发生器的换热面多采用立式倒 U 形结

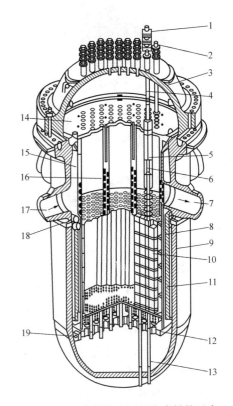

图 7-7 压水堆核电厂压力壳结构示意

1—控制棒驱动机构；2—上部温度测量引出管；3—压力容器顶盖；4—驱动轴；5—导向筒；6—控制棒；7—冷却剂出口管；8—堆芯幅板；9—压力容器筒体；10—燃料组件；11—不锈钢筒；12—吊篮底板；13—通量测量板；14—压紧组件；15—吊篮部件；16—支撑筒；17—冷却剂进口管；18—堆芯上栅格板；19—吊篮定位块

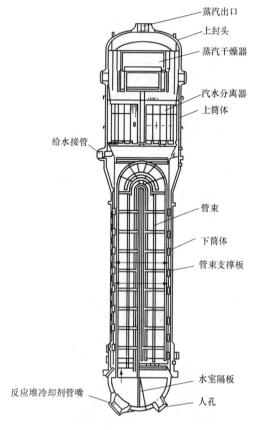

蒸汽出口
上封头
蒸汽干燥器
汽水分离器
上筒体
给水接管
管束
下筒体
管束支撑板
反应堆冷却剂管嘴
水室隔板
人孔

图 7-8　立式 U 形管束自然
循环蒸汽发生器示意

构，如图 7-8 所示。对于单回路 300MW 机组的蒸汽发生器，总高为 20m，外径为 6.6m，产气量为 3500t/h，净重为 530t。

（4）主循环泵（主冷却剂泵）。主循环泵的作用是克服载热剂水在一回路系统中的流动阻力，使水不断循环流动，及时带走堆内活性区所产生的大量热量。为保证其安全可靠性，一方面设置可靠的备用电源，另一方面在主冷却剂泵的电动机顶部装有 4～5t 的大飞轮，延长惰转时间。由于一回路具有放射性，主循环泵必须严格限制介质的泄漏。

（5）安全壳。为保证反应堆主系统安全可靠地启动、运行、停堆和维修，将压力壳稳压器、蒸汽发生器、主冷却剂泵及其有关阀门等安装在安全壳内，又叫做核岛。如图 7-9 所示，安全壳的直径大约为 40m，高为 60～70m。如引进的 900MW 核电厂的安全壳，是一个直径 37m、高 45m 的巨大圆柱体，顶部为半球形，厚度为 0.85m。安全壳还可以保护反应堆，防止外来物的撞击。

2. 常规岛部分

常规岛部分指核电厂在无放射性条件下的工作部分。由

汽轮机和发电机以及附属设备组成，它包括二回路系统的高低温预热器、汽轮机高、低压缸、汽水分离再热器、发电机、二回路循环泵、三回路系统的凝汽器、凝结水泵、三回路循环泵及三回路冷却水循环系统等。它们合理的布置在安全壳以外的厂房里。

（1）汽水分离再热器。因为受冷却剂温度限制，进入汽轮机的是饱和蒸汽或微过热蒸汽，为了提高进入低压缸蒸汽的干度，或者使之重新成为干饱和蒸汽，在汽轮机高、低压缸之间的连接管道上加装了汽水分离再热器。

（2）核电厂汽轮机发电机组比火电厂的汽轮机发电机组体积大、长度长、质量大、效率低，这是因为进入核电厂汽轮机蒸汽的压力和温度比火电厂低。

（3）高低温预热器的工作原理和基本结构与火电厂机组的回热加热系统的高、低压加热器基本相同。

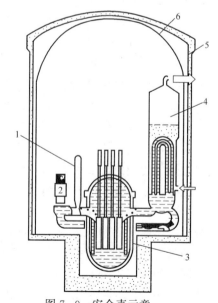

图 7-9　安全壳示意

1—稳压器；2—主冷却剂泵；3—压力壳；4—蒸汽发生器；5—混凝土安全壳，6—安全壳钢衬

三、核电站的厂房布置

图 7-10 所示为某压水堆核电站厂房布置图，它由安全壳厂房、汽轮发电机厂房、燃料操作厂房、循环水泵房及其他功能的厂房等组成。

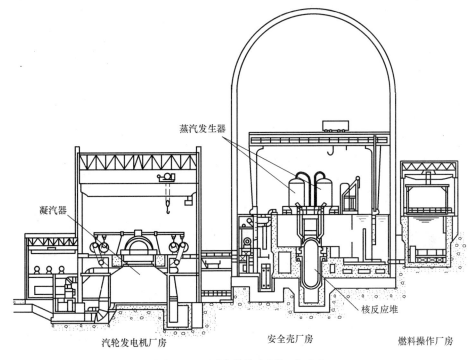

图 7-10　压水堆核电厂组成示意

安全壳厂房是一个立式圆柱状半球形顶盖或球形的建筑物，其内布置反应堆、蒸汽发生器、主循环泵、稳压器及管道阀门等设备。核电站的汽轮发电机厂房与普通火电站的汽轮发电机组厂房相似，其中设置有汽轮发电机组、冷凝器、凝结水泵、低压回水加热器、高压回水加热器、除氧器、给水泵、汽水分离器、主蒸汽管道及有关的辅助设备，二回路主蒸汽管道与蒸汽发生器相连。

一回路辅助系统厂房是一个为反应堆主回路系统安全可靠运行而设置的辅助厂房。为了适应反应堆主回路系统既能安全运行又要缩小安全壳厂房容积的要求，只把一回路带放射性的主要设备集中布置在安全壳内。其他设施，如核电站的控制调节、安全保护、剂量监测及电气设备等，分别设置在安全壳厂房周围的一回路辅助系统厂房内。

核电站还设有循环水泵房、输配电厂房和放射性三废处理车间等。放射性三废处理车间是核电站特有的车间。该车间对核电站在正常运行或事故情况下排放出来的带有放射性的物质，按其相态不同及剂量水平的差异，分别进行处理。放射性剂量降低到允许标准以下的放射性物质才排放出去或储存起来，保护核电厂周围环境。

复习思考题

7-1　核电厂的优缺点各是什么？

7-2　核电反应堆有哪几种类型？

7-3　压水堆核电厂的基本工作原理是什么？

7-4　试述压水堆核电厂的工作流程。

7-5　压水堆核电厂有哪些特点？为什么？

第八章 水力发电厂动力部分

 学习内容

1. 水力发电厂概述。
2. 水电厂水工建筑物。
3. 水轮机；水轮机调节。

 重点、难点

重点：水轮机。
难点：水轮机调节。

 学习要求

了解：水力发电厂基本概念；水电厂水工建筑物的形式。
掌握：水轮机分类及结构。水轮机调节原理。

 内容提要

本章首先介绍水力发电基本概念及水电厂基本水工建筑物，重点介绍水轮机的类型及结构。分析了水轮机转速调节的原理及形式。

第一节 水力发电厂概述

一、水力发电的特点

利用天然水资源中的水能进行发电的方式称为水力发电，水力发电主要利用的是蕴藏在水中的位能。为将水能转换为电能，需要兴建不同类型的水电站，水电站由一系列的建筑物和设备组成。建筑物主要用来集中天然水流的落从而形成水头，用水库汇集、调节水流的流量；基本设备是水轮发电机组。当水流通过引水建筑物进入水轮机时，水流推动水轮机转动，使水能转换为机械能；水轮机带动发电机发电，机械能转换为电能，再经过变电和输配电设备将电力送到用户。水力发电是常规可再生能源，它技术成熟、廉价、清洁、无污染。在有限资源情况下充分开发利用，既得到了能源又保护了环境。因此发展水电已为世界各国所重视，尽可能利用水能这一绿色环保资源。

我国河流众多、径流丰沛、落差巨大，水力资源极其丰富。据统计，仅仅是河川水力资源蕴藏量为 6.88 亿 kW，年发电量为 5.92 万亿 kWh。其中最新评估在技术上和经济上可开采的水力资源为 4.93 亿 kW，可得年发电量 2.47 万亿 kWh，大约相当于 9 亿 t 煤炭的燃烧。我国水电正处在建设黄金时期，预计到 2020 年全国水电装机将达到 2.5 亿 kW。

我国的水能资源分布很不平均，西南地区多，西南各省区水能资源约占全国的 70%，西北约占 12.5%，北方地区少，仅占 1.8%～2% 左右。我国水能资源丰富的六大水系是黄河上游水系、澜沧江水系、雅砻江水系、大渡河水系、红河水系、金沙江水系。

二、水力发电的基本原理

天然江河蕴藏着水能，而能量的大小取决于水体的质量和水流下落的高度。通常水流在重力作用下由高处流向低处，未被开发利用的能量消耗在冲刷河床及克服各种摩擦等损失上。水力发电的任务就是要利用这种无益消耗掉的水能，把河流从高处流向低处时的水能转变成电能。即利用天然水资源中的水能输入到水轮机，使其转动，并让它带动发电机发电。图 8-1 是水力发电厂示意，依图所示，筑坝使水池中的水体具有比较高的位能，当水经过压力水管流经安装在水电厂房内的水轮机时，水流将带动水轮机转轮旋转，此时水能转变为机械能，水轮机转动带动发电机转动，这样机械能就转换成电能。这就是水力发电的基本原理。为了完成上述能量的连续转换所修建的水工建筑物和安装的水轮发电设备及其附属设备的总体就是水力发电厂。

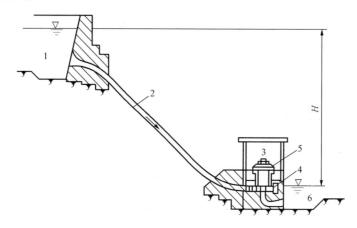

图 8-1 水电厂示意

1—水池；2—压力水管；3—水电厂厂房；4—水轮机；5—发电机；6—尾水渠道

水力发电的生产过程，概括为以下 4 个阶段：

（1）集中水的能量阶段。建坝将分散的水流和落差进行集中，构成水电厂集中的水体和发电用水头。

（2）输入能量阶段。利用渠道或管道，把水以尽可能小的损失输送至水电厂水轮机。

（3）转换能量阶段。调整水轮发电机组的运行，将水能高效率转换为机械能再转换成电能。

（4）输出能量阶段。将发电机生产的电能经变压、输电、配电供给用户。

三、水力发电基本概念

1. 水电站功率

水流输入给水轮机的功率为

$$P_i = 9.81QH \tag{8-1}$$

式中：Q 为单位时间内的平均流量，$Q = W/T$，m^3/s；H 为两断面之间的水位差，m。

因为水流在水轮机内有损失，水轮机输出时需要乘以水轮机的效率 η，故水轮机输出功率为

$$P = 9.81QH\eta \tag{8-2}$$

因水轮机带动发电机，在发电机内还有损失，又要乘以发电机的效率 η_g，故发电机输出功率为

$$P_g = 9.81QH\eta\eta_g \tag{8-3}$$

发电机输出功率称为水电厂的功率。若水电厂不是一台机组而是多台机组，那么水电厂全部机组的额定功率的总和，称为该水电厂的装机容量。

2. 水电厂的发电量

水电厂在某一时间内发出的总电量称为水电厂发电量 E，单位为 kWh，则

$$E = P_g T = KQHT \tag{8-4}$$

式中：P_g 为水电厂的功率，kW；T 为运行小时数，h；Q 为水轮机流量，m^3/s。

水电站的年发电量是指一年内水电站生产的总电量，它随水库上游来水丰枯的变化和水库调节性能的高低，在年际有不同。

3. 水电站的经济指标

(1) 水电站的总投资。水电站在勘测、设计、施工安装过程中所投入资金的总和，包括水工建筑物、水电站建筑物和机电设备的投资。

(2) 水电站的年运行费用。水电站在运行过程中每年所必须付出的各种费用总和，包括建筑物和设备每年所提存的折旧费、大修费和经常支出的生产、行政管理费及工资等。

(3) 水电站的年效益。水电站每年售电总收入减去年运行费用后所获得的净收益。

四、水电厂的类型

工程设施集中水头和水量的方式是考虑防洪、排灌、环保等各部门用水情况而定的，按集中落差的方法不同，水电厂可分为坝式水电厂、引水式水电厂、混合式水电厂和抽水蓄能式水电厂4种。

1. 坝式水电厂

在河道上拦河建坝，通过坝集中河道分散的水流和分散的落差，形成水库抬高了水位，在坝的上游库水位与下游河道水位之间形成水头。采用修建坝形成水头的水电厂，称为坝式水电厂。根据坝基的地形、地质条件的差别，坝河水电厂厂房相对位置的不同，又分为河床式和坝后式两种。

(1) 河床式水电厂。河床式水电厂多建在平原地区河流中下游、河床纵向坡度较平缓的河段上。受地形限制，为避免造成大面积淹没，只能修建高度不大的坝。水电厂的厂房直接和大坝并排建造在河床中的水电厂称为河床式水电厂，如图 8-2 所示，它的进水口、拦污栅、闸门及启闭机构等多与厂房连为一体，是挡水建筑物的一部分。河床式水电厂的引用流量一般都较大，多选用直径大、转速低的轴流式水轮发电机组。该类电厂的整个厂房的长度大，可节省挡水建筑物的投资。我国的长江葛洲坝水电厂，就是一座大型河床式水电厂，也是我国目前最大的河床式水力发电厂。

(2) 坝后式水电厂。在河流峡谷的中上游河段，允许一定程度的淹没，坝可以建得较高（300m 以上），以集中较大水头。由于上游水压力大，需要把厂房与大坝分开，将厂房移到坝后，使上游水压力完全由大坝来承受，厂房不承受水压，即把水电厂的厂房布置在拦河坝之后的水电厂称为坝后式水电厂，如图 8-3 所示。坝后式水电厂枢纽布置如图 8-4 所示，图中厂房1是河床较宽时的常用布置方式，它的进水口和压力管道埋设在坝基内；河床较窄

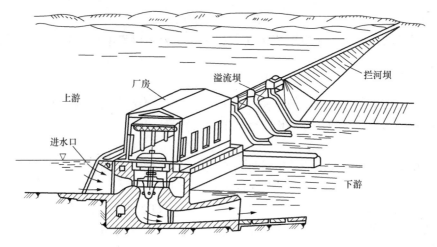

图 8-2　河床式水电厂

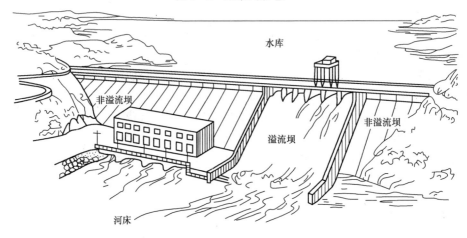

图 8-3　坝后式水电厂

时,为了大坝的安全,常采用开挖隧道将厂房 2 布置在河岸上,与坝分开。坝后式水电厂是我国采用最多的一种厂房布置方式。我国的三峡水电站总装机容量为 18 200MW ＋ 4200MW,为坝后式水电厂,是目前世界上总装机容量最大的水电厂,如图 8-5 所示。

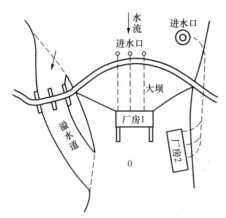

图 8-4　坝后式水电厂枢纽布置图

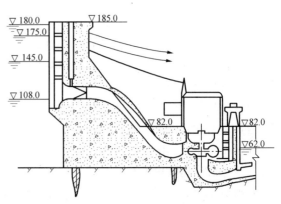

图 8-5　长江三峡水电厂厂房示意

2. 引水式水电厂

在地势险峻、水流湍急的河段或河道坡度较陡的河道上，修筑坡度较小的引水道集中水头，将水引至河段下游，再通过压力水管水引入厂房，在引水道的末端与河道下游水面之间形成水头而发电。这种用引水道集中落差形成上、下游的水头的水电厂，称为引水式水电厂，如图 8 - 6 所示。引水式水电厂又分为无压引水式水电厂和有压引水式水电厂，如图 8 - 7所示，采用无压引水系统的水电站用无压引水道（引水明渠或无压隧洞）输送水流到压力前池，通过压力管道把水引到水轮发电机组发电。有些无压引水式水电站还要设尾水明渠。这类电站靠压力前池或靠明渠小范围水位变化调节引水流量，多为径流式水电站。采用有压引水系统的水电站用有压隧洞或钢管从进水口输送水流到厂房，有些电站还要设置调压室，有压引水式水电站的厂房位置可在岸边、地下或地上。

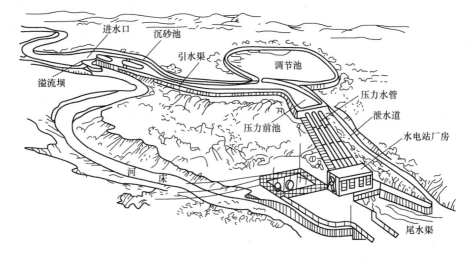

图 8 - 6　引水式水电厂

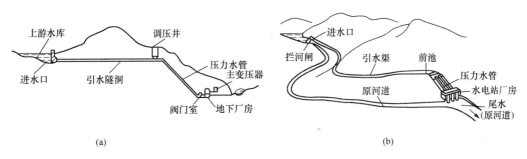

(a)　　　　　　　　　　　　　　　　　　(b)

图 8 - 7　引水式水电站
(a) 有压引水式水电站；(b) 无压引水式水电站

3. 混合式水电厂

因坝式水电站和引水式水电站各有优缺点，在适宜的条件下有些水电站既用挡水建筑物，又用泄水系统共同集中发电水头；既有水库可调节径流，又可用较少的引水系统工程量取得较大水头。这类有拦河坝和引水道共同集中落差而形成水头的水电厂称为混合式水电厂。这种形式的水电厂厂房布置较灵活，一方面可以在紧靠最大坝的下游处布置厂房，另一方面可以用长的压力引水管道将水引离水库较远的地方布置厂房，还可以进一步利用发电水头落差。

4. 抽水蓄能式水电厂

抽水蓄能式水电厂是一种特殊的水电厂，如图8-8所示。在电力系统中，它既是发电厂（电源），又是用电设备（负荷）。抽水蓄能式水电厂建有高低两个水池与压力引水建筑物

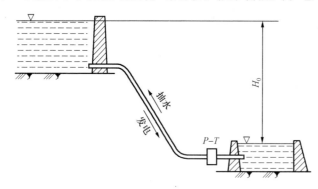

相连，形成一定水头。抽水蓄能式水电厂的厂房位于低水池，配备可逆式水轮机和可逆式发电机。当系统电力负荷在低谷时，通常在夜间利用系统电能采用水泵运行方式，把水从下水池中的水抽至上水库中，以位能的形式将水能储存起来；当系统电力负荷处在高峰时，机组改为水轮机方式运行，再从上水池引水发电，利用上水池的水推动可逆式水轮机组反方向旋

图8-8 抽水蓄能式水电厂

转，带动发电机运行，这样把上水库中的水能转为电能。在水能的蓄放过程中，由于能量转换损失，大体上是用4kWh低谷抽水发出3kWh调峰用电。抽水蓄能水电厂可调频、调相、调负荷提高电网运行的灵活性和可靠性。实践证明，抽水蓄能水电厂在电力系统中有十分重要的间接作用。

第二节 水电厂的主要水工建筑物

一、拦水建筑物——坝

坝是水利枢纽的工程主体，是截断河流集中落差和水量、形成水库的大型水工建筑。常见的坝型有土坝、混凝土重力坝、拱坝、支墩坝等。

1. 土坝

土坝是以土料、砂砾料和石料为主堆筑而成的坝，其坝体宽厚，构造简单，对地质条件要求不高，是最简易的，也是最古老的一种坝型，它具有适应变形、抗震能力强的性能，它工作可靠，寿命较长；但要求具有较好的防渗透设施。

2. 混凝土重力坝

重力坝是用混凝土和浆砌石修筑的大体积挡水建筑物，依靠自身重量在地基上产生的摩擦力以及坝与地基之间的凝聚力来防止滑动和倾倒，维持自身稳定的一种坝。重力坝的坝体用水泥浇筑在岩基层的坝基上，与土石坝相比，重力坝易于解决导流、溢洪问题，对气候、地形、地质等条件也有较好的适应性。重力坝所需养护、维修工作量小，是永久性的挡水建筑。但重力坝耗用建筑材料多，而且分段、分层施工时，接缝处理技术要求高，结构也远比土坝复杂，如图8-9所示。目前，我国最高的重力坝是三峡大坝，坝高181m。世界上最高的重力

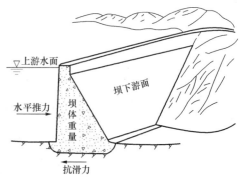

图8-9 混凝土重力坝

坝是瑞士的大狄克桑斯坝，坝高 285m。重力坝可以分为溢流坝和非溢流坝，如图 8-10 所示。

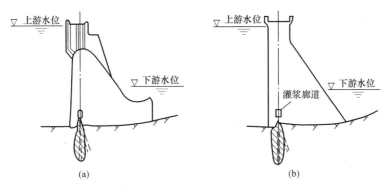

图 8-10　混凝土重力坝的剖面图

(a) 溢流坝；(b) 非溢流坝

3. 拱坝

拱坝（见图 8-11）是水泥石料结构，拱坝水平截面为弧形拱圈向迎水面呈拱形，迎水面的载荷靠拱体传递到拱坝两岸的岩体上保持坝体稳定。拱坝分类方法很多，拱坝挡水面沿高度方向为直线的称为单曲拱坝。拱坝挡水面沿高度方向为曲线的称为双曲拱坝。

拱坝最大高度处的坝底厚度 T 与坝高 H 的比值即厚高比 T/H 是表示拱坝厚薄

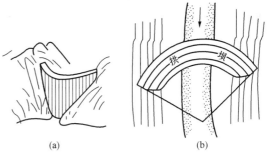

图 8-11　拱坝

(a) 侧视图；(b) 平面图

的体形指标。按厚高比不同，拱坝分为重力拱坝、拱坝和薄拱坝。

4. 支墩坝

支墩坝也是水泥石料结构，支墩坝通常由一系列支墩及其支撑的挡水盖板组成，斜面或小型拱面的接合处采用体积大、质量大的支墩承受挡水面传来的载荷，再由支墩传递到坝基。支墩坝根据盖板形式可分为平板坝、连拱坝和大头坝三种形，如图 8-12 所示。盖板为平板形的坝称为平板坝；盖板为拱形的坝称为连拱坝；没有单独盖板，其头部和支墩连成整

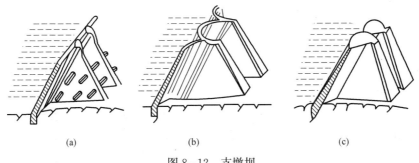

图 8-12　支墩坝

(a) 平板坝；(b) 连拱坝；(c) 大头坝

体，即是说由支墩上游部位加大加厚成弧形或多角形头部，形成挡水面的坝称为大头坝。我国在支墩坝建造中，以大头坝为最多。

二、进水建筑物

进水建筑物的作用把水库中的水按水电站的要求引入水道，保证引进符合发电要求的必需的水量。进水建筑物的主要部分是进水口，有无压进水口和有压进水口两种形式，在进水口一般设置拦污设备、闸门和起重机械等设备，如图 8-13 所示。

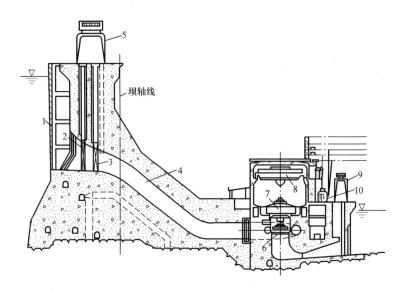

图 8-13　水电厂建筑物

1—拦污栅；2—检修闸门；3—工作闸门；4—压力钢管；5—坝顶式起重机；6—水轮机；7—发电机；8—厂房桥式起重机；9—压水闸门式起重机；10—升压变压器

进水口的进水方式分为坝前式和河岸式两种，河岸式进水口又分为竖井式、斜坡式和塔式三种。无论哪种方式都要求进水口有足够的进水能力和小的水头损失。拦污设备的作用是阻拦污物进入输水道，防止水轮机和阀门等设备损坏。拦污设备由拦污浮排和拦污栅组成。进水口所设置的闸门有三种用途，一是用进口闸门来控制引水流量；二是在检修输水建筑物或水轮机时用来关闭进口截断水流，为进水口和引水道的检修创造条件；三是当机组发生事故时，紧急关闭闸门。

三、输水建筑物

输水建筑物是水力发电工程的重要组成部分，其主要作用是输送水电厂所需的水，蓄积在水库中的水从进水口进入建筑物，经此把水流输送至水电站厂房进入水轮机进行能量转换。常用的输水方式有明渠引水、隧洞引水和压力管道引水。输水建筑物主要由引水道、压力管道和调压室组成。

四、泄水建筑物

在水利枢纽工程中，用来泄放水的水工建筑物称为泄水建筑物。泄水建筑物主要由控制段、泄流段、消能设施组成，如图 8-14 所示。这类水工建筑物有溢流坝、溢洪道、泄水隧洞、泄水孔等几种。

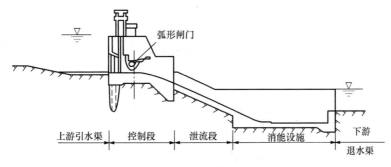

图 8-14　泄水建筑物

第三节　水　轮　机

水轮机是将水能转换成旋转机械能的水力原动机，是水电厂的主要动力设备。在水电站中，上游水库中的水经引水管引向水轮机，推动水轮机转轮旋转，带动发电机发电。水轮机和水轮发电相连接的综合体称为水轮发电机组，简称机组。

一、水轮机的工作原理

水流从导叶流出时具有一定的速度，当水流进入转轮后，受到由叶片所构成的空间流道的限制，叶片强迫水流改变运动状态，而水流在被迫改变运动状态的同时，也给予叶片大小相等、方向相反的反作用力。当水流反作用力，沿圆周切向分力对水轮机轴产生旋转力矩时，水轮机便开始转动，将获得的水流机械能扣除损失后，能在轴上输出了有效的旋转机械能，即由于水流和转轮叶片相互作用的结果，将水流的机械能转换为旋转机械能。

不论何种类型的水轮机均是利用水流的能量给叶片的反力推动转轮做功，以达到能量转换的目的。水流传递给水轮机的功率为 $9.81QH\eta$ 其中 Q 为通过水轮机的流量，H 为有效水头，η 为水轮机水力效率。水轮机得到的功率为 $M\omega$，其中 M 为水流对转轮的作用力矩，ω 为角速度。

二、水轮机的类型

根据水流作用于水轮机转轮时的能量转换特征，可以将水轮机分为反击型和冲击型两大类。反击型水轮机主要利用的是水流压力势能；冲击型水轮机主要利用的是水流动能。根据水轮机结构不同，有多种不同的类型，其分类如下：

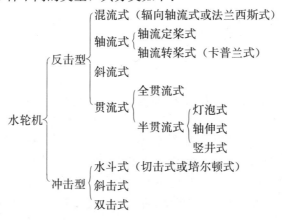

1. 反击型水轮机

将水的位能、压能和动能转化为机械能的水轮机称为反击式水轮机。按水流流经转轮的叶片方向不同可分为轴流式、混流式、斜流式和贯流式 4 种类型，如图 8-15 所示。

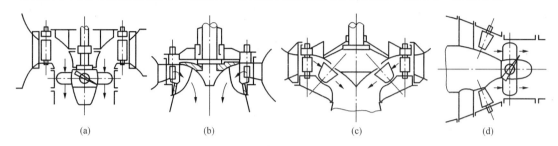

图 8-15 反击式水轮机工作原理简图
(a) 轴流式；(b) 混流式；(c) 斜流式；(d) 贯流式

(1) 轴流式水轮机。如图 8-15 (a) 所示，水流进入转轮沿轴向流入叶片，流出转轮叶片时为轴向。根据转轮结构的特点，轴流式水轮机又分为转桨式和定桨式两种。轴流定桨式水轮机在运行中叶片固定在转轮的轮毂上，是不能转动的。其结构简单，易于制造，只应用在中小型水电厂。轴流转桨式水轮机在运行中叶片可以适应负荷的变化而转动，平均效率比混流式水轮机高，尤其是在低负荷区工作更明显，适用于低水头和负荷变化大的水电厂，可以应用大中型水电厂。

(2) 混流式水轮机。如图 8-15 (b) 所示，它的整个转轮室充满有压水流。水流通过导叶，沿径向进入转轮叶片，然后沿轴向流出转轮叶片，故又称为径向轴流式水轮机。混流式水轮机适用水头范围约为 30~800m。它是应用最广泛的一种水轮机。适应水头范围较大 (50~700m)，单机容量可达几百兆瓦。

(3) 斜流式水轮机。如图 8-15 (c) 所示，水流经过其转轮时是斜向的。其适用水头范围为 40~700m。它具有轴流式水轮机运行效率高的优点，还具有混流式水轮机强度好和汽蚀性能好的优点。斜流式水轮机是可逆机组，能作水泵—水轮机运行，多用于抽水蓄能水电厂。

(4) 贯流式水轮机。如图 8-15 (d) 所示，水流沿轴向直管流入流出。贯流式水轮机没有蜗壳，水流由管道进口到尾水管出口都是轴向的。其转轮与轴流式水轮机的转轮没有区别。水轮机采用卧式或斜式轴向布置。贯流式水轮机适用水头范围约为 2~48m，常用于水头在 20m 以下小型河床电站。根据贯流式水轮机与发电机装配方式不同，分为全贯流式水轮机和半贯流式水轮机。根据水轮机与发电机的连接关系，半贯式水轮机又可分为灯泡式、轴伸式和竖井式。

2. 冲击型水轮机

冲击型水轮机根据射流冲击转轮的方式不同，又可分为切击（水斗）式、斜击式和双击式三种。

(1) 切击式（水斗式）水轮机。如图 8-16 (a) 所示，其特点是由喷嘴出来的射流沿圆周切线方向冲击转轮上的水斗做功，故称为切击式水轮机。又因转轮上周向布置勺形水斗叶而得名于水斗式水轮机。切击式水轮机适用水头范围约为 100~2000m。切击式水轮机有卧轴、立轴、单喷嘴、多喷嘴之分。目前有向主轴、多喷嘴方向发展的趋势。

（2）斜击式水轮机。如图8-16（b）所示，喷嘴射流中心线与转轮旋转平面斜交成一斜射角度，射流从侧面射到转轮上，增加了水轮机过流量，故称为斜击式水轮机。斜击式水轮机适用水头范围约为20～400m。

（3）双击式水轮机。如图8-16（c）所示，水流由喷嘴口射到转轮的轮叶上，由轮叶外缘流向转轮中心，而水流穿过转轮内部再一次流到轮叶上，沿轮叶流向外缘，因为喷嘴出来的射流两次冲击转轮叶片，故称为双击式水轮机。双击式水轮机适用水头范围约为5～150m。其输出功率较小，多用于小型水电厂。

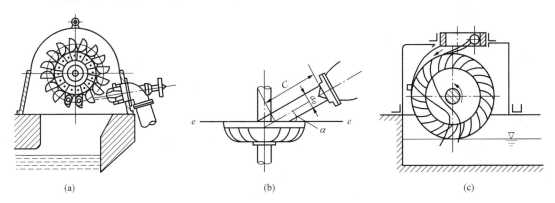

图8-16　冲击式水轮机工作原理简图

(a) 切击式（水斗式）；(b) 斜切击式；(c) 双切击式

三、水轮机的型号

1. 水轮机的比转速

比转速是水轮机的一个非常重要的参数，其值可以表征水轮机的形式和外形，用n_s表示。比转速n_s的物理意义是：当有效工作水头$H=1$m、水轮机出力$P=1$kW时，与原型水轮机按一定相似关系建立起来的模型水轮机所具有的转速为n_s(r/min)。

对于反击式水轮机，比转速的近似计算公式为

$$n_s = \frac{1.166n\sqrt{P}}{H^{5/4}} \qquad (8-5)$$

式中：n为水轮机的转速，r/min；H为水轮机工作水头，m；P为水轮机有效功率，kW。

对于冲击式（水斗式）水轮机，则可进一步把比转速简化为它的射流直径、喷嘴个数和转轮直径的函数

$$n_s = \frac{(189\sim216)d_0\sqrt{z_0}}{D_1} \qquad (8-6)$$

式中：d_0为冲击式水轮机的射流直径，m；z_0为冲击式水轮机的喷嘴个数；D_1为冲击式水轮机的转轮直径，m。

水轮机制造厂随机所提供的比转速，是指在设计水头下，最高效率点的比转速。不同类型的水轮机，比转速也不相同；同一系列的水轮机在相同工作条件（P、H相同）下，高比转速的水轮机过流量Q大，相应的转轮直径D小，能节省机组造价，降低电厂土建费用，但机组的转速增高，带来机组设备结构上强度要求高，机组运行气蚀性能变差，以及水轮机受泥砂磨损程度大等问题。目前世界各国都用比转速对水轮机进行分类，因而在水轮机的铭

牌墅号中，列入了机组比转速的值。

2. 水轮机的型号

我国水轮机型号由三部分组成，各部件之间用"-"分开。

第一部分的符号由汉语拼音和阿拉伯数字组成。汉语拼音是表示水轮机形式的第一个字母，如混流式代表符号为 HL、斜流式代表符号为 XL、轴流式转桨式代表符号为 ZZ、轴流式定桨式代符号为 ZD、贯流定桨式代表符号为 GD、贯流转桨式代表符号为 GZ。阿拉伯数字表示该水轮机的比转速。

第二部分由两个汉语拼音字母组成，第一个表示水轮机主轴的布置型式，第二个表示引水室特征。如主轴代表符号为 L、卧轴代表符号为 W、斜轴代表符号为 X、金属蜗壳代表符号为 J、混凝土蜗壳代表符号为 H、灯泡式代表符号为 P、明槽式代表符号为 M、罐式代表符号为 G。

第三部分是表示水轮机转轮标称直径或转轮直径（cm）和其他参数组成，用阿拉伯数字表示。对于水斗和斜击式水轮机，型号的第三部分表示为转轮直径/喷嘴数目×射流直径；对于双击式水轮机，型号的第三部分表示为转轮径/转轮宽度。

表 8-1　　　　各类水轮机代号

水轮机形式		代号	水轮机形式		代号
反击式	混流式	HL	冲击式	斗叶式	QJ
	斜流式	XL		双击式	SJ
	轴流转桨式	ZZ		斜击式	XJ
	轴流定桨式	ZD			
	贯流转桨式	GZ			
	贯流定桨式	ZD			

表 8-2　　　　水轮机主轴布置及其特征代号

主轴布置形式	代号	引水室特征	代号	主轴布置形式	代号	引水室特征	代号
立轴	L	金属蜗壳	J	卧轴	W	罐式	G
		混凝土蜗壳	H			竖井式	S
		明槽	M			虹吸式	X
		灯泡式	P			轴伸式	Z

水轮机产品型号表示方法举例如下：HL220-LJ-5500，表示混流式水轮机，转轮型号为 220，立轴，金属蜗壳，转轮标称直径为 550cm；XLN200-LJ-30000，表示斜流可逆式水轮机，转轮型号为 220，立轴，金属蜗壳，转轮标称直径为 300cm；GD600-WP-2500，表示贯流定桨式水轮机，转轮型号为 600，卧轴，灯泡式水轮机室，转轮标称直径为 250cm；CJ22-W-70/1×70，表示水斗式水轮机，一个转轮，转轮型号为 22，卧轴，转轮标称直径为 70cm，一个喷嘴，射流直径为 7cm。

四、水轮机结构

1. 反击式水轮机的主要结构

反击式水轮机是应用最广泛的水轮机。水电厂的水轮机比火电厂的汽轮机简单，依据水流经过水轮机的水流路线，反击式水轮机依次可分为引水室、座环、导水机构、尾水管这几个部分。图 8-17 为常见的大中型反击式水轮发电机组结构及一般布置图，图 8-18 是混流式水轮机结构图，图 8-19 是轴流转桨式水轮机结构图。水轮机主要由引水机构、导水机构、转轮和泄水机构组成。

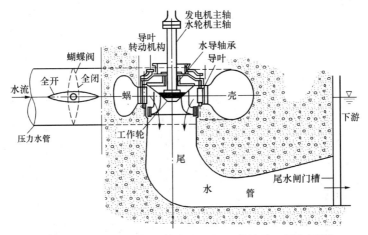

图 8-17 大中型反击式水轮发电机组结构及一般布置图

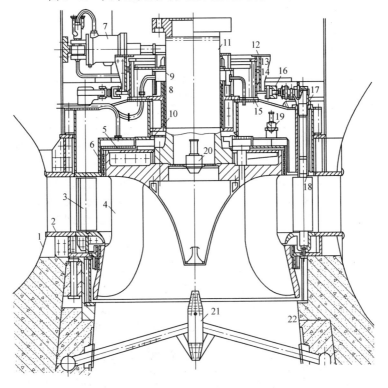

图 8-18 混流式水轮机结构示意

1—蜗壳；2—座环；3—导叶；4—转轮；5—减压装置；6—止漏环；7—接力器；8—导轴承；9—平板密封；10—抬机密封；11—主轴；12—控制环；13—抗磨板；14—支持环；15—顶盖；16—导叶传动机构；17—尼龙轴套；18—导叶密封；19—真空破坏阀；20—吸力式空气阀；21—十字补气架；22—尾水管里衬

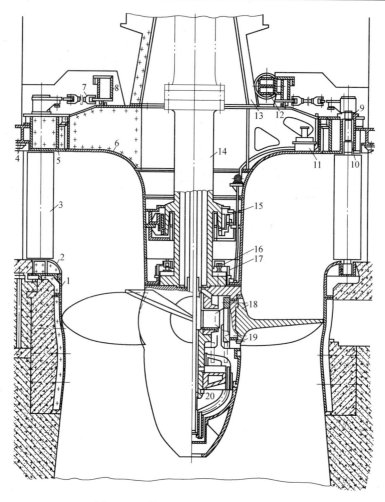

图 8-19 轴流转桨式水轮机结构示意

1—基础环；2—底环；3—导叶；4—座环；5—顶盖；6—支持盖；7—导叶传动机构；8—控制环；9—导叶轴套；
10—套筒密封；11—真空破坏阀；12—接力器；13—推力轴承支架；14—主轴；15—导轴承；16—主轴密封；
17—检修密封；18—转轮；19—叶片密封；20—转轮接力器兼操作架

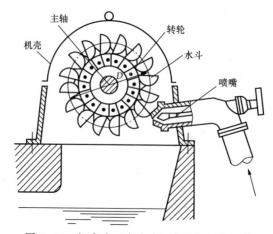

图 8-20 切击式（水斗式）水轮机结构示意

2. 冲击式水轮机的主要结构

冲击式水轮机形式较多，以切击式（水斗式）水轮机为例对其结构进行说明。如图 8-20 所示，切击式水轮机由转轮、喷嘴、主轴、机壳等组成。

第四节　水轮机转速调节和运行

一、调速系统的作用

为保证电网供电质量，要求电压与频率波动在规定范围内，要保证水轮发电机组稳定地在工作转速下运行，因此水轮发电机组的调速系统任务是根据机组的转速变化，由导水机构调节水轮机的流量，使水轮机所产生的动力矩负荷的阻力矩保持平衡，从而使机组在各种负荷下都能保持额定转速。调速系统的主要作用如下：

（1）保障正常运行时机组的操作。水轮机组运行开机、停机、增加负荷和降低负荷的各项操作，发电、调相等各种运行方式的切换操作。

（2）切实保证机组安全运行。当水轮机组在各种事故情况下甩掉全部负荷后，能使机组在空载工况下稳定运行或者紧急停机。

（3）确保机组经济运行。根据水轮机的特性曲线，按要求调整好静特性，实现自动分配机组间的负荷，能使水轮机在高效率区运行。

二、水轮机调速器的机构组成

水轮机调速器是根据机组转速偏差来调节导叶开度，即调节进入水轮机的水流量来改变机组的负荷，保持转速稳定。为了实现以微弱的转速偏差信号去操作笨重的导水机构，要有测量、放大、执行和反馈等机构。

如图 8-21 所示为水轮机调速器原理方框图，该图说明了各机构之间的联系。测量机构的作用是及时测量机组输出电流的频率，与频率给定值比较，若测得的频率偏离给定值，立即发出调节信号；放大机构的作用是将调节信号放大；执行机构的作用是改变导叶开度，迅速使频率回复到频率给定值；反馈机构的作用是尽快使调节系统运行稳定；

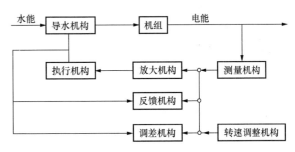

图 8-21　水轮机调速器原理方框图

调差机构的作用是进行有差调节和负荷调整；转速调整机构的作用是使机组调节后仍保持额定转速。

三、水轮机的调节调速器和调节原理

图 8-22 所示为对水轮机导水机构进行调节的单调节机械液压型调速器工作原理示意。调速器由七部分组成：调速器的测量元件是离心飞摆；调速器的放大元件是主配压阀；调速器的执行元件是接力器；调速器的反馈元件是缓冲器和杠杆系统；调速器的调差机构是残留不均衡机构；调速器的开度限制机构是杠杆系统；调速器的转速调整是由转速调整机构和控制杠杆来完成。

机械液压型调速器的工作过程：外界电负荷升高→水轮发电机组转速 n 下降→离心飞摆

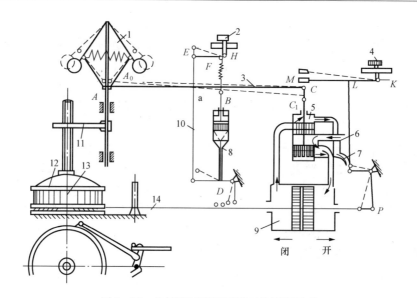

图 8-22　机械液压型调速器工作原理示意

1—离心飞摆；2—速调整机构；3—杆；4—开度限制机构；5—主配压阀；6—进油；

7—排油；8—缓冲器；9—接力器；10—残留不均衡机构；11—皮带；12—水轮机；

13—导水执行机构；14—推拉

向内收缩→飞摆连杆由 A_0 点下降至 A 点→杠杆 ABC 逆时针转→主配压阀由 C_1 点上升至 C 点→主配压阀活塞向上移动→接力器活塞向右侧开启方向移动→推拉杆驱动导水机构动作开大导水机构→水轮机进水量增大→主动力矩 M_d 增大→水轮机转速上升。

当外界电负荷减少时，水轮发电机组转速升高，调速系统的工作过程和上述情况相反，各机构的动作方向相反。

四、水轮发电机组的启动与停机

1. 水轮发电机组的正常启动

水轮发电机组长时间停机后，重新启动之前，必须依次做好下述各项准备工作：

认真检查水轮机各轴承中是否有足够的冷却、润滑用油；投入冷油器的冷却水，确保机组的油、水系统处于正常的开通状态。确认机组各设备处于良好的待启动状态，发电机未励磁、断路器已断开、制动风闸已落下。上述准备工作完成后，将切换阀切换到自动位置，为自动开机做好准备。

发出开机信号后，压力水管的蝶阀开启，供水水源投入，导向叶片开至机组空转开度，机组将按照自动控制程序逐渐升速，直至额定转速值。上述任一开机条件不被满足时，自动控制系统能够自行闭锁、拒启动。

对于刚安装好或大修后的机组，启动前需认真检查水源的上游闸门及下游的尾水阀门是否已开启；机组启动后，要认真检查各处油压、水压、轴承温升是否正常，确认它们在规定的范围内；检查机组各部分的响声、振动均无异常之后，才能缓慢升速、定速，做好调节和制动系统的试验，逐渐带负荷。机组停机在 72h 以上或推力油槽检修排油后，启动前还要手动油泵，顶起转子一次。顶起后用压缩空气认真吹扫干净。避免推力轴承发生油膜破坏，导致机组发生事故。

2. 水轮发电机组的正常停机

接到停机指令后，应先逐步减去机组负荷，相应使导水叶片逐步关小至空转开度，在正常转速下，将导水叶片全部关闭。

在确认机组已切断电源和水源后，机组将在惯性力作用下惰走降速，在转速降低至额定转速的 25%～30% 时，实施停机。机组最终停稳后，必须关闭润滑、冷却系统的各闸门以及所有的注油器，认真检查各个轴承的状况。

3. 水轮发电机组事故工况下紧急停机

当电气设备发生事故或推力轴承和上下导轴承温度过高，或油压因故下降而不能恢复时，机组必须立即进行紧急停机。上述事故发生时，机组的事故继电器会立即动作，关闭进水机构导叶，并发出事故信号。如果机组转速超过额定转速的 140%，或在事故紧急停机过程中，发生导叶片的轴销折断，紧急事故停机继电器动作，将导叶关小至空载开度同时关闭水路上的蝶阀，防止事故进一步扩大。在机组转速降低到正常转速的 35% 以下时，应投入制动。制动一定时间后即予以解除，靠机组惯性惰走停机。停机后同样要关闭所有润滑、冷却系统的阀门。紧急停机操作完成后，要及时开展事故检查、分析和检修工作。

复 习 思 考 题

8-1 与火电厂相比，水电厂有哪些工作特点？

8-2 水电厂所用的水轮机有几种基本类型？

8-3 简述斗叶式水轮机、混流式水轮机、轴流式水轮机的基本工作原理。

8-4 什么是水轮机的比转速？说明比转速的物理意义。

8-5 某水轮机的型号是 HL200-LJ-250，说明其含义。

8-6 试述反击式水轮机各个主要部件。

8-7 水轮机转速调节的任务是什么？说明其调节原理。

8-8 了解水轮发电机组启动、停机的一般步骤和操作方法。

附　　录

附表 1　　　　　　　　饱和水与干饱和蒸汽的热力性质表（按温度排列）

温度	压力	比体积		焓		汽化潜热	熵	
		液体	蒸汽	液体	蒸汽		液体	蒸汽
$t(℃)$	$p(MPa)$	$v'(m^3/kg)$	$v''(m^3/kg)$	$h'(kJ/kg)$	$h''(kJ/kg)$	$r(kJ/kg)$	$s'[kJ/(kg·K)]$	$s''[kJ/(kg·K)]$
0.00	0.000 611 2	0.001 000 22	206.154	−0.05	2500.51	2500.6	−0.000 2	9.154 4
0.01	0.000 611 7	0.001 000 21	206.012	0.00	2500.53	2500.5	0.000 0	9.154 1
1	0.000 657 1	0.001 000 18	192.464	4.18	2502.35	2498.2	0.015 3	9.127 8
2	0.000 705 9	0.001 000 13	179.787	8.39	2504.19	2495.8	0.030 6	9.101 4
4	0.000 813 5	0.001 000 08	157.151	16.82	2507.87	2491.1	0.061 1	9.049 3
5	0.000 872 5	0.001 000 08	147.048	21.02	2509.71	2488.7	0.076 3	9.023 6
6	0.000 935 2	0.001 000 10	137.670	25.22	2511.55	2486.3	0.091 3	8.998 2
8	0.001 072 8	0.001 000 19	120.868	33.62	2515.23	2481.6	0.121 3	8.948 0
10	0.001 227 9	0.001 000 34	106.341	42.00	2818.90	2476.9	0.151 0	8.898 8
12	0.001 402 5	0.001 000 54	93.756	50.38	2522.57	2472.2	0.180 5	8.850 4
14	0.001 598 5	0.001 000 80	82.828	58.76	2526.24	2467.5	0.209 8	8.802 9
15	0.001 705 3	0.001 000 94	77.910	62.95	2528.07	2465.1	0.224 3	8.779 4
16	0.001 818 3	0.001 001 10	73.320	67.13	2529.90	2462.8	0.238 8	8.756 2
18	0.002 064 0	0.001 001 45	65.029	75.50	2533.55	2458.1	0.267 7	8.710 3
20	0.002 338 5	0.001 001 85	57.786	83.86	2537.20	2453.3	0.296 3	8.665 2
22	0.002 644 4	0.001 002 29	51.445	92.23	2540.84	2448.6	0.324 7	8.621 0
24	0.002 984 6	0.001 002 76	45.884	100.59	2544.47	2443.9	0.353 0	8.577 4
25	0.003 168 7	0.001 003 02	43.362	104.77	2546.29	2441.5	0.367 0	8.556 0
26	0.003 362 5	0.001 003 28	40.997	108.95	2548.10	2439.2	0.381 0	8.534 7
28	0.003 781 4	0.001 003 83	36.694	117.32	2551.73	2434.4	0.408 9	8.492 7
30	0.004 245 1	0.001 004 42	32.899	125.68	2555.35	2429.7	0.436 6	8.451 4
35	0.005 626 3	0.001 006 05	25.222	146.59	2564.38	2417.8	0.505 0	8.351 1
40	0.007 381 1	0.001 007 89	19.529	167.50	2573.36	2405.9	0.572 3	8.255 1
45	0.009 589 7	0.001 009 93	15.263 6	188.42	2582.30	2393.9	0.638 6	8.163 0
50	0.012 344 6	0.001 012 16	12.036 5	209.33	2591.19	2381.9	0.703 8	8.074 5
55	0.015 752	0.001 014 55	9.572 3	230.24	2600.02	2369.8	0.768 0	7.989 6
60	0.019 933	0.001 017 13	7.674 0	251.15	2608.79	2357.6	0.831 2	7.908 0
65	0.025 024	0.001 019 86	6.199 2	272.08	2617.48	2345.4	0.893 5	7.829 5
70	0.031 178	0.001 022 76	5.044 3	293.01	2626.10	2333.1	0.955 0	7.754 0
75	0.038 565	0.001 025 82	4.133 0	313.96	2634.63	2320.7	1.015 6	7.681 2

温度	压力	比体积		焓		汽化潜热	熵	
		液体	蒸汽	液体	蒸汽		液体	蒸汽
t(℃)	p(MPa)	v'(m³/kg)	v''(m³/kg)	h'(kJ/kg)	h''(kJ/kg)	r(kJ/kg)	s'[kJ/(kg·K)]	s''[kJ/(kg·K)]
80	0.047 376	0.001 029 03	3.408 6	334.93	2643.06	2308.1	1.075 3	7.611 2
85	0.057 818	0.001 032 40	2.828 8	355.92	2651.40	2295.5	1.134 3	7.543 6
90	0.070 121	0.001 035 93	2.361 6	376.94	2659.63	2282.7	1.192 6	7.478 3
95	0.084 533	0.001 039 61	1.982 7	397.98	2667.73	2269.7	1.250 1	7.415 4
100	0.101 325	0.001 043 44	1.673 6	419.06	2675.71	2256.6	1.306 9	7.354 5
110	0.143 243	0.001 051 56	1.210 6	461.33	2691.26	2229.9	1.418 6	7.238 6
120	0.198 483	0.001 060 31	0.892 19	503.76	2706.18	2202.4	1.527 7	7.129 7
130	0.270 018	0.001 069 68	0.668 73	546.38	2720.39	2174.0	1.634 6	7.027 2
140	0.361 190	0.001 079 72	0.509 00	589.21	2733.81	2144.6	1.739 3	6.930 2
150	0.475 71	0.001 090 46	0.392 86	632.28	2746.35	2114.1	1.842 0	6.838 1
160	0.617 66	0.001 101 93	0.307 09	657.62	2757.92	2082.3	1.942 9	6.750 2
170	0.791 47	0.001 114 20	0.242 83	719.25	2768.42	2049.2	2.042 0	6.666 1
180	1.001 93	0.001 127 32	0.194 03	763.22	2777.74	2014.5	2.139 6	6.585 2
190	1.254 17	0.001 141 36	0.156 50	807.56	2785.80	1978.2	2.235 8	6.507 1
200	1.553 66	0.001 156 41	0.127 32	852.34	2792.47	1940.1	2.330 7	6.431 2
210	1.906 17	0.001 172 58	0.104 38	897.62	2797.65	1900.0	2.424 5	6.357 1
220	2.317 83	0.001 190 00	0.086 157	943.46	2801.20	1857.7	2.517 5	6.284 6
230	2.795 05	0.001 208 82	0.071 553	989.95	2803.00	1813.0	2.609 6	6.213 0
240	3.344 59	0.001 229 22	0.059 743	1037.2	2802.88	1765.7	2.701 3	6.142 2
250	3.973 51	0.001 251 45	0.050 112	1085.3	2800.66	1715.4	2.792 6	6.071 6
260	4.689 23	0.001 275 79	0.042 195	1134.3	2796.14	1661.8	2.883 7	6.000 7
270	5.499 56	0.001 302 62	0.035 637	1184.5	2789.05	1604.5	2.975 1	5.929 2
280	6.412 73	0.001 332 42	0.030 165	1236.0	2779.08	1543.1	3.066 8	5.856 4
290	7.437 46	0.001 365 82	0.025 565	1289.1	2765.81	1476.7	3.159 4	5.781 7
300	8.583 08	0.001 403 69	0.021 669	1344.0	2748.71	1404.7	3.253 3	5.704 2
310	9.859 7	0.001 447 28	0.018 343	1401.2	2727.01	1325.9	3.349 0	5.622 6
320	11.278	0.001 498 44	0.015 479	1461.2	2699.72	1238.5	3.447 5	5.535 6
330	12.851	0.001 560 08	0.012 987	1524.9	2665.30	1140.4	3.550 0	5.440 8
340	14.593	0.001 637 28	0.010 790	1593.7	2621.32	1027.6	3.658 6	5.334 5
350	16.521	0.001 740 08	0.008 812	1670.3	2563.39	893.0	3.777 3	5.210 4
360	18.657	0.001 894 23	0.006 958	1761.1	2481.68	720.6	3.915 5	5.053 6
370	21.033	0.002 214 80	0.004 982	1891.7	2338.79	447.1	4.112 5	4.807 6
372	21.542	0.002 365 30	0.004 451	1936.1	2282.99	346.9	4.179 6	4.717 3
373.99	22.064	0.003 106	0.003 106	2085.9	2085.87	0.0	4.409 2	4.409 2

附表 2　　　　饱和水与干饱和蒸汽的热力性质表（按压力排列）

压力	温度	比体积		焓		汽化潜热	熵	
		液体	蒸汽	液体	蒸汽		液体	蒸汽
p(MPa)	t(℃)	v'(m³/kg)	v''(m³/kg)	h'(kJ/kg)	h''(kJ/kg)	r(kJ/kg)	s'[kJ/(kg·K)]	s''[kJ/(kg·K)]
0.001	6.949 1	0.001 000 1	129.185	29.21	2513.29	2484.1	0.105 6	8.973 5
0.002	17.540 3	0.001 001 4	67.008	73.58	2532.71	2459.1	0.261 1	8.722 0
0.003	24.114 2	0.001 002 8	45.666	101.07	2544.68	2443.6	0.354 6	8.575 8
0.004	28.953 3	0.001 004 1	34.796	121.30	2553.45	2432.2	0.422 1	8.472 5
0.005	32.879 3	0.001 005 3	28.191	137.72	2560.55	2422.8	0.476 1	8.393 0
0.006	36.166 3	0.001 006 5	23.738	151.47	2566.48	2415.0	0.520 8	8.328 3
0.007	38.996 7	0.001 007 5	20.528	163.31	2571.56	2408.3	0.558 9	8.273 7
0.008	41.507 5	0.001 008 5	18.102	173.81	2576.06	2402.3	0.592 4	8.226 6
0.009	43.790 1	0.001 009 4	16.204	183.36	2580.15	2396.8	0.622 6	8.185 4
0.010	45.798 8	0.001 010 3	14.673	191.76	2583.72	2392.0	0.649 0	8.148 1
0.015	53.970 5	0.001 014 0	10.022	225.93	2598.21	2372.3	0.754 8	8.006 5
0.020	60.065 0	0.001 017 2	7.649 7	251.43	2608.90	2357.5	0.832 0	7.906 8
0.025	64.972 6	0.001 019 8	6.204 7	271.96	2617.43	2345.5	0.893 2	7.829 8
0.030	69.104 1	0.001 022 2	5.229 6	289.26	2624.56	2335.3	0.944 0	7.767 1
0.040	75.872 0	0.001 026 4	3.993 9	317.61	2636.10	2318.5	1.026 0	7.668 8
0.050	81.338 8	0.001 029 9	3.240 9	340.55	2645.31	2304.8	1.091 2	7.592 8
0.060	85.949 6	0.001 033 1	2.732 4	359.91	2652.97	2293.1	1.145 4	7.531 0
0.070	89.955 6	0.001 035 9	2.365 4	376.75	2659.55	2282.8	1.192 1	7.478 9
0.080	93.510 7	0.001 038 5	2.087 6	391.71	2665.33	2273.6	1.233 0	7.433 9
0.090	96.712 1	0.001 040 9	1.869 8	405.20	2670.48	2265.3	1.269 6	7.394 3
0.100	99.634	0.001 043 2	1.694 3	417.52	2675.14	2257.6	1.302 8	7.358 9
0.120	104.810	0.001 047 3	1.428 7	439.37	2683.26	2243.9	1.360 9	7.297 8
0.140	109.318	0.001 051 0	1.236 8	458.44	2690.22	2231.8	1.411 0	7.246 2
0.150	111.378	0.001 052 7	1.159 53	467.17	2693.35	2226.2	1.433 8	7.223 2
0.160	113.326	0.001 054 4	1.091 59	475.42	2696.29	2220.9	1.455 2	7.201 6
0.180	116.941	0.001 057 6	0.977 67	490.76	2701.69	2210.9	1.494 6	7.162 3
0.200	120.240	0.001 060 5	0.885 85	504.78	2706.53	2201.7	1.530 3	7.127 2
0.250	127.444	0.001 067 2	0.718 79	535.47	2716.83	2181.4	1.607 5	7.052 8
0.300	133.556	0.001 073 2	0.605 87	561.58	2725.26	2163.7	1.672 1	6.992 1
0.350	138.891	0.001 078 6	0.524 27	584.45	2732.37	2147.9	1.727 8	6.940 7
0.400	143.642	0.001 083 5	0.462 46	604.87	2738.49	2133.6	1.776 9	6.896 1
0.450	147.939	0.001 088 2	0.413 96	623.38	2743.85	2120.5	1.821 0	6.856 7
0.500	151.867	0.001 092 5	0.374 86	640.35	2748.59	2108.2	1.861 0	6.821 4

压力	温度	比体积		焓		汽化潜热	熵	
		液体	蒸汽	液体	蒸汽		液体	蒸汽
p(MPa)	t(℃)	v'(m³/kg)	v''(m³/kg)	h'(kJ/kg)	h''(kJ/kg)	r(kJ/kg)	s'[kJ/(kg·K)]	s''[kJ/(kg·K)]
0.600	158.863	0.001 100 6	0.315 63	670.67	2756.66	2086.0	1.931 5	6.760 0
0.700	164.983	0.001 107 9	0.272 81	697.32	2763.29	2066.0	1.992 5	6.707 9
0.800	170.444	0.001 114 8	0.240 37	721.20	2768.86	2047.7	2.046 4	6.662 5
0.900	175.389	0.001 121 2	0.214 91	742.90	2773.59	2030.7	2.094 8	6.622 2
1.00	179.916	0.001 127 2	0.194 38	762.84	2777.67	2014.8	2.138 8	6.585 9
1.10	184.100	0.001 133 0	0.177 47	781.35	2781.21	1999.9	2.179 2	6.552 9
1.20	187.995	0.001 138 5	0.163 28	798.64	2784.29	1985.7	2.216 6	6.522 5
1.30	191.644	0.001 143 8	0.151 20	814.89	2786.99	1972.1	2.251 5	6.494 4
1.40	195.078	0.001 148 9	0.140 79	830.24	2789.37	1959.1	2.284 1	6.468 3
1.50	198.327	0.001 153 8	0.131 72	844.82	2791.46	1946.6	2.314 9	6.443 7
1.60	210.410	0.001 158 6	0.123 75	858.69	2793.29	1934.6	2.344 0	6.420 6
1.70	204.346	0.001 163 3	0.116 68	871.96	2794.91	1923.0	2.371 6	6.398 8
1.80	207.151	0.001 167 9	0.110 37	884.67	2796.33	1911.7	2.397 9	6.378 1
1.90	209.838	0.001 172 3	0.104 707	896.88	2797.58	1900.7	2.423 0	6.358 3
2.00	212.417	0.001 176 7	0.099 588	908.64	2798.66	1890.0	2.447 1	6.339 5
2.50	223.990	0.001 197 3	0.079 949	961.93	2802.14	1840.2	2.554 3	6.255 9
3.00	233.893	0.001 216 6	0.066 662	1008.2	2803.19	1794.9	2.645 4	6.185 4
3.50	242.597	0.001 234 8	0.057 054	1049.6	2802.51	1752.9	2.725 0	6.123 8
4.00	250.394	0.001 252 4	0.049 771	1087.2	2800.53	1713.4	2.796 2	6.068 8
4.50	257.477	0.001 269 4	0.044 052	1121.8	2797.51	1675.7	2.860 7	6.018 7
5.00	263.980	0.001 286 2	0.039 439	1154.2	2793.64	1639.5	2.920 1	5.972 4
6.00	275.625	0.001 319 0	0.032 440	1213.3	2783.82	1570.5	3.026 6	5.888 5
7.00	285.869	0.001 351 5	0.027 371	1266.9	2771.72	1504.8	3.121 0	5.812 9
8.00	295.048	0.001 384 3	0.023 520	1316.5	2757.70	1441.2	3.206 6	5.743 0
9.00	303.385	0.001 417 7	0.020 485	1363.1	2741.92	1378.9	3.285 4	5.677 1
10.0	311.037	0.001 452 2	0.018 026	1407.2	2724.46	1317.2	3.359 1	5.613 9
12.0	324.715	0.001 526 0	0.014 263	1490.7	2684.50	1193.8	3.495 2	5.492 0
14.0	336.707	0.001 609 7	0.011 486	1570.4	2637.07	1066.7	3.622 0	5.371 1
16.0	347.396	0.001 709 9	0.009 311	1649.4	2580.21	930.8	3.745 1	5.245 0
18.0	357.034	0.001 840 2	0.007 503	1732.0	2509.45	777.4	3.871 5	5.105 1
20.0	365.789	0.002 037 9	0.005 870	1827.2	2413.05	585.9	4.015 3	4.932 2
22.0	373.752	0.002 704 0	0.003 684	2013.0	2084.02	71.0	4.296 9	4.406 6
22.064	373.99	0.003 106	0.003 106	2085.9	2085.87	0.0	4.409 2	4.409 2

附表 3 　　　　　　　　未饱和水与过热蒸汽的热力性质表

p	0.001MPa			0.005MPa			0.01MPa		
饱和参数	$t_s=6.949℃$			$t_s=32.879℃$			$t_s=45.799℃$		
	$v'=0.001\,000\,1$　$v''=129.185$			$v'=0.001\,005\,3$　$v''=28.191$			$v'=0.001\,010\,3$　$v''=14.673$		
	$h'=29.21$　　　$h''=2513.3$			$h'=137.72$　　　$h''=2560.6$			$h'=191.76$　　　$h''=2583.7$		
	$s'=0.105\,6$　　$s''=8.973\,5$			$s'=0.476\,1$　　$s''=8.393\,0$			$s'=0.649\,0$　　$s''=8.148\,1$		
$t(℃)$	$v(\text{m}^3/\text{kg})$	$h(\text{kJ/kg})$	$s[\text{kJ}/(\text{kg}\cdot\text{K})]$	$v(\text{m}^3/\text{kg})$	$h(\text{kJ/kg})$	$s[\text{kJ}/(\text{kg}\cdot\text{K})]$	$v(\text{m}^3/\text{kg})$	$h(\text{kJ/kg})$	$s[\text{kJ}/(\text{kg}\cdot\text{K})]$
0	0.001 000 2	−0.05	−0.002	0.001 000 2	−0.05	−0.000 2	0.001 000 2	−0.04	−0.000 2
10	130.598	2519.0	8.993 8	0.001 000 3	42.01	0.151 0	0.001 000 3	42.01	0.151 0
20	135.226	2537.7	9.058 8	0.001 001 8	83.87	0.296 3	0.001 001 8	83.87	0.296 3
40	144.475	2575.2	9.182 3	28.854	2574.0	8.436 6	0.001 007 9	167.51	0.572 3
50	149.096	2593.9	9.241 2	29.783	2592.9	8.496 1	14.869	2591.8	8.173 2
60	153.717	2612.7	9.298 4	30.712	2611.8	8.553 7	15.336	2610.8	8.231 3
80	162.956	2650.3	9.408 0	32.566	2649.7	8.663 9	16.268	2648.9	8.342 2
100	172.192	2688.0	9.512 0	34.418	2687.5	8.768 2	17.196	2686.9	8.447 1
120	181.426	2725.9	9.610 9	36.269	2725.5	8.867 4	18.124	2725.1	8.546 6
140	190.660	2764.0	9.705 4	38.118	2763.7	8.962 0	19.050	2763.3	8.641 4
150	195.277	2783.1	9.751 1	39.042	2782.8	9.007 8	19.513	2782.5	8.687 3
160	199.863	2802.3	9.795 9	39.967	2802.0	9.052 6	19.976	2801.7	8.732 2
180	209.126	2840.7	9.882 7	41.815	2840.5	9.139 6	20.901	2840.2	8.819 2
200	218.358	2879.4	9.966 2	43.662	2879.2	9.223 2	21.826	2879.0	8.902 9
250	241.437	2977.1	10.162 5	48.281	2977.0	9.419 5	24.136	2976.8	9.099 4
300	264.515	3076.2	10.343 4	52.898	3076.1	9.600 5	26.448	3078.0	9.280 5
350	287.592	3176.8	10.511 7	57.514	3176.7	9.768 8	28.755	3176.6	9.448 8
400	310.669	3278.9	10.669 2	62.131	3278.8	9.926 4	31.063	3278.7	9.606 4
450	333.746	3382.4	10.817 6	66.747	3382.4	10.074 7	33.372	3382.3	9.754 8
500	356.823	3487.5	10.958 1	71.362	3487.5	10.215 3	35.680	3487.4	9.895 3
600	402.976	3703.4	11.220 6	80.594	3703.4	10.477 8	40.296	3703.4	10.157 9

p	0.050MPa			0.10MPa			0.20MPa		
饱和参数	$t_s=81.339℃$ $v'=0.001\ 029\ 9$　$v''=3.240\ 9$ $h'=340.55$　$h''=2645.3$ $s'=1.091\ 2$　$s''=7.592\ 8$			$t_s=99.634℃$ $v'=0.001\ 043\ 1$　$v''=1.694\ 3$ $h'=417.52$　$h''=2675.1$ $s'=1.302\ 8$　$s''=7.358\ 9$			$t_s=120.240℃$ $v'=0.001\ 060\ 5$　$v''=0.885\ 90$ $h'=504.78$　$h''=2706.5$ $s'=1.530\ 3$　$s''=7.127\ 2$		
$t(℃)$	$v(m^3/kg)$	$h(kJ/kg)$	$s[kJ/(kg·K)]$	$v(m^3/kg)$	$h(kJ/kg)$	$s[kJ/(kg·K)]$	$v(m^3/kg)$	$h(kJ/kg)$	$s[kJ/(kg·K)]$
0	0.001 000 2	0.00	−0.000 2	0.001 000 2	0.05	−0.000 2	0.001 000 1	0.15	−0.000 2
10	0.001 000 3	42.05	0.151 0	0.001 000 03	42.10	0.151 0	0.001 000 2	42.20	0.151 0
20	0.001 001 8	83.91	0.296 3	0.001 001 8	83.96	0.296 3	0.001 001 8	84.05	0.296 3
40	0.001 007 9	167.54	0.572 3	0.001 007 8	167.59	0.572 3	0.001 007 8	167.67	0.572 2
50	0.001 012 1	209.36	0.703 7	0.001 012 1	209.40	0.703 7	0.001 012 1	209.49	0.703 7
60	0.001 017 1	251.18	0.831 2	0.001 017 1	251.22	0.831 2	0.001 017 0	251.31	0.831 1
80	0.001 029 0	334.93	1.075 3	0.001 059 0	334.97	1.075 3	0.001 029 0	335.05	1.075 2
100	3.418 8	2982.1	7.694 1	1.696 1	2675.9	7.360 9	0.001 043 4	419.14	1.306 8
120	3.607 8	2721.2	7.796 2	1.793 1	2716.3	7.466 5	0.001 060 3	503.76	1.527 7
140	3.795 8	2760.2	7.892 8	1.888 9	2756.2	7.565 4	0.935 11	2748.0	7.230 0
150	3.889 5	2779.6	7.939 3	1.936 4	2776.0	7.612 8	0.959 68	2768.6	7.279 3
160	3.983 0	2799.1	7.984 8	1.983 8	2795.8	7.659 0	0.984 07	2789.0	7.327 1
180	4.169 7	2838.1	8.072 7	2.078 3	2835.3	7.748 2	1.032 41	2829.6	7.418 7
200	4.356 0	2877.1	8.157 1	2.172 3	2874.8	7.833 4	1.080 30	2870.0	7.505 8
250	4.820 5	2975.5	8.354 7	2.406 1	2973.8	8.032 4	1.198 78	2970.4	7.707 6
300	5.284 0	3075.0	8.536 4	2.638 8	3073.8	8.214 8	1.316 17	3071.2	7.891 7
350	5.746 9	3175.9	8.705 1	2.870 9	3174.9	8.384 0	1.432 94	3172.9	8.061 8
400	6.209 4	3278.1	8.862 9	3.102 7	3277.3	8.542 2	1.549 32	3275.8	8.220 5
450	6.671 7	3381.8	9.011 5	3.334 2	3381.2	8.690 9	1.665 46	3379.9	8.369 7
500	7.133 8	3487.0	9.152 1	3.565 6	3486.5	8.831 7	1.781 42	3485.4	8.510 8
600	8.057 7	3703.1	9.414 8	4.027 9	3702.7	9.094 6	2.013 01	3701.9	8.774 0

p	0.50MPa			0.80MPa			1.0MPa		
饱和参数	t_s=151.867℃ v'=0.001 092 5 v''=0.374 90 h'=640.55 h''=2748.6 s'=1.861 0 s''=6.821 4			t_s=170.444℃ v'=0.001 114 8 v''=0.240 40 h'=721.20 h''=2768.9 s'=2.046 4 s''=6.662 5			t_s=179.916℃ v'=0.001 127 2 v''=0.194 40 h'=762.84 h''=2777.7 s'=2.138 8 s''=6.585 9		
t(℃)	v(m³/kg)	h(kJ/kg)	s[kJ/(kg·K)]	v(m³/kg)	h(kJ/kg)	s[kJ/(kg·K)]	v(m³/kg)	h(kJ/kg)	s[kJ/(kg·K)]
0	0.001 000 0	0.46	−0.000 1	0.000 999 8	0.77	−0.000 1	0.000 999 7	0.97	−0.000 1
10	0.001 000 1	42.49	0.151 0	0.001 000 0	42.78	0.151 0	0.000 999 9	42.98	0.150 9
20	0.001 001 6	84.33	0.296 2	0.001 001 5	84.61	0.296 1	0.001 001 4	84.80	0.296 1
40	0.001 007 7	167.94	0.572 1	0.001 007 5	168.21	0.572 0	0.001 007 4	168.38	0.571 9
50	0.001 011 9	209.75	0.703 5	0.001 011 8	210.01	0.703 4	0.001 011 7	210.18	0.703 3
60	0.001 016 9	251.56	0.831 0	0.001 016 8	251.81	0.830 8	0.001 016 7	251.98	0.830 7
80	0.001 028 8	335.29	1.075 0	0.001 028 7	335.53	1.074 8	0.001 028 6	335.69	1.074 7
100	0.001 043 2	419.36	1.306 6	0.001 043 1	419.59	1.306 4	0.001 043 0	419.74	1.306 2
120	0.001 060 1	503.97	1.527 5	0.001 060 0	504.18	1.527 2	0.001 059 9	504.32	1.527 0
140	0.001 079 6	589.30	1.739 2	0.001 078 4	589.49	1.738 9	0.001 079 3	589.62	1.738 6
150	0.001 090 4	632.30	1.842 0	0.001 090 2	632.48	1.841 7	0.001 090 1	632.61	1.841 4
160	0.383 58	2767.2	6.864 7	0.001 101 8	675.72	1.942 7	0.001 101 7	675.84	1.942 4
180	0.404 50	2811.7	6.965 1	0.247 11	2792.0	6.714 2	0.194 43	2777.9	6.586 4
200	0.424 87	2854.9	7.058 5	0.260 74	2838.7	6.815 1	0.205 90	2827.3	6.693 1
250	0.474 32	2960.0	7.269 7	0.293 10	2949.2	7.037 1	0.232 64	2941.8	6.923 3
300	0.522 55	3063.6	7.458 8	0.324 10	3055.7	7.231 6	0.257 93	3050.4	7.121 6
350	0.570 12	3167.0	7.631 9	0.354 39	3161.0	7.407 8	0.282 47	3157.0	7.299 9
400	0.617 29	3271.1	7.792 4	0.384 26	3266.3	7.570 3	0.306 58	3263.1	7.463 8
450	0.664 20	3376.0	7.942 8	0.413 88	3372.1	7.721 9	0.330 43	3369.6	7.616 3
500	0.710 94	3482.2	8.084 8	0.443 31	3479.0	7.864 8	0.354 10	3476.8	7.759 7
600	0.804 08	3699.6	8.349 1	0.501 84	3967.2	8.130 2	0.401 09	3695.7	8.025 9

p	2. 0MPa			3. 0MPa			4. 0MPa		
饱和参数	t_s＝212. 417℃ v'＝0. 001 176 7　v''＝0. 099 600 h'＝908. 64　h''＝2798. 7 s'＝2. 447 1　s''＝6. 339 5			t_s＝233. 893℃ v'＝0. 001 216 6　v''＝0. 066 700 h'＝1008. 2　h''＝2803. 2 s'＝2. 645 4　s''＝6. 185 4			t_s＝250. 394℃ v'＝0. 001 252 4　v''＝0. 049 800 h'＝1087. 2　h''＝2800. 5 s'＝2. 796 2　s''＝6. 068 8		
t(℃)	v(m³/kg)	h(kJ/kg)	s[kJ/(kg・K)]	v(m³/kg)	h(kJ/kg)	s[kJ/(kg・K)]	v(m³/kg)	h(kJ/kg)	s[kJ/(kg・K)]
0	0. 000 999 2	1. 99	0. 000 0	0. 000 998 7	3. 01	0. 000 0	0. 000 998 2	4. 03	0. 000 1
10	0. 000 999 4	43. 95	0. 150 8	0. 000 998 9	44. 92	0. 150 7	0. 000 998 4	45. 89	0. 150 7
20	0. 001 000 9	85. 74	0. 295 9	0. 001 000 5	86. 68	0. 295 7	0. 001 000 0	87. 62	0. 295 5
40	0. 001 007 0	169. 27	0. 571 5	0. 001 006 6	170. 15	0. 571 1	0. 001 006 1	171. 04	0. 570 8
50	0. 001 011 3	211. 04	0. 702 8	0. 001 010 8	211. 90	0. 702 4	0. 001 010 4	212. 77	0. 701 9
60	0. 001 016 2	252. 82	0. 830 2	0. 001 015 8	253. 66	0. 829 6	0. 001 015 3	254. 50	0. 829 1
80	0. 001 028 1	336. 48	1. 074 0	0. 001 027 6	337. 28	1. 073 4	0. 001 027 2	338. 07	1. 072 7
100	0. 001 042 5	420. 49	1. 305 4	0. 001 042 0	421. 24	1. 304 7	0. 001 041 5	421. 99	1. 303 9
120	0. 001 059 3	505. 03	1. 526 1	0. 001 058 7	505. 73	1. 525 2	0. 001 058 2	506. 44	1. 524 3
140	0. 001 078 7	590. 27	1. 737 6	0. 001 078 1	590. 92	1. 736 6	0. 001 077 4	591. 58	1. 735 5
150	0. 001 089 4	633. 22	1. 840 3	0. 001 088 8	633. 84	1. 839 2	0. 001 088 1	634. 46	1. 838 1
160	0. 001 100 9	676. 43	1. 941 2	0. 001 100 2	677. 01	1. 940 0	0. 001 099 5	677. 60	1. 938 9
180	0. 001 126 5	763. 72	2. 138 2	0. 001 125 6	764. 23	2. 136 9	0. 001 124 8	764. 74	2. 135 5
200	0. 001 156 0	852. 52	2. 330 0	0. 001 154 9	852. 93	2. 328 4	0. 001 153 9	853. 31	2. 326 8
250	0. 111 412	2901. 5	6. 543 6	0. 070 564	2854. 7	6. 285 5	0. 001 251 4	1085. 3	2. 792 5
300	0. 125 449	3022. 6	6. 764 8	0. 081 126	2992. 4	6. 537 1	0. 058 821	2959. 5	6. 359 5
350	0. 138 564	3136. 2	6. 955 0	0. 090 520	3114. 4	6. 741 4	0. 066 436	3091. 5	6. 580 5
400	0. 151 190	3246. 8	7. 125 8	0. 099 352	3230. 1	6. 919 9	0. 073 401	3212. 7	6. 767 7
450	0. 163 523	3356. 4	7. 282 8	0. 107 864	3343. 0	7. 081 7	0. 080 016	3329. 2	6. 934 7
500	0. 175 666	3465. 9	7. 429 3	0. 116 174	3454. 9	7. 231 4	0. 086 417	3443. 6	7. 087 7
600	0. 199 598	3687. 8	7. 699 1	0. 132 427	3679. 9	7. 505 1	0. 098 836	3671. 9	7. 365 3

续表

p	5.0MPa			6.0MPa			7.0MPa		
饱和参数	$t_s=263.980℃$ $v'=0.001\ 286\ 1$　$v''=0.039\ 400$ $h'=1154.2$　$h''=2793.6$ $s'=2.920\ 0$　$s''=5.972\ 4$			$t_s=275.625℃$ $v'=0.001\ 319\ 0$　$v''=0.032\ 400$ $h'=1213.3$　$h''=2783.8$ $s'=3.026\ 6$　$s''=5.888\ 5$			$t_s=285.869℃$ $v'=0.001\ 351\ 5$　$v''=0.027\ 400$ $h'=1266.9$　$h''=2771.7$ $s'=3.121\ 0$　$s''=5.812\ 9$		
$t(℃)$	$v(\text{m}^3/\text{kg})$	$h(\text{kJ/kg})$	$s[\text{kJ}/(\text{kg}\cdot\text{K})]$	$v(\text{m}^3/\text{kg})$	$h(\text{kJ/kg})$	$s[\text{kJ}/(\text{kg}\cdot\text{K})]$	$v(\text{m}^3/\text{kg})$	$h(\text{kJ/kg})$	$s[\text{kJ}/(\text{kg}\cdot\text{K})]$
0	0.000 997 7	5.04	0.000 2	0.000 997 2	6.05	0.000 2	0.000 996 7	7.07	0.000 3
10	0.000 997 9	46.87	0.150 6	0.000 997 5	47.83	0.150 5	0.000 997 0	48.80	0.150 4
20	0.000 999 6	88.55	0.295 2	0.000 999 1	89.49	0.295 0	0.000 998 6	90.42	0.294 8
40	0.001 005 7	171.92	0.570 4	0.001 005 2	172.81	0.570 0	0.001 004 8	173.69	0.569 6
50	0.001 009 9	213.63	0.701 5	0.001 009 5	214.49	0.701 0	0.001 009 1	215.35	0.700 5
60	0.001 014 9	255.34	0.828 6	0.001 014 4	256.18	0.828 0	0.001 014 0	257.01	0.827 5
80	0.001 026 7	338.87	1.072 1	0.001 026 2	339.67	1.071 4	0.001 025 8	340.46	1.070 8
100	0.001 041 0	422.75	1.303 1	0.001 040 4	423.50	1.302 3	0.001 039 9	424.25	1.301 6
120	0.001 057 6	507.14	1.523 4	0.001 057 1	507.85	1.522 5	0.001 056 5	508.55	1.521 6
140	0.001 076 8	592.23	1.734 5	0.001 076 2	592.88	1.733 5	0.001 075 6	593.54	1.732 5
150	0.001 087 4	635.09	1.837 0	0.001 086 8	635.71	1.835 9	0.001 086 1	636.34	1.834 8
160	0.001 098 8	678.19	1.937 7	0.001 098 1	678.78	1.936 5	0.001 097 4	679.37	1.935 3
180	0.001 124 0	765.25	2.134 2	0.001 123 1	765.76	2.132 8	0.001 122 3	766.28	2.131 5
200	0.001 152 9	853.75	2.325 3	0.001 151 9	854.17	2.323 7	0.001 151 0	854.59	2.322 2
250	0.001 249 6	1085.2	2.790 1	0.001 247 8	1085.2	2.787 7	0.001 246 0	1085.2	2.785 3
300	0.045 301	2923.3	6.206 4	0.036 148	2883.1	6.065 6	0.029 457	2837.5	5.929 1
350	0.051 932	3067.4	6.447 7	0.042 213	3041.9	6.331 7	0.035 225	3014.8	6.226 5
400	0.057 804	3194.9	6.644 8	0.047 382	3176.4	6.539 5	0.039 917	3157.3	6.446 5
450	0.063 291	3315.2	6.817 0	0.052 128	3300.9	6.717 9	0.044 143	3286.2	6.631 4
500	0.068 552	3432.2	6.973 5	0.056 632	3420.6	6.878 1	0.048 110	3408.9	6.795 4
600	0.078 675	3663.9	7.255 3	0.065 228	3655.7	7.164 0	0.055 617	3647.5	7.085 7

p	8.0MPa			9.0MPa			10.0MPa		
饱和参数	$t_s=295.048℃$			$t_s=303.385℃$			$t_s=311.037℃$		
	$v'=0.001\ 384\ 3$ $\quad v''=0.023\ 520$			$v'=0.001\ 417\ 7$ $\quad v''=0.020\ 500$			$v'=0.001\ 452\ 2$ $\quad v''=0.018\ 000$		
	$h'=1316.5$ $\quad h''=2757.7$			$h'=1363.1$ $\quad h''=2741.9$			$h'=1407.2$ $\quad h''=2724.5$		
	$s'=3.206\ 6$ $\quad s''=5.743\ 0$			$s'=3.285\ 4$ $\quad s''=5.677\ 1$			$s'=3.359\ 1$ $\quad s''=5.613\ 9$		
$t(℃)$	$v(m^3/kg)$	$h(kJ/kg)$	$s[kJ/(kg·K)]$	$v(m^3/kg)$	$h(kJ/kg)$	$s[kJ/(kg·K)]$	$v(m^3/kg)$	$h(kJ/kg)$	$s[kJ/(kg·K)]$
0	0.000 996 2	8.08	0.000 3	0.000 995 7	9.08	0.000 4	0.000 995 2	10.09	0.000 4
10	0.000 996 5	49.77	0.150 2	0.000 996 1	50.74	0.150 1	0.000 995 6	51.70	0.150 0
20	0.000 998 2	91.36	0.294 6	0.000 997 7	92.29	0.294 4	0.000 997 3	93.22	0.294 2
40	0.001 004 4	174.57	0.569 2	0.001 003 9	175.46	0.568 8	0.001 003 5	176.34	0.568 4
50	0.001 008 6	216.21	0.700 1	0.001 008 2	217.07	0.699 6	0.001 007 8	217.93	0.699 2
60	0.001 013 6	257.85	0.827 0	0.001 013 1	258.69	0.826 5	0.001 012 7	259.53	0.825 9
80	0.001 025 3	341.26	1.070 1	0.001 024 8	342.06	1.069 5	0.001 024 4	342.85	1.068 8
100	0.001 039 5	425.01	1.300 8	0.001 039 0	425.76	1.300 0	0.001 038 5	426.51	1.299 3
120	0.001 056 0	509.26	1.520 7	0.001 055 4	509.97	1.519 9	0.001 054 9	510.68	1.519 0
140	0.001 075 0	594.19	1.731 4	0.001 074 4	594.85	1.730 4	0.001 073 8	595.50	1.729 4
150	0.001 085 5	636.96	1.833 7	0.001 084 8	637.59	1.832 7	0.001 084 2	638.22	1.831 6
160	0.001 096 7	679.97	1.934 2	0.001 096 0	680.56	1.933 0	0.001 095 3	681.16	1.931 9
180	0.001 121 5	766.80	2.130 2	0.001 120 7	767.32	2.128 8	0.001 119 9	767.84	2.127 5
200	0.001 150 0	855.02	2.320 7	0.001 149 0	855.44	2.319 1	0.001 148 1	855.88	2.317 6
250	0.001 244 3	1085.2	2.782 9	0.001 242 5	1085.3	2.780 6	0.001 240 8	1085.3	2.778 3
300	0.024 255	2784.5	5.789 9	0.001 401 8	1343.5	3.251 4	0.001 397 5	1342.3	3.246 9
350	0.029 940	2986.1	6.128 2	0.025 786	2955.3	6.034 2	0.022 415	2922.1	5.942 3
400	0.034 302	3137.5	6.362 2	0.029 921	3117.1	6.284 2	0.026 402	3095.8	6.210 9
450	0.038 145	3271.3	6.554 0	0.033 474	3256.0	6.483 5	0.029 735	3240.5	6.418 4
500	0.041 712	3397.0	6.722 1	0.036 733	3385.0	6.656 0	0.032 750	3372.8	6.595 4
600	0.048 403	3639.2	7.016 8	0.042 789	3630.8	6.955 2	0.038 297	3622.5	6.899 2

p	15.0MPa			20.0MPa			30.0MPa		
饱和参数	$t_s=342.196℃$ $v'=0.001\,657\,1$　$v''=0.010\,300$ $h'=1609.8$　$h''=2610.0$ $s'=3.683\,6$　$s''=5.309\,1$			$t_s=365.789℃$ $v'=0.002\,037\,9$　$v''=0.005\,870\,2$ $h'=1827.2$　$h''=2413.1$ $s'=4.015\,3$　$s''=4.932\,2$					
$t(℃)$	$v(\text{m}^3/\text{kg})$	$h(\text{kJ/kg})$	$s[\text{kJ}/(\text{kg}\cdot\text{K})]$	$v(\text{m}^3/\text{kg})$	$h(\text{kJ/kg})$	$s[\text{kJ}/(\text{kg}\cdot\text{K})]$	$v(\text{m}^3/\text{kg})$	$h(\text{kJ/kg})$	$s[\text{kJ}/(\text{kg}\cdot\text{K})]$
0	0.000 992 8	15.10	0.000 6	0.000 990 4	20.08	0.000 6	0.000 985 7	29.92	0.000 5
10	0.000 993 3	56.51	0.149 4	0.000 991 1	61.29	0.148 8	0.000 986 6	70.77	0.147 4
20	0.000 995 1	97.87	0.293 0	0.000 992 9	102.50	0.291 9	0.000 988 7	111.71	0.289 5
40	0.001 001 4	180.74	0.566 5	0.000 999 2	185.13	0.564 5	0.000 995 1	193.87	0.560 6
50	0.001 005 6	222.22	0.696 9	0.001 003 5	226.50	0.694 6	0.000 999 3	235.05	0.690 0
60	0.001 010 5	263.72	0.823 3	0.001 008 4	267.90	0.820 7	0.001 004 2	276.25	0.815 6
80	0.001 022 1	346.84	1.065 6	0.001 019 9	350.82	1.062 4	0.001 015 5	358.78	1.056 2
100	0.001 036 0	430.29	1.295 5	0.001 033 6	434.06	1.291 7	0.001 029 0	441.64	1.284 4
120	0.001 052 2	514.23	1.514 6	0.001 049 6	517.79	1.510 3	0.001 044 5	524.95	1.501 9
140	0.001 070 8	598.80	1.724 4	0.001 067 9	602.12	1.719 5	0.001 062 2	608.82	1.710 0
150	0.001 081 0	641.37	1.826 2	0.001 077 9	644.56	1.821 0	0.001 071 9	651.00	1.810 8
160	0.001 091 9	684.16	1.926 2	0.001 088 6	687.20	1.920 6	0.001 082 2	693.36	1.909 8
180	0.001 115 9	770.49	2.121 0	0.001 112 1	773.19	2.114 7	0.001 104 8	778.72	2.102 4
200	0.001 143 4	858.08	2.310 2	0.001 138 9	860.36	2.302 9	0.001 130 3	865.12	2.289 0
250	0.001 232 7	1085.6	2.767 1	0.001 225 1	1086.2	2.756 4	0.001 211 0	1087.9	2.736 4
300	0.001 377 7	1337.3	3.226 0	0.001 360 5	1333.4	3.207 2	0.001 331 7	1327.9	3.174 2
350	0.011 469	2691.2	5.440 3	0.001 664 5	1645.3	3.727 5	0.001 552 2	1608.0	3.642 0
400	0.015 652	2974.6	5.879 8	0.009 945 8	2816.8	5.552 0	0.002 792 9	2150.6	4.472 1
450	0.018 449	3156.5	6.140 8	0.012 701 3	3060.7	5.902 5	0.006 736 3	2822.1	5.443 3
500	0.020 797	3309.0	6.344 9	0.014 768 1	3239.3	6.141 5	0.008 676 1	3083.3	5.793 4
600	0.024 882	3580.7	6.675 7	0.018 165 5	3536.3	6.503 5	0.011 431 0	3442.9	6.232 1

附表 4　　　　　　　　　干空气的热物理性质

$$(p=760\text{mmHg}\approx1.01\times10^5\,\text{Pa})\quad v=\frac{\text{表值}}{10^{-6}}$$

t (℃)	ρ (kg/m³)	c_p [kJ/(kg·℃)]	$\lambda\times10^2$ [W/(m·℃)]	$a\times10^6$ (m²/s)	$\mu\times10^6$ [kg/(m·s)]	$\nu\times10^6$ (m²/s)	Pr
−50	1.584	1.013	2.04	12.7	14.6	9.23	0.728
−40	1.515	1.013	2.12	13.8	15.2	10.04	0.728
−30	1.453	1.013	2.20	14.9	15.7	10.80	0.723
−20	1.395	1.009	2.28	16.2	16.2	11.61	0.716
−10	1.342	1.009	2.36	17.4	16.7	12.43	0.712
0	1.293	1.005	2.44	18.8	17.2	13.28	0.707
10	1.247	1.005	2.51	20.0	17.6	14.16	0.705
20	1.205	1.005	2.59	21.4	18.1	15.06	0.703
30	1.165	1.005	2.67	22.9	18.6	16.00	0.701
40	1.128	1.005	2.76	24.3	19.1	16.96	0.699
50	1.093	1.005	2.83	25.7	19.6	17.95	0.698
60	1.060	1.005	2.90	27.2	20.1	18.97	0.696
70	1.020	1.009	2.96	28.6	20.6	20.02	0.694
80	1.000	1.009	3.05	30.2	21.1	21.09	0.692
90	0.972	1.009	3.13	31.9	21.5	22.10	0.690
100	0.946	1.009	3.21	33.6	21.9	23.13	0.688
120	0.898	1.009	3.34	36.8	22.8	25.45	0.686
140	0.854	1.013	3.49	40.3	23.7	27.80	0.684
160	0.815	1.017	3.64	43.9	24.5	30.09	0.682
180	0.779	1.022	3.78	47.5	25.3	32.49	0.681
200	0.746	1.626	3.93	51.4	26.0	34.85	0.680
250	0.674	1.038	4.27	61.0	27.4	40.61	0.677
300	0.615	1.047	4.60	71.6	29.7	48.33	0.674
350	0.566	1.059	4.91	81.9	31.4	55.46	0.676
400	0.524	1.068	5.21	93.1	33.0	63.09	0.678
500	0.456	1.093	5.74	115.3	36.2	79.38	0.687
600	0.404	1.114	6.22	138.3	39.1	96.89	0.699
700	0.362	1.135	6.71	163.4	41.8	115.4	0.706
800	0.329	1.156	7.18	188.8	44.3	134.8	0.713
900	0.301	1.172	7.63	216.2	46.7	155.1	0.717
1000	0.277	1.185	8.07	245.9	49.0	177.1	0.719
1100	0.257	1.197	8.50	276.2	51.2	199.3	0.722
1200	0.239	1.210	9.15	316.5	53.5	233.7	0.724

附表 5　　　　　　　　　　水和饱和水的热物理性质

t (℃)	$p\times10^{-5}$ (Pa)	ρ (kg/m³)	h' (kJ/kg)	c_p [kJ/(kg·℃)]	$\lambda\times10^2$ [W/(m·℃)]	$a\times10^4$ (m²/s)	$\mu\times10^6$ [kg/(m·s)]	$\nu\times10^6$ (m²/s)	$\beta\times10^4$ (K⁻¹)	$\sigma\times10^4$ (N/m)	Pr
0	1.013	999.9	0	4.212	55.1	13.1	1738	1.789	−0.63	756.4	13.67
10	1.013	999.7	42.04	4.191	57.4	13.7	1306	1.306	0.70	741.6	9.52
20	1.013	998.2	83.91	4.183	59.9	14.3	1004	1.006	1.82	726.9	7.02
30	1.013	995.7	125.7	4.174	61.8	14.9	801.5	0.805	3.21	712.2	5.42
40	1.013	992.2	167.5	4.174	63.5	15.3	653.3	0.659	3.87	696.5	4.31
50	1.013	988.1	209.3	4.174	64.8	15.7	549.4	0.556	4.49	676.9	3.54
60	1.013	983.1	251.1	4.179	65.9	16.0	469.9	0.478	5.11	662.2	3.98
70	1.013	977.8	293.0	4.187	66.8	16.3	406.1	0.415	5.79	643.5	2.55
80	1.013	971.8	355.0	4.195	67.4	16.6	355.1	0.365	6.32	625.9	2.21
90	1.013	965.3	377.0	4.208	68.0	16.8	314.9	0.326	6.95	667.2	1.95
100	1.013	958.4	419.1	4.220	68.3	16.9	282.5	0.295	7.52	588.6	1.75
110	1.43	951.0	461.4	4.233	68.5	17.0	259.0	0.272	8.08	569.0	1.60
120	1.98	943.1	503.7	4.250	68.6	17.1	237.4	0.252	8.64	548.4	1.47
130	2.70	934.8	546.4	4.266	68.6	17.2	217.8	0.233	9.19	528.8	1.36
140	3.61	926.1	589.1	4.287	68.5	17.2	201.1	0.217	9.72	507.2	1.26
150	4.76	917.0	632.2	4.313	68.4	17.3	186.4	0.203	10.3	486.6	1.17
160	6.18	907.0	675.4	4.346	68.3	17.3	173.6	0.191	10.7	466.0	1.10
170	7.92	897.3	719.3	4.380	67.9	17.3	162.8	0.181	11.3	443.4	1.05
180	10.03	886.9	763.3	4.417	67.4	17.2	153.0	0.173	11.9	422.8	1.00
190	12.55	876.0	807.8	4.459	67.0	17.1	144.2	0.165	12.6	400.2	0.96
200	15.55	863.0	852.8	4.505	66.3	17.0	136.4	0.158	13.3	376.7	0.93
210	19.08	852.3	897.7	4.555	65.5	16.9	130.5	0.153	14.1	354.1	0.91
220	23.20	840.3	943.7	4.614	64.5	16.6	124.6	0.148	14.8	331.6	0.89
230	27.98	827.3	990.2	4.681	63.7	16.4	119.7	0.145	15.9	310.0	0.88
240	33.48	813.6	1037.5	4.756	62.8	16.2	114.8	0.141	16.8	285.5	0.87
250	39.78	799.0	1085.7	4.844	61.8	15.9	109.9	0.137	18.1	261.9	0.86
260	46.94	784.0	1135.7	4.949	60.5	15.6	105.9	0.135	19.7	237.4	0.87
270	55.05	767.9	1185.7	5.070	59.0	15.1	102.0	0.133	21.6	214.8	0.88
280	64.19	750.7	1236.8	5.230	57.4	14.6	98.1	0.131	23.7	191.3	0.90
290	74.45	732.3	1290.0	5.485	55.8	13.9	94.2	0.129	26.2	168.7	0.93
300	85.92	712.5	1344.9	5.736	54.0	13.2	91.2	0.128	29.2	144.2	0.97
310	98.70	691.1	1402.2	6.071	52.3	12.5	88.3	0.128	32.9	120.7	1.03
320	112.90	667.1	1462.1	6.574	50.6	11.5	85.3	0.128	38.2	98.10	1.11
330	128.65	640.2	1526.2	7.244	48.4	10.4	81.4	0.127	43.3	76.71	1.22
340	146.08	610.1	1594.8	8.165	45.7	9.17	77.5	0.127	53.4	56.70	1.39
350	165.37	574.4	1671.4	9.504	43.0	7.88	72.6	0.126	66.8	38.16	1.60
360	186.74	528.0	1761.5	13.984	39.5	5.36	66.7	0.126	109	20.21	2.35
370	210.53	450.5	1892.5	40.321	33.7	1.86	56.9	0.126	164	4.709	6.79

参 考 文 献

[1] 傅秦生，等. 热工基础与应用. 北京：机械工业出版社. 2003.

[2] 严家，等. 工程热力学. 3 版. 北京：高等教育出版社. 2001.

[3] 戴锅生. 传热学. 2 版. 北京：高等教育出版社. 1999.

[4] 华自强，等. 工程热力学. 3 版. 北京：高等教育出版社. 2000.

[5] 李笑乐. 工程热力学. 北京：水利电力出版社. 1993.

[6] 王大振. 热工基础. 北京：中国电力出版社. 1998.

[7] 程上婉. 热工学理论基础. 北京：水利电力出版社. 1990.

[8] 盛胜雄. 热工基础. 北京：北京科学技术出版社. 1998.

[9] 唐莉萍. 热工基础. 2 版. 北京：中国电力出版社. 2006.

[10] 黄恩洪. 热工基础. 北京：水利电力出版社. 1994.

[11] 刘桂玉，等. 工程热力学. 北京：高等教育出版社. 1998.

[12] 郝玉福，等. 热工学理论基础. 北京：高等教育出版社. 1992.

[13] 蒋汉文. 热工学. 北京：高等教育出版社. 1994.

[14] 周菊华，操高城，郝杰. 电厂锅炉. 2 版. 北京：中国电力出版社，2009.

[15] 周菊华. 电厂锅炉运行. 北京：中国电力出版社，1998.

[16] 吴味隆，等. 锅炉及锅炉房设备. 4 版. 北京：中国建筑工业出版社，2006.

[17] 华东六省一市电机工程（电力）学会. 锅炉设备及其系统. 2 版. 北京：中国电力出版社，2006.

[18] 电力工业部电力机械局，中国华电电站装备工程（集团）总公司. 火力发电厂设备手册　第二册：输煤系统及煤场设备. 北京：中国电力出版社，1998.

[19] 黄新元. 电站锅炉运行与燃烧调整. 北京：中国电力出版社，2002.

[20] 同济大学等院校. 锅炉习题实验及课程设计. 2 版. 北京：中国建筑工业出版社，2005.

[21] 关金峰. 发电厂动力部分. 2 版. 北京：中国电力出版社，2007.

[22] 易大贤. 发电厂动力部分. 2 版. 北京：中国电力出版社，2008.

[23] 胡念苏. 超超临界机组汽轮机设备及运行. 北京：化学工业出版社，2008.

[24] 王志伟. 汽轮机运行. 北京：中国电力出版社，2007.

[25] 华东六省一市电机工程（电力）学会. 600MW 级火力发电机组丛书——汽轮机设备及其系统. 北京：中国电力出版社，2006.

[26] 赵常兴. 汽轮机组技术手册. 北京：中国电力出版社，2007.

[27] 李光辉. 电力生产概论. 北京：中国电力出版社，2009.

[28] 张晓东，杜云贵，郑永刚. 核能及性能源发电技术. 北京：中国电力出版社，2008.